JN205457

シリーズ 情報科学における確率モデル 7

Series on Stochastic Models in Informatics and Data Science

システム信頼性の数理

大鑄　史男【著】

コロナ社

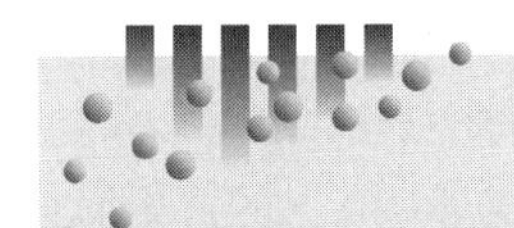

刊行のことば

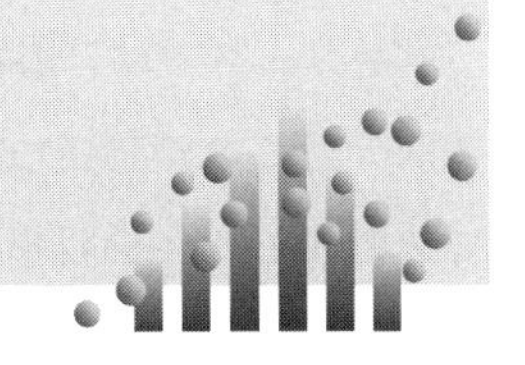

われわれを取り巻く環境は，多くの場合，確定的というよりもむしろ不確実性にさらされており，自然科学，人文・社会科学，工学のあらゆる領域において不確実な現象を定量的に取り扱う必然性が生じる。「確率モデル」とは不確実な現象を数理的に記述する手段であり，古くから多くの領域において独自のモデルが考案されてきた経緯がある。情報化社会の成熟期である現在，幅広い裾野をもつ情報科学における多様な分野においてさえも，不確実性下での現象を数理的に記述し，データに基づいた定量的分析を行う必要性が増している。

一言で「確率モデル」といっても，その本質的な意味や粒度は各個別領域ごとに異なっている。統計物理学や数理生物学で現れる確率モデルでは，物理的な現象や実験的観測結果を数理的に記述する過程において不確実性を考慮し，さまざまな現象を説明するための描写をより精緻化することを目指している。一方，統計学やデータサイエンスの文脈で出現する確率モデルは，データ分析技術における数理的な仮定や確率分布関数そのものを表すことが多い。社会科学や工学の領域では，あらかじめモデルの抽象度を規定したうえで，人工物としてのシステムやそれによって派生する複雑な現象をモデルによって表現し，モデルの制御や評価を通じて現実に役立つ知見を導くことが目的となる。

昨今注目を集めている，ビッグデータ解析や人工知能開発の核となる機械学習の分野においても，確率モデルの重要性は十分に認識されていることは周知の通りである。一見して，機械学習技術は，深層学習，強化学習，サポートベクターマシンといったアルゴリズムの違いに基づいた縦串の分類と，自然言語処理，音声・画像認識，ロボット制御などの応用領域の違いによる横串の分類によって特徴づけられる。しかしながら，現実の問題を「モデリング」するためには経験とセンスが必要であるため，既存の手法やアルゴリズムをそのまま適用するだけでは不十分であることが多い。

本シリーズでは，情報科学分野で必要とされる確率・統計技法に焦点を当て，個別分野ごとに発展してきた確率モデルに関する理論的成果をオムニバス形式で俯瞰することを目指す。各分野固有の理論的な背景を深く理解しながらも，理論展開の主役はあくまでモデリングとアルゴリズムであり，確率論，統計学，最適化理論，学習理論がコア技術に相当する。このように「確率モデル」にスポットライトを当てながら，情報科学の広範な領域を深く概観するシリーズは多く見当たらず，データサイエンス，情報工学，オペレーションズ・リサーチなどの各領域に点在していた成果をモデリングの観点からあらためて整理した内容となっている。

本シリーズを構成する各書目は，おのおのの分野の第一線で活躍する研究者に執筆をお願いしており，初学者を対象とした教科書というよりも，各分野の体系を網羅的に著した専門書の色彩が強い。よって，基本的な数理的技法をマスターしたうえで，各分野における研究の最先端に上り詰めようとする意欲のある研究者や大学院生を読者として想定している。本シリーズの中に，読者の皆さんのアイデアやイマジネーションを掻き立てるような座右の書が含まれていたならば，編者にとっては存外の喜びである。

2018 年 11 月

編集委員長　土肥　正

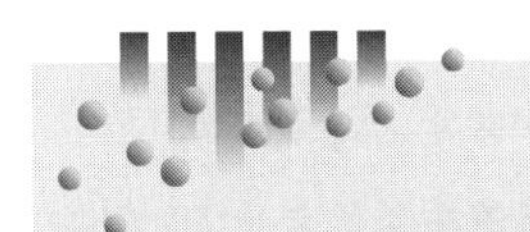

まえがき

本書では，2 状態から多状態に至るシステムの信頼性に関する順序集合論的および確率論的な議論を概観する．

2 状態システムではシステムおよび部品の状態として故障と正常のみを考え，システムの状態は部品の状態の組合せによって一意に定まるとされる．部品やシステムのそれぞれの状態空間は必然的にブール束になり，確率論的な議論は寿命分布関数によるものになる．このような枠組みでの議論は 1950 年代から始まり，おおよそ 1980 年代までの間に多くの研究者達によってなされてきた．2 状態システムについての議論はほぼ収束し，その研究成果は Barlow and Proschan[4),7)†]にまとめられており，故障木解析（fault tree analysis，FTA）や安全・リスク解析などの信頼性解析手法の基盤をなしている．

一方で，圧力や温度を考えるまでもなく，部品やシステムの状態が 2 状態のみであることはなく，劣化状態を含めさまざまな状態があり得る．多状態システムについての議論は，1980 年代に始まり多くの研究がなされている．Lisnianski and Levitin[60)]，Lisnianski, Frenkel and Ding[61)]，Natvig[67)] のような実践的な立場からの書籍も出版されているが，理論としての体系化には未(いま)だ至っていない．

本書では，2 状態システムでのさまざまな概念を拡張する立場で，部品およびシステムの状態空間を全順序集合とした場合の議論を紹介する．状態空間が半順序集合の場合についてはその必要性を示唆し，最近の論文を紹介するにとどめる．

2 章で見られるように，2 状態システムの理論においては極小パス集合（minimal path set）と極小カット集合（minimal cut set）が根幹的な役割を果たす．FTA はこのことに対する一つの根拠を与える．FTA は，多数の要素からなる複雑な

† 肩付き数字は，巻末の引用・参考文献の番号を表す．

システムの故障や不具合事象（トップ事象と呼ばれるが）の原因を探し出すためのトップダウン的で実践的な手法であるが，このトップ事象に対する極小カット集合を最終的に与える．極小カット集合は，トップ事象を発生させるために必要な部品の事象の極小的な組合せであり，極小パス集合は極小カット集合に双対的な関係にある．極小カット集合や極小パス集合は，それぞれシステムに内在する並列システムや直列システムを定義し，システムの構造はこれらの直列または並列システムから再構成される．このことから，直列システムや並列システムなどの基本的なシステムによるシステムの分解と統合の観点が重要であり，確率的な信頼性評価方法の多くがこのような分解に依拠する．

本書の構成は以下のとおりである．信頼性理論では，順序集合論的な概念が，構造的および確率論的な議論の至るところでさまざまに姿を変えながら，基本的な道具として用いられる．1章では本書で用いる順序に関する基本的な概念を解説する．また信頼性理論に特有の状態ベクトルに対する切貼り的な操作について説明する．さらに統計的な正の相関性の概念の一つであるアソシエイション（association）を紹介する．これは，上記の直列システムまたは並列システムへの分解と統合を用いたシステムの信頼性評価において，重要な役割を果たす．

2章では，信頼性理論において最も基本的である，2状態単調システムの順序集合論的および確率論的な議論を紹介する．2状態単調システムの構造は，極小パスベクトルあるいは極小カットベクトルから一意に決まる．このことは，2状態システムの信頼性を議論する際の基盤をなす．

実際的なシステムはモジュールの階層的な積上げで構成され，部品がむき出しの形で組み上げられているわけではない．この意味で，モジュール分解とそれを介したシステムの信頼性に関する議論は重要である．2章ではモジュールについての議論を紹介し，信頼性評価をモジュールの階層構造に従って積み上げることで，よりよい評価が得られることを証明する．

3章はエージング（aging）の概念を扱う．IFR（increaing failure rate）性はよく知られているエージングの一つであり直感的に理解しやすいが，システムの性質として考えた場合，むしろIFRA（increasing failure rate average）

性が重要であり中心的な位置を占める．これに対して，IFR 性は直列システムに密接に関係する．さらにシステムの寿命分布が指数分布であるとき，システムの構造は直列に限定されるだけでなく，部品の寿命分布も指数分布に限定される．これらのことについて，他のエージングの概念とともに 3 章で詳説する．

3 章では，ショックモデルについてもふれる．ショックモデルは，環境からのストレスとそれに対するシステムの耐性の二つの要素から構成されるが，この耐性がもつ離散的な分布関数としてのエージング性が，システムの寿命分布関数のエージング性に反映される．さらに，IFRA 性がさまざまな確率過程の初期通過時間の性質として現れることから，そのいく分技巧的な定義にかかわらず自然な性質であることを示す．3 章では，さらに，これらのエージングの概念を多変量の場合に拡張する．

4 章，5 章では 2 章，3 章での議論を多状態に拡張する．多状態システムの順序集合論的な議論は 4 章で，信頼性評価方法とエージングの議論は 5 章で示される．2 状態システムでの議論は，状態空間が二つの要素からなることからスムーズである．本書では状態空間を全順序集合とするが，比較的扱いやすいこのような場合でも，例えば，直列システムや並列システムの定義など，2 状態では素朴に考えておけばよかったさまざまな概念が改めて問い直される．

5 章では，多状態システムの確率過程論的な議論を行う．エージング性については 2 状態の場合と同様に IFRA 性が重要であり，IFR 閉包の成立はシステムの構造を直列システムに限定することが示される．

6 章では 2 状態システムにおける部品の重要度について，7 章では 6 章の議論を拡張し，多状態システムでの重要度について述べる．部品の重要度は，システムにおいてその部品がどの程度重要であるかの指標である．Birnbaum 重要度を基本とし，これから派生してくるいくつかの重要度が提案されており，システムの安全・リスク解析などに応用される．Birnbaum 重要度は臨界状態ベクトルによって定義される．本書では，この臨界状態ベクトルを極小カットおよび極小パスベクトルから得るためのアルゴリズムを示し，さらに実際によく見られる構造である直・並列システムにおける一連の重要度の相互関係について議論する．

最後に，状態空間が半順序の場合の理論構築が求められることを簡単な例によって示唆し，その際のシステムの定義を作業仮説として与える．さらに，このような多状態システムのモデルが実際の多層的なネットワークのモデルになり得るとともに，さらに拡張が必要であることについてもふれる．

レリバント（relevant）とアソシエイト（associate）の訳語について述べておく．いずれも「関係する」，「関連する」といった意味であるが，本書ではそれぞれの読みであるレリバントとアソシエイトを用いる．

レリバントは部品に関する概念であり，システムの機能においてその部品を外せないことを意味し，その度合いが重要度の概念につながる．日本語の「関係する」や「関連する」といったイメージではなく，適切な日本語が見当たらないため，そのままの読みを用いることとした．

アソシエイトは確率変数間の相関性を意味する．二つの確率変数の場合，X と Y がアソシエイトであるとは，任意の単調増加な関数 f と g に対して，$Cov[f(X,Y),g(X,Y)] \geqq 0$ であるとして定義され，単純ではない正の相関性を意味する．$Cov[f(X),g(Y)] \geqq 0$ の場合を考えてみる．単調増加な関数 f と g の選択によって，確率変数 X と Y の任意の部分を拡大・縮小できる．上の不等号関係は，それぞれの確率変数をどのように拡大・縮小してもそれらの間に正の相関があることを意味する．アソシエイトは，正の相関性が，X と Y から単調増加関数によって生成されるどのような確率変数についても成立することを要請しており，X と Y の多様な正の相互依存関係をイメージさせ，適切な訳語を見出せない．このため，本書ではレリバントと同様にその読みを用いることとした．本書では，一般的に順序集合上の確率についてアソシエイトを定義する．

広島大学の土肥正教授には本書執筆の機会をいただきました．ここに深く感謝致します．

2019年10月

著　者

目　　次

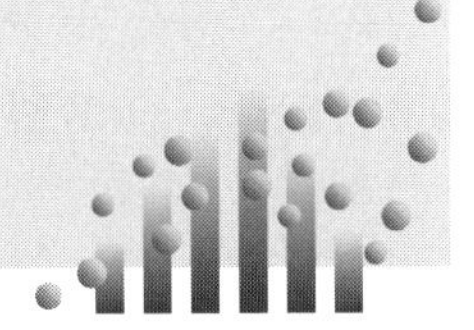

第1章　順序集合論の準備と記号

第2章　2状態システム

第3章　2状態システムの劣化過程

第4章　多状態システム

第5章　多状態システムの確率的評価と劣化過程

第6章　2状態システムにおける重要度

1 順序集合論の準備と記号

本章では，われわれの議論に関係する範囲内での順序に関する概念を解説するとともに，順序集合上のアソシエイトな確率を紹介する．さらに，本書に特有の記号についても説明する．なお，集合については標準的な記号を用い，確率論の入門的な素養は前提とする．

1.1 順序集合，全順序集合

1.1.1 順序集合

定義 1.1 集合 A における関係 $\leqq$ はつぎの条件を満たすとき，**順序関係**（order relation）または**順序**（order）と呼ぶ．

(1) （**反射律**（reflexivity，reflexive law）） A のすべての元 a について，$a \leqq a$.

(2) （**反対称律**（antisymmetry，antisymmetric law）） A の元 a, b について，

$$a \leqq b,\ b \leqq a \ \Rightarrow \ a = b.$$

(3) （**推移律**（transitivity，transitive law）） A の元 a, b, c について，

$$a \leqq b,\ b \leqq c \ \Rightarrow \ a \leqq c.$$

A の元 a, b について，$a \leqq b$ または $b \leqq a$ であるとき，a と b は**比較可能**

(comparable) であるという．$a \leqq b$ かつ $a \neq b$ であるとき，$a < b$ と書く．A のすべての二つの元が比較可能であるとき，順序 $\leqq$ は**全順序** (totally order) と呼ばれる．

集合 A とその上の順序 $\leqq$ を組にした $(A, \leqq)$ を**順序集合** (ordered set)，順序が全順序であるときは**全順序集合** (totally ordered set) と呼ぶ．必ずしも全順序でないとき，順序 $\leqq$ は**半順序** (partially order)，$(A, \leqq)$ は**半順序集合** (partially ordered set) とも呼ばれる．考えている順序が明らかで誤解がない場合は，順序の記号を明記せずに順序集合 A と呼ぶ．また，A が有限集合 (finite set) であるとき，**有限順序集合** (finit order set) と呼ぶ．

例 1.1

(1) 二つの元からなる集合 $A = \{0, 1\}$ に $0 < 1$ として順序を定義したとき，$(A, \leqq)$ は全順序集合である．2 状態システムの信頼性理論では，0 は故障状態を，1 は正常状態または動作状態を意味し，部品やシステムの状態空間として用いられる．

(2) $N + 1$ 個の元からなる集合 $A = \{0, 1, \cdots, N\}$ に $0 < 1 < \cdots < N$ として順序を定義したとき，$(A, \leqq)$ は全順序集合である．0 は故障状態，N は正常に動作している状態，$1, \cdots, N-1$ は劣化状態を意味し，多状態の信頼性理論で部品およびシステムの状態空間として用いられる．

(3) 五つの元からなる集合 $A = \{a, b, c, d, e\}$ に，$a < c$，$b < c$，$c < d$，$c < e$ として順序を定義すると，a と b や d と e はそれぞれ比較可能でなく，$(A, \leqq)$ は半順序集合である．半順序集合は，順序がつかない状態が存在し得る場合の状態空間として用いられる．

順序集合 $(A, \leqq)$ において，$a \leqq b$ である $a, b \in A$ に対して

$$[a, b] = \{x \in A : a \leqq x \leqq b\}, \qquad (a, b] = \{x \in A : a < x \leqq b\},$$

$$[a, b) = \{x \in A : a \leqq x < b\}, \qquad (a, b) = \{x \in A : a < x < b\},$$

$$[a, \rightarrow) = \{x \in A : a \leqq x\}, \qquad (\leftarrow, b] = \{x \in A : x \leqq b\},$$

$$(a, \rightarrow) = \{x \in A : a < x\}, \qquad (\leftarrow, b) = \{x \in A : x < b\}$$

の形の A の部分集合を**区間**と呼ぶ．[,], (,) などの括弧の意味は通常の実数値からなる区間の場合と同様で，端の点を含む，含まないを意味し，**閉区間**，**開区間**，**右閉区間**などと呼ばれる．信頼性理論では，$[a, \rightarrow)$ と $(\leftarrow, b]$ の形の区間が重要である．

順序集合 $(A, \leqq)$ において，**部分集合** $M \subseteqq A$ 上の順序 $\leqq_M$ を，つぎのように定義する．x, $y \in M$ に対して，

$$x \leqq_M y \iff x \leqq y.$$

順序集合 $(M, \leqq_M)$ を $(A, \leqq)$ の**部分順序集合**と呼び，簡単に $(M, \leqq)$ と書く．

順序集合 $(A, \leqq)$ において，A 上の順序 $\leqq_D$ を，$x, y \in A$ に対して，

$$x \leqq_D y \iff y \leqq x$$

と定義する．順序 $\leqq_D$ を $\leqq$ の**双対順序**（dual order）と呼び，$(A, \leqq_D)$ を $(A, \leqq)$ の**双対順序集合**（dual ordered set）という．

1.1.2 擬 順 序 集 合

定義 1.2 集合 A 上の関係 $\leqq_s$ が以下の条件を満たすとき，**擬順序関係**（pseudo–order relation）であるという．

(1) （反射律） A のすべての元 a に対して，$a \leqq_s a$,

(2) （推移律） A の元 a, b, c に対して，$a \leqq_s b$, $b \leqq_s c \Rightarrow a \leqq_s c$.

$a \leqq_s b$, $b \leqq_s a$ のとき, $a = b$ は必ずしも成立しないが, **同値関係**（equivalence relation）を考えることで順序集合にできる．擬順序集合 $\left(A, \leqq_s\right)$ の A 上に**二項関係**（binary relation）$=_s$ をつぎのように定義する．$a, b \in A$ に対して，

$$a =_s b \iff a \leqq_s b,\ b \leqq_s a.$$

この関係は同値関係であり，つぎの条件を満たす．

(1) （反射律） A のすべての元 a について，$a =_s a$,

(2) （**対称律**（symmetry, symmetric law)） A の元 a, b について，

$a =_s b \Longrightarrow b =_s a$,

(3) （推移率） A の元 a, b, c について，$a =_s b$, $b =_s c \Longrightarrow a =_s c$.

この同値関係による A の**商空間**（quotient space） $A| =_s$ の要素である**同値類**（equivalence class） α, β に対して，順序 $\leqq_s$ を以下のように定義できる．

$$\alpha \leqq_s \beta \Longleftrightarrow a \in \alpha,\ b \in \beta,\ a \leqq_s b$$

a, b はそれぞれの同値類の元であり，上記の同値類間の順序 $\leqq_s$ の定義はこれらの元の選択によらない．

1.1.3 直積順序集合

$(A, \leqq_A)$, $(B, \leqq_B)$ を二つの順序集合とする．直積集合 $A \times B$ の上につぎのようにして定義される順序 $\leqq_{A \times B}$ を**直積順序**（product order）と呼び，$(A \times B,\ \leqq_{A \times B})$ をこれら二つの順序集合の**直積順序集合**（product ordered set）と呼ぶ．$A \times B$ の元 (a, b), (a', b') に対して

$$(a, b) \leqq_{A \times B} (a', b') \iff a \leqq_A a',\ b \leqq_B b'.$$

したがって，$a <_A a'$ かつ $b' <_B b$ であるとき，(a, b) と (a', b') は直積順序に関して比較可能ではない．さらに a と a' または b と b' が比較可能でなければ，(a, b) と (a', b') は比較可能ではない．

順序集合 $(A_i, \leqq_{A_i})$ $(i = 1, 2, \cdots, n)$ に対して直積順序集合 $\left(\prod_{i=1}^{n} A_i,\ \leqq_{\prod_{i=1}^{n} A_i}\right)$ が定義でき，$\prod_{i=1}^{n} A_i$ の要素 $\boldsymbol{a} = (a_1, \cdots, a_n)$ と $\boldsymbol{b} = (b_1, \cdots, b_n)$ に対して

$$(a_1, \cdots, a_n) \leqq_{\prod_{i=1}^{n} A_i} (b_1, \cdots, b_n) \Longleftrightarrow a_i \leqq_{A_i} b_i,\ i = 1, \cdots, n.$$

例 1.2 例 1.1 を用いた直積順序集合の例を挙げる．

(1) 例 1.1 (1) の順序を用いて，$\left(A_i,\ \leqq_{A_i}\right) = (\{0,1\},\ \leqq)\ (i=1,2,3)$ とすると，直積順序集合 $\left(A_1 \times A_2 \times A_3,\ \leqq_{A_1 \times A_2 \times A_3}\right)$ は

$$A_1 \times A_2 \times A_3 = \{(0,0,0),(0,0,1),(0,1,0),(1,0,0),\\ (0,1,1),(1,0,1),(1,1,0),(1,1,1)\}$$

である．三つの部品からなるシステムを考えると，上記の直積順序は三つの部品の状態の組間の優劣を意味し，例えば，$(1,0,0) \leqq_{A_1 \times A_2 \times A_3} (1,1,0)$ であるが，$(1,0,0)$ と $(0,1,0)$ は比較可能ではない．

(2) $A = \{0,1,\cdots,N_A\}$，$B = \{0,1,\cdots,N_B\}$ とし，例 1.1 (2) の順序を用いると，直積集合は

$$A \times B = \{(a,b) : 0 \leqq a \leqq N_A,\ 0 \leqq b \leqq N_B\}$$

であり，**図 1.1** の格子点からなる集合である．例えば $(1,1) \leqq_{A \times B} (2,3)$ であるが，$(1,3)$ と $(3,1)$ は比較できない．

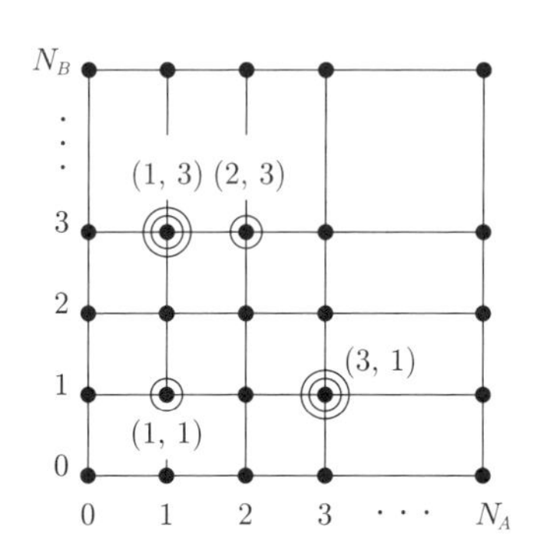

図 1.1 例 1.2 (2) の直積順序集合

(3) n 個の部品からなるシステムで部品 i の状態空間を順序集合 $(A_i,\ \leqq_{A_i})$ とすれば，直積順序集合 $\left(\prod_{i=1}^{n} A_i,\ \leqq_{\prod_{i=1}^{n} A_i}\right)$ は，n 個の部品の状態の組間の優劣を示す．

集合 A と B それぞれが順序集合であるとき，それらの順序を A, B ごとに区別する必要があるが，煩雑であるため本書では同一の記号 $\leqq$ で書き表す．

順序集合 $(A_i, \leqq)$ $(1 \leqq i \leqq n)$ の直積順序集合 $\left(\prod_{i=1}^{n} A_i, \leqq\right)$ において，記号 $\ll, <, =$ はそれぞれ以下のように定義される．$\boldsymbol{a}, \boldsymbol{b} \in \prod_{i=1}^{n} A_i$ に対して，

$$\boldsymbol{a} \ll \boldsymbol{b} \iff \forall i\ (1 \leqq i \leqq n),\ a_i < b_i,$$

$$\boldsymbol{a} < \boldsymbol{b} \iff \forall i\ (1 \leqq i \leqq n),\ a_i \leqq b_i,\ \exists j\ (1 \leqq j \leqq n),\ a_j < b_j,$$

$$\boldsymbol{a} = \boldsymbol{b} \iff \forall i\ (1 \leqq i \leqq n),\ a_i = b_i.$$

1.1.4 ハ ッ セ 図

有限順序集合 $(A, \leqq)$ はつぎのルールに従ってグラフで表現することができる．$a, b \in A$ に対して，a, b で $a < c < b$ となる c が A に存在しないとき，b を a より高い位置に置き，これらを線で結ぶ．これは真上である必要はなく，上下関係を維持していれば斜め上であってもよい．このようにして得られたグラフをハッセ図（Hasse diagram）と呼ぶ．

例 1.3　　これまでの例のいくつかをハッセ図で書き表してみる．

(1)　例 1.1 (2) で $N = 3$ とすれば，その全順序集合のハッセ図は図 **1.2** (a)

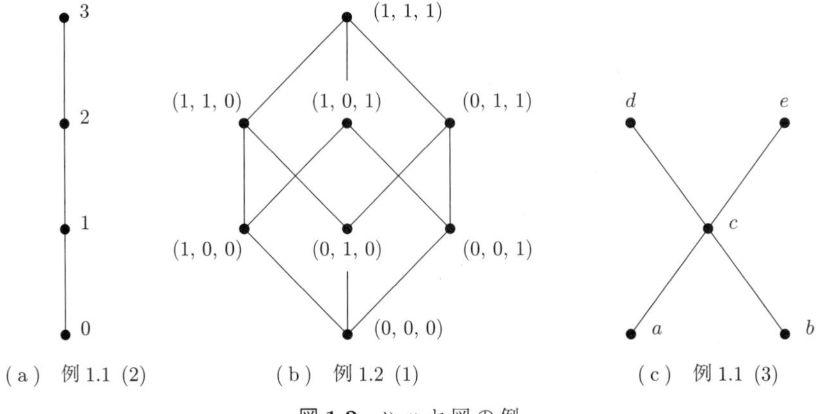

(a)　例 1.1 (2)　　(b)　例 1.2 (1)　　(c)　例 1.1 (3)

図 1.2　ハッセ図の例

のように描ける．

(2) 例 1.2 (1) のハッセ図は図 (b) である．部品の状態の組間の優劣関係が，図における線で連結された上下関係として明示される．

(3) 例 1.1 (3) のハッセ図は図 (c) である．

1.2 極大元，最大元，極小限，最小元

順序集合 $(A, \leqq)$ において $a \in A$ は，条件によって以下のように呼ばれる．

(1) $a \in A$ は，つぎの条件を満たすとき，A の**極大元**（maximal element）と呼ぶ．

$$\forall x \in A, \quad a \leqq x \implies a = x.$$

つまり，$a < x$ となる x が A に存在しない場合である．

(2) $a \in A$ は，つぎの条件を満たすとき，A の**最大元**（maximum element, greatest element）と呼ぶ．

$$\forall x \in A, \quad x \leqq a.$$

(3) $a \in A$ は，つぎの条件を満たすとき，A の**極小元**（minimal element）と呼ぶ．

$$\forall x \in A, \quad x \leqq a \implies a = x.$$

$x < a$ となる x が A に存在しない場合である．

(4) $a \in A$ は，つぎの条件を満たすとき，A の**最小元**（minimum element, least element）と呼ぶ．

$$\forall x \in A, \quad a \leqq x.$$

A の最大元と最小元は，それぞれ存在するならば一意である．最大元は極大元であり，最小元は極小元である．逆は一般的に成立しない．

順序集合 A の極大元全体および極小元全体をそれぞれ $MA(A)$ および $MI(A)$

と書く．また，A が最大元をもつ場合はそれを $\max A$，最小元は $\min A$ と書く．

$MI(A)$ の任意の異なる二つの元は順序関係をもたない．$MA(A)$ に関しても同様である．

A が有限順序集合であるとき，以下が成立する．

$$\forall x \in A,\ \exists a \in MI(A),\ \exists b \in MA(A), \quad a \leqq x \leqq b.$$

A の部分集合 M の極大元，最大元，極小元，最小元は，$(A, \leqq)$ の部分順序集合 $(M, \leqq)$ におけるものである．

例 1.4（極小元，最小元，極大元，最大元の例）

(1)　例 1.2 (1) で部分順序集合 $(M, \leqq)$

$$M = \{(1,1,0), (1,0,1), (0,1,1), (1,1,1)\}$$

の極小元は $(1,1,0), (1,0,1), (0,1,1)$ であり，最小元は存在しない．最大元は $(1,1,1)$ である．

(2)　例 1.2 (2) で部分順序集合 $(M, \leqq)$

$$M = \{(x,y) : (1,2) \leqq (x,y) \text{ または } (2,1) \leqq (x,y)\}$$

の極小元は $(1,2)$，$(2,1)$ であるが，最小元は存在しない．最大元は (N_A, N_B) である．

補題 1.1　　A と B を同一の有限順序集合の部分順序集合とする．

(1)　$MI(B) \subseteqq MI(A)$ かつ $A \subseteqq B$ ならば $MI(A) = MI(B)$ である．

(2)　$MA(B) \subseteqq MA(A)$ かつ $A \subseteqq B$ ならば $MA(A) = MA(B)$ である．

(3)　A の任意の異なる二つの元の間に順序関係が存在しなければ $MI(A) = MA(A) = A$ である．

【証明】　(3) は明らかであり，(1) と (2) は双対である．(1) を示す．$x \in MI(A)$ とする．$MI(A) \subseteqq A \subseteqq B$ であるから $x \in B$ である．よって，$\exists b \in MI(B)$, $b \leqq x$.

仮定より $b \in MI(A)$ となるから，x の極小性より $x = b$ であるから，$x \in MI(B)$ となる．したがって，$MI(A) \subseteqq MI(B)$ である．□

補題 1.2

(1) $X_1, \cdots, X_m$ を有限な順序集合とする．$B_i \subseteqq X_i$ $(i = 1, \cdots, m)$ の直積集合の極小元と極大元について以下の関係が成立する．

$$MI(B_1) \times \cdots \times MI(B_m) = MI(B_1 \times \cdots \times B_m),$$
$$MA(B_1) \times \cdots \times MA(B_m) = MA(B_1 \times \cdots \times B_m).$$

(2) $A_1, \cdots, A_m$ を一つの有限順序集合の部分順序集合とすると，以下の関係が成立する．

$$MI\left(\bigcup_{i=1}^{m} A_i\right) = MI\left(\bigcup_{i=1}^{m} MI(A_i)\right),$$
$$MA\left(\bigcup_{i=1}^{m} A_i\right) = MA\left(\bigcup_{i=1}^{m} MA(A_i)\right).$$

【証明】　(1) は明らかである．(2) の極小元に関する関係を証明する．

$a \in MI\left(\bigcup_{i=1}^{m} A_i\right) \subseteqq \bigcup_{i=1}^{m} A_i$ とする．$a \in A_j$ である j $(1 \leqq j \leqq n)$ に対して，

$$\exists b \in MI(A_j),\ \exists c \in MI\left(\bigcup_{i=1}^{m} MI(A_i)\right),\ c \leqq b \leqq a$$

である．この b と c は $\bigcup_{i=1}^{m} A_i$ の元であるから，a の極小性より $a = b = c$ となる．よって $MI\left(\bigcup_{i=1}^{m} A_i\right) \subseteqq MI\left(\bigcup_{i=1}^{m} MI(A_i)\right)$．補題 1.1 (1) の A と B にそれぞれ $\bigcup_{i=1}^{m} MI(A_i)$ と $\bigcup_{i=1}^{m} A_i$ を対応させて，(2) が成立する．□

1.3 上側単調集合と下側単調集合

順序集合 $(A, \leqq)$ において，A の部分集合 M は以下の条件を満たすとき，その順序集合の**上側単調部分集合**（increasing subset）または簡単に**上側単調集**

合（increasing set）と呼ぶ．

$$\forall x \in M,\ \forall y \in A, \quad x \leqq y \implies y \in M.$$

同様にして，つぎの条件を満たすとき，**下側単調部分集合**（decreasing subset）または**下側単調集合**（decreasing set）と呼ぶ．

$$\forall x \in M,\ \forall y \in A, \quad y \leqq x \implies y \in M.$$

M を有限順序集合 $(A,\ \leqq)$ の上側単調部分集合とすると，

$$M = \bigcup_{a \in MI(M)} [a, \rightarrow)$$

であり，M を下側単調集合とすると，同様につぎのことが成立する．

$$M = \bigcup_{a \in MA(M)} (\leftarrow, a].$$

$(A, \leqq)$ の上側（下側）単調集合 $M \subseteqq A$ は，双対順序集合 $(A, \leqq_D)$ の下側（上側）単調集合である．逆も明らかに成立する．

例 1.5（**上側単調集合の例**）

(1)　例 1.2 (1) の例で

$$\{(1,1,0),(1,0,1),(0,1,1),(1,1,1)\}, \qquad \{(1,1,0),(1,1,1)\}$$

はそれぞれ上側単調集合である．$\{(1,1,0),(1,0,1)\}$ は上側単調集合ではない．なぜなら，$(1,0,1) \leqq (1,1,1)$ であるが，$(1,1,1)$ は含まれないからである．

(2)　例 1.2 (2) の例で，**図 1.3**(a) で点線で囲まれた元からなる部分集合 M は上側単調集合である．

$$MI(M) = \{(1,3),(2,2),(3,1)\}$$

であり，

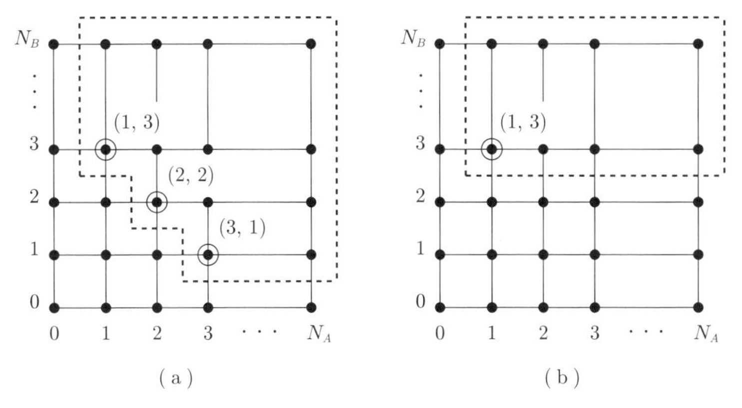

図 1.3　上側単調集合の例（点線で囲まれた部分が上側単調集合の例である）

$$M = [(1,3), \rightarrow) \cup [(2,2), \rightarrow) \cup [(3,1), \rightarrow)$$

である．ちなみに，例えば，$[(1,3), \rightarrow)$ は図 (b) で点線で囲まれた元からなる部分集合である．

定理 1.1　　M, M_1, M_2 を順序集合 $(A, \leqq)$ の上側（下側）単調集合であるとする．このとき，つぎが成立する．

(1)　$M_1 \cup M_2$ は上側（下側）単調集合である．

(2)　$M_1 \cap M_2$ は上側（下側）単調集合である．

(3)　$M^c = A \backslash M$ は下側（上側）単調集合である．

証明は容易であるため省略する．

定理 1.1 (3) より，M が上側単調集合であるための必要十分条件は M^c が下側単調集合であることである．

1.4 上限と下限

1.4.1 上限と下限の定義

$(A, \leqq)$ を順序集合とし，M を A の部分集合とする．$a \in A$ はつぎの条件を満たすとき M の A における**下界**（lower bound）と呼ばれる．

$$\forall x \in M,\ a \leqq x.$$

M の A における下界が存在するとき，M は A において**下に有界**（bounded from below）であるという．同様にして**上界**（upper bound），**上に有界**（bounded from above）が定義される．M の下界すべての集合，上界すべての集合をそれぞれ $L(M)$, $U(M)$ と書く．$L(M)$ は下側単調集合，$U(M)$ は上側単調集合である．

M が下に有界，つまり $L(M) \neq \phi$ で，さらに $L(M)$ が最大元をもつとき，その最大元を M の A における**下限**（infimum）と呼び，$\inf M$ と書く．同様にして，**上限**（supremum）が定義され，それを $\sup M$ と書く．$\inf M = \max L(M)$, $\sup M = \min U(M)$ である．$\inf M$ や $\sup M$ はつねに存在するとはかぎらないが，存在すれば一意である．M が最小元（最大元）をもてば，それは下限（上限）でもある．

例 1.6

(1) **図 1.4**（a）のハッセ図で $M = \{9, 10\}$ とすると，$L(M) = \{1, 2, 3, 5\}$ であり，最大元をもたず，$\inf M$ は存在しない．したがって $\min M$ も存在しない．

(2) 図（b）のハッセ図で $M = \{9, 10\}$ とすると，$L(M) = \{1, 2, 3\}$, $\max L(M) = \inf M = 3$ であるが，$\min M$ は存在しない．

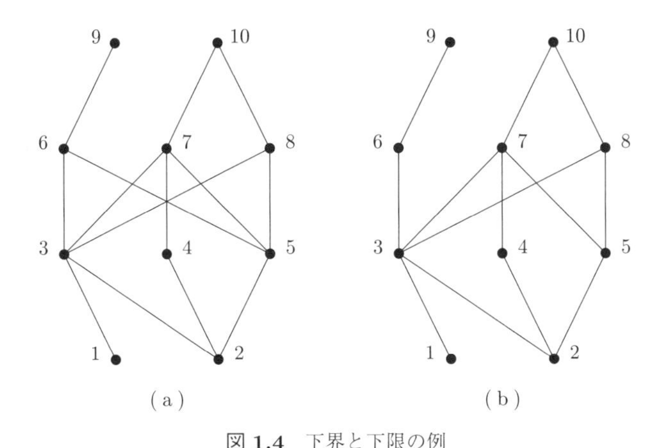

図 **1.4** 下界と下限の例

1.4.2 束

$(A, \leqq)$ を順序集合とする．A の任意の 2 点 a, b について $\{a, b\}$ が上限および下限をもつとき，$(A, \leqq)$ を**束**（lattice）と呼び

$$\inf\{a, b\} = a \wedge b, \qquad \sup\{a, b\} = a \vee b$$

と書く．全順序集合は束である．

$(A, \leqq)$ が束で二つの元からなるとき，例 1.1 (1) でふれた 2 状態システムにおける部品およびシステムの状態空間として用いられる．

$(A_i, \leqq)$ $(i = 1, \cdots, n)$ が束であるとき，それらの直積順序集合も束であり，$\boldsymbol{a}$, $\boldsymbol{b} \in \prod_{i=1}^{n} A_i$ に対して，

$$\boldsymbol{a} \wedge \boldsymbol{b} = (a_1, \cdots, a_n) \wedge (b_1, \cdots, b_n) = (a_1 \wedge b_1, \cdots, a_n \wedge b_n),$$

$$\boldsymbol{a} \vee \boldsymbol{b} = (a_1, \cdots, a_n) \vee (b_1, \cdots, b_n) = (a_1 \vee b_1, \cdots, a_n \vee b_n)$$

である．したがって，$(A_i, \leqq)$ $(i = 1, \cdots, n)$ が全順序集合であるときそれらの直積順序集合は束である．

定理 1.2　$(A, \leqq)$ を有限束とする．

(1) $M \subseteqq A$ を上側単調集合とする．M の任意の元 a, b に対して，$a \wedge b \in M$ が成立するための必要十分条件は，M が最小元をもつことである．

(2) $M \subseteqq A$ を下側単調集合とする．M の任意の元 a, b に対して，$a \vee b \in M$ が成立するための必要十分条件は，M が最大元をもつことである．

【証明】　(2) は (1) と双対であるため，ここでは (1) のみを証明する．

M が最小元をもつとすると，$a, b \in M$ に対して，$\min M \leqq a$, $\min M \leqq b$ より，$\min M \leqq a \wedge b$ である．M は上側単調集合であるから，$a \wedge b \in M$ である．

$M = \{a_1, \cdots, a_k\}$ と書くと，帰納的に

$$a_1 \wedge a_2 \in M,\ (a_1 \wedge a_2) \wedge a_3 \in M,\ \cdots,\ (\cdots(a_1 \wedge a_2) \wedge a_3) \wedge \cdots) \wedge a_n \in M.$$

$\wedge$ について結合則と交換則が成立することに注意して，M は最小元をもつ．　□

定理 1.2 は，後に直列システムと並列システムそれぞれを特徴づけるために用いられる．

1.5 単調増加関数

$(A, \leqq)$, $(B, \leqq)$ を順序集合とする．A から B への**写像**（mapping, function）f が**単調増加**（increasing）であるとは，任意の $x, y \in A$ について，

$$x \leqq y \implies f(x) \leqq f(y)$$

であることをいい，$f(x) \geqq f(y)$ となるとき，**単調減少**（decreasing）と呼ぶ．

f が単調増加であるとき，B の上側単調部分集合 M に対して $f^{-1}(M)$ は $(A, \leqq)$ における上側単調集合であり，M が下側単調集合であれば $f^{-1}(M)$ は下側単調集合である．f が単調減少であれば，M と $f^{-1}(M)$ の単調性は逆になる．

例 1.7 n 個の部品からなるシステムを考え，システムの状態は部品の状態によって定まるとする．$(\Omega_i, \leqq)$ $(i = 1, \cdots, n)$ を有限順序集合とし，部品 i の状態空間であるとする．システムの状態空間は，有限順序集合 $(S, \leqq)$ とする．システムの状態は，部品の状態の組合せ $(x_1, \cdots, x_n) \in \prod_{i=1}^{n} \Omega_i$ から一意的に定まり，その定まり方が $\prod_{i=1}^{n} \Omega_i$ から S への写像 φ で与えられる．φ はシステムの論理的な内部構造を反映し，単調増加であれば，部品の状態が改善されたとき，システムの状態は悪くはならないことを意味する．

定理 1.3 $(A, \leqq)$, $(B, \leqq)$ を有限束，f を A から B への単調増加関数とする．

(1) A の任意の元 x, y に対してつぎの不等号関係が成立する．

$$f(x \wedge y) \leqq f(x) \wedge f(y),$$
$$f(x \vee y) \geqq f(x) \vee f(y).$$

(2) A の任意の元 $x, y \in A$ に対して，$f(x \wedge y) = f(x) \wedge f(y)$ が成立するための必要十分条件は，任意の区間 $[b, \rightarrow) \subseteqq B$ に対して $f^{-1}[b, \rightarrow)$ が最小元をもつことである．

(3) A の任意の元 $x, y \in A$ に対して，$f(x \vee y) = f(x) \vee f(y)$ が成立するための必要十分条件は，任意の区間 $(\leftarrow, b] \subseteqq B$ に対して $f^{-1}(\leftarrow, b]$ が最大元をもつことである．

【証明】 (1) は明らかである．(3) は (2) と同様にして証明される．ここでは，(2) のみを示す．

<u>(2) の必要性の証明</u> $x, y \in f^{-1}[b, \rightarrow)$ に対して，$f(x \wedge y) = f(x) \wedge f(y) \geqq b$ であるから，$x \wedge y \in f^{-1}[b, \rightarrow)$ となる．ゆえに，定理 1.2 より $f^{-1}[b, \rightarrow)$ は最小元をもつ．

(2) の十分性の証明　$x, y \in A$ に対して，$b = f(x) \wedge f(y)$ とし，$f^{-1}[b, \rightarrow)$ の最小元を a と書く．$a \leqq x$，$a \leqq y$ であるから，$a \leqq x \wedge y$ である．よって f の単調増加性から

$$b \leqq f(a) \leqq f(x \wedge y) \leqq f(x) \wedge f(y) = b$$

となり，$f(x \wedge y) = f(x) \wedge f(y)$ である．□

1.6 アソシエイトな確率

$(A, \leqq)$ を順序集合，$\mathfrak{A}$ を A の区間全体から生成される σ–集合体（σ–field）とする．A が高々加算集合であるとき，$\mathfrak{A}$ は A の巾集合族（power set）$\mathcal{P}(A)$ である．

定義 1.3　$(A, \mathfrak{A})$ 上の確率 $\boldsymbol{P}$ は，任意の上側単調集合 $K, L \in \mathfrak{A}$ に対して，

$$\boldsymbol{P}(K \cap L) \geqq \boldsymbol{P}(K)\boldsymbol{P}(L) \tag{1.1}$$

が成立するとき，**アソシエイト**（associated）であると呼ばれる．

確率 $\boldsymbol{P}$ がアソシエイトであるとき，任意の下側単調集合 K，L に対して，$\boldsymbol{P}(K \cap L) \geqq \boldsymbol{P}(K)\boldsymbol{P}(L)$ が成立する．逆も成立する．したがって，確率 $\boldsymbol{P}$ がアソシエイトであることと式 (1.1) が任意の下側単調集合 K，L に対して成立することとは同値である．

式 (1.1) は，$\boldsymbol{P}(L) \neq 0$ であるとき，条件付き確率を使って，$\boldsymbol{P}(K|L) \geqq \boldsymbol{P}(K)$ と書けて，したがってアソシエイトは正の相関性を意味する．

定理 1.4　順序集合 $(A, \leqq)$ に対して，$(A, \mathfrak{A})$ 上の確率 $\boldsymbol{P}$ がアソシエイトであるための必要十分条件は，$\boldsymbol{P}$ に関して f，g，$f \cdot g$ が可積分である A 上の任意の単調増加な実数値関数 f，g に対して，

$$\int_A f \cdot g \, d\boldsymbol{P} \geqq \int_A f \, d\boldsymbol{P} \int_A g \, d\boldsymbol{P}$$

が成立することであり，f と g の共分散が正であることを意味する．

証明は積分の定義に沿って行われる．ここでは省略するが，興味ある読者は Ohi, Shinmori and Nishida[79)†]を参照してほしい．また，以下に列挙されるアソシエイトな確率の性質の証明についても同じ文献を参照してほしい．

性質 1：$(A, \leqq)$ が全順序集合であれば，$(A, \mathfrak{A})$ 上の任意の確率 $\boldsymbol{P}$ はアソシエイトである．

性質 2：$(A_i, \leqq)$ $(1 \leqq i \leqq n)$ を順序集合，$\boldsymbol{P}_i$ を $(A_i, \mathfrak{A}_i)$ 上のアソシエイトな確率とする．このとき，直積可測空間 $\left(\prod_{i=1}^n A_i, \ \prod_{i=1}^n \mathfrak{A}_i\right)$ 上の直積確率 $\prod_{i=1}^n \boldsymbol{P}_i$ はアソシエイトである．

性質 3：$(A_i, \leqq)$ $(1 \leqq i \leqq n)$ を順序集合とし，$\boldsymbol{P}$ を直積可測空間 $\left(\prod_{i=1}^n A_i, \prod_{i=1}^n \mathfrak{A}_i\right)$ 上のアソシエイトな確率とすれば，任意の空でない部分集合 $D \subseteqq \{1, 2, \cdots, n\}$ に対して $\boldsymbol{P}$ の $\left(\prod_{i \in D} A_i, \prod_{i \in D} \mathfrak{A}_i\right)$ への制限 $\boldsymbol{P}_D$ はアソシエイトである．

性質 4：$(A, \leqq)$, $(B, \leqq)$ を順序集合とし，f を A から B への単調増加な関数とする．さらに $\boldsymbol{P}$ を $(A, \mathfrak{A})$ 上のアソシエイトな確率とすれば，f によって $\boldsymbol{P}$ から誘導された $(B, \mathfrak{B})$ 上の確率 $f \circ \boldsymbol{P}$ はアソシエイトである．誘導された確率については，つぎの 1.7 節の 11. を参照してほしい．

順序集合 A_i の値をとる確率変数 T_i $(1 \leqq i \leqq n)$ が与えられたとき，$T_1, \cdots, T_n$ がアソシエイトであるとは，$\left(\prod_{i=1}^n A_i, \prod_{i=1}^n \mathfrak{A}_i\right)$ 上の確率である $(T_1, \cdots, T_n)$ の同時分布がアソシエイトであるときである．これは定理 1.4 より明らかにつぎのことと同値である．$\prod_{i=1}^n A_i$ 上の任意の単調増加な関数 f, g に対して

$$Cov(f(T_1, \cdots, T_n), \ g(T_1, \cdots, T_n)) \geqq 0.$$

これは，アソシエイトの概念が導入された当初の定義である．Esary, Proschan

---

† 肩付き数字は，巻末の引用・参考文献の番号を表す．

and Walkup[29] を参照してほしい．これを半順序集合上に拡張したものが Ohi, Shinmori and Nishida[79] によって与えられているが，本書では定義 1.3 として採用されている．

1.7 状態ベクトルに対する操作と記号

本書で特徴的な記法について述べるが，一般的なものについてもふれておく．$C = \{1, 2, \cdots, n\}$，Ω_i $(i \in C)$ を有限な順序集合とする．

1. 部分集合 $A \subseteqq C$ に対して，Ω_i $(i \in A)$ の直積順序集合を $\Omega_A = \prod_{i \in A} \Omega_i$ と書く．$A = \{i\}$ であるとき，$\Omega_A = \Omega_i$ である．
2. Ω_C の元 $\boldsymbol{x}$ は $(x_1, \cdots, x_n)$ とも書き，$x_i \in \Omega_i$ $(i \in C)$ である．$\boldsymbol{x} \in \Omega_C$ に対して，$(u_i, \boldsymbol{x})$ $(i \in C)$ は $x_i = u$ であることを意味する．
   $\Omega_i = \{0, 1\}$ $(i \in C)$ であるとき，$\mathbf{1} = (\underbrace{1, \cdots, 1}_{n})$，$\mathbf{0} = (\underbrace{0, \cdots, 0}_{n})$ と書く．
   また，$\boldsymbol{x} \in \Omega_C$ に対して，$C_0(\boldsymbol{x}) = \{i : x_i = 0\}$，$C_1(\boldsymbol{x}) = \{i : x_i = 1\}$．
3. $(\cdot_i, \boldsymbol{x})$ は $\Omega_{C \setminus \{i\}}$ の元であり，$\boldsymbol{x} \in \Omega_C$ から x_i だけを取り除いた残りの部分である．元 $\boldsymbol{x} \in \Omega_{C \setminus \{i\}}$ は，Ω_i の元がないことを強調して，$(\cdot_i, \boldsymbol{x})$ とも書く．
4. 部分集合 $A \subseteqq C$ に対して，Ω_A の元は通常 $\boldsymbol{x}^A$ と書くが，混乱がない場合は簡単に $\boldsymbol{x}$ と書く．例えば，$C = \{1, 2, 3, 4, 5\}$，$A = \{1, 2, 3\}$ の場合，$\boldsymbol{x}^A \in \Omega_A$ は $\boldsymbol{x}^A = (x_1, x_2, x_3)$ を意味する．
   $(u_i, \boldsymbol{x}) \in \Omega_A$ $(A \subseteqq C,\ i \in A)$ は $u \in \Omega_i$，$\boldsymbol{x} \in \Omega_{A \setminus \{i\}}$ であるような Ω_A の元である．添字 i は，u が Ω_i の要素であることを明示するためである．
5. 説明の便宜上，$B \subseteqq A \subseteqq C$ に対して，P_B は Ω_A から Ω_B への射影とする．以下では射影の定義域は明示しないが，特に混乱はない．
   $\{B_j : 1 \leqq j \leqq m\}$ を $A \subseteqq C$ の分割とする．$\boldsymbol{x}^{B_j} \in \Omega_{B_j}$ に対して，$\boldsymbol{x} = (\boldsymbol{x}^{B_1}, \cdots, \boldsymbol{x}^{B_m})$ は Ω_A の元であり，$P_{B_j} \boldsymbol{x} = \boldsymbol{x}^{B_j}$ となるものであ

る．逆に，$\boldsymbol{x} \in \Omega_A$ に対して，$\boldsymbol{x}^{B_i} = P_{B_i}(\boldsymbol{x})$ $(i = 1, \cdots, m)$ として，$\boldsymbol{x} = (\boldsymbol{x}^{B_1}, \cdots, \boldsymbol{x}^{B_m})$ である．

例えば，$C = \{1,2,3,4,5,6\}$，$A = \{1,2,3,4,5\}$ とすれば，$B_1 = \{1,3\}, B_2 = \{2,4\}, B_3 = \{5\}$ は A の分割である．Ω_A の元 $\boldsymbol{x} = (x_1, x_2, x_3, x_4, x_5)$ について，$\boldsymbol{x}^{B_1} = (x_1, x_3)$，$\boldsymbol{x}^{B_2} = (x_2, x_4)$，$\boldsymbol{x}^{B_3} = (x_5)$ であり，$\boldsymbol{x} = ((x_1, x_3), (x_2, x_4), (x_5))$ である．

6. S を順序集合として，φ を Ω_C から S への写像とする．$i \in C$ と $(\cdot_i, \boldsymbol{x}) \in \Omega_{C\setminus\{i\}}$ に対して，$\varphi(\cdot_i, \boldsymbol{x})$ は，Ω_i から S への写像と考えることができ，$u \in \Omega_i$ に対して $\varphi(u_i, \boldsymbol{x}) \in S$ を対応させる．したがって，部分集合 $E \subseteqq \Omega_i$ に対して $\varphi(E_i, \boldsymbol{x})$ は，E の $\varphi(\cdot_i, \boldsymbol{x})$ による順像である．E_i の添字 i は，E が Ω_i の部分集合であることを明示するためのものである．

$$\varphi(E_i, \boldsymbol{x}) = \{\varphi(e_i, \boldsymbol{x}) : e \in E\}.$$

$s \in S$ に対して，逆像 $\varphi^{-1}(s) = \{\boldsymbol{x} \in \Omega_C : \varphi(\boldsymbol{x}) = s\}$ を簡単に $\{\varphi = s\}$ とも書く．

7. $|A|$ や $\sharp A$ は，集合 A の濃度を意味する．

8. 本書ではつぎのような書き方を多用する．

(1) $\forall a \in A$, 命題,

(2) $\exists a \in A$, 命題,

(3) $\forall a \in A$, $\exists b \in B$, 命題.

(1) は，A の任意の元 a に対して，命題が成立することを，(2) は，A のある元 a に対して，命題が成立することを，(3) は，A の任意の元 a に対して，命題が成立するような元 b が B に存在することを意味する．

9. 命題$_1 \Longrightarrow$ 命題$_2$ は，命題$_1$ ならば 命題$_2$ であることを，命題$_1 \Longleftrightarrow$ 命題$_2$ は，命題$_1$ と 命題$_2$ が同値であることを意味する．また，後者は，命題$_1$ を 命題$_2$ で定義する場合にも用いる．

10. 二つの記号 : と | を使い分ける．$\{x : 条件\}$ は条件を満たす元 x の集合を意味する．一方，$\boldsymbol{P}$ を確率として，$\boldsymbol{P}\{E|F\}$ および $\boldsymbol{P}(E|F)$ は事象

F の下での事象 E の条件付き確率を意味する．

11. f を可測空間 $(A, \mathfrak{A})$ から $(B, \mathfrak{B})$ への可測な写像とし，$\boldsymbol{P}$ を $(A, \mathfrak{A})$ 上の確率とする．f によって $\boldsymbol{P}$ から**誘導された** $(B, \mathfrak{B})$ 上の確率 $f \circ \boldsymbol{P}$ はつぎで定義され，**像確率**とも呼ぶ．$M \in \mathfrak{B}$ に対して，$f \circ \boldsymbol{P}(M) = \boldsymbol{P}\left(f^{-1}(M)\right)$．
12. 直積集合 $\prod_{i \in C} \Omega_i$ 上の確率 $\boldsymbol{P}$ と $A \subseteqq C$ に対して，$\boldsymbol{P}_A$ は，$\boldsymbol{P}$ の $\prod_{i \in A} \Omega_i$ への制限である．$M \subseteqq \prod_{i \in A} \Omega_i$ に対して，$\boldsymbol{P}_A(M) = \boldsymbol{P}\left(M \times \prod_{i \in A^c} \Omega_i\right)$ であり，周辺分布を意味する．
13. 確率を意味する記号として $\boldsymbol{P}$ などの太文字は，それが定義される可測空間が明確な場合に用いられる．Pr は可測空間を明示せずに確率を議論する場合に用いるが，その場合でも可測空間は設定できる．
14. 分布関数 F が**退化**（degenerate）しているとは，

$$\exists t_0,\ F(t_0^-) = 0,\ F(t_0) = 1$$

であり，ある点 t_0 に全質量が存在するような分布関数である．原点で退化しているとは，$t_0 = 0$ のときである．

15. o はランダウの記号で，$o(t)$ は t より高位の微小量を意味する．$\lim_{t \to 0} \frac{o(t)}{t} = 0$ である．
16. 数 $x_1, \cdots, x_n$ に対して，$\coprod_{i=1}^{n} x_i = 1 - \prod_{i=1}^{n} (1 - x_i)$ である．
17. 本書では，単調増加は単調非減少の意味で，単調減少は単調非増加の意味で用いられる．
18. 少し限定された直積集合を以下のように定義する．後に多状態システムにおけるハザード変換の議論に用いる．

$$\overline{\mathbf{R}}^n_{\leqq} = \{(x_1, \cdots, x_n) : 0 \leqq x_1 \leqq \cdots \leqq x_n \leqq \infty\}.$$

2 2状態システム

本章では，2 状態システムの信頼性に関する基本的な概念について解説する．

2.1 構造関数

2.1.1 2 状態システムの定義

定義 2.1 **2 状態システム**（binary state system）とは，以下の条件を満たす組 (Ω_C, S, φ) のことである．

(1) C は空でない有限集合であり，部品の集合を意味する．部品の個数が n 個のシステムを **n 次のシステム**（system of order n）と呼び，この場合，通常 $C = \{1, 2, \cdots, n\}$ と書く．

(2) Ω_i $(i \in C)$ と S はそれぞれ二つの元からなる全順序集合であり，通常 $\Omega_i = S = \{0, 1\}$ と書き，順序関係は $0 < 1$ である．Ω_i は部品 i の**状態空間**（state space），S はシステムの状態空間であり，0 は**故障状態**（failure state）を，1 は**動作状態**（operating state，正常状態）を意味する．

(3) Ω_i $(i \in C)$ の直積順序集合 Ω_C の元 $\boldsymbol{x} = (x_1, \cdots, x_n)$ は**状態ベクトル**（state vector）と呼ばれ，$x_i \in \Omega_i$ である．

(4) φ は Ω_C から S への全射であり，状態ベクトル $\boldsymbol{x}$ に対応するシステムの状態は $\varphi(\boldsymbol{x})$ である．関数 φ は**構造関数**（structure function）

と呼ばれ，システムの内部的な論理構造を意味する．

システム (Ω_C, S, φ) を簡単にシステム φ ともいう．

構造関数 $\varphi : \Omega_C \to S$ が全射であることから，$0, 1 \in S$ のそれぞれに対して，

$$\varphi^{-1}(0) = \{\boldsymbol{x} : \varphi(\boldsymbol{x}) = 0\} \neq \phi, \qquad \varphi^{-1}(1) = \{\boldsymbol{x} : \varphi(\boldsymbol{x}) = 1\} \neq \phi.$$

全射でなければ，上記のいずれかが空集合となる．例えば $\varphi^{-1}(0) = \phi$ とすると，すべての状態ベクトルに対してシステムの状態が1となり，たとえすべての部品が故障であっても，システムは動作することを意味する．実際のシステムでは，このようなことは考えづらいであろう．

定義 2.2　2状態システム (Ω_C, S, φ) において，部品 $i \in C$ が**レリバント**であるとは，つぎの条件を満たすときである．

$$\exists(\cdot_i, \boldsymbol{x}) \in \Omega_{C\setminus\{i\}},\ \varphi(0_i, \boldsymbol{x}) \neq \varphi(1_i, \boldsymbol{x}).$$

部品 i がレリバントでない場合を考えると，

$$\forall(\cdot_i, \boldsymbol{x}) \in \Omega_{C\setminus\{i\}},\ \varphi(0_i, \boldsymbol{x}) = \varphi(1_i, \boldsymbol{x})$$

であり，部品 i の状態変化が，システムの状態変化になんの影響も及ぼさないことを意味する．この場合 $C\setminus\{i\}$ を部品の集合とし，$\varphi' : \Omega_{C\setminus\{i\}} \to S$ を

$$\boldsymbol{x} \in \Omega_{C\setminus\{i\}},\ \varphi'(\boldsymbol{x}) = \varphi(1_i, \boldsymbol{x})$$

として定めると，システム $(\Omega_{C\setminus\{i\}}, S, \varphi')$ と (Ω_C, S, φ) は同等である．このような操作によって，任意のシステムは，すべての部品がレリバントであるようなシステムに変換できる．すべての部品がレリバントであるシステムをレリバントであるという．

定義 2.3 システム (Ω_C, S, φ) はつぎの条件を満たすとき，**単調システム**（monotone system，increasing system）であるという．$\boldsymbol{x}, \boldsymbol{y} \in \Omega_C$ に対して

$$\boldsymbol{x} \leqq \boldsymbol{y} \implies \varphi(\boldsymbol{x}) \leqq \varphi(\boldsymbol{y}).$$

単調性は，部品の状態が改善されたとき，システムの状態は悪くはならないことを意味する．

構造関数 φ は Ω_C から S への全射であるから，$\varphi^{-1}(1) \neq \phi$, $\varphi^{-1}(0) \neq \phi$ である．よって，単調であるとき，$\varphi(\mathbf{0}) = 0$, $\varphi(\mathbf{1}) = 1$ である．

定義 2.4 レリバントで単調なシステムを**コヒーレント**（coherent）**システム**と呼ぶ．

2.1.2 コヒーレントシステムの例

この項では，代表的なコヒーレントシステムの例を列挙する．

例 2.1（**直列システム，並列システム，直・並列システム**）

(1) **直列システム**（series system）は，システムが正常であるためにはすべての部品が正常でなければならないようなものである．構造関数 φ はつぎのように定義され，$\min \varphi^{-1}(1) = \mathbf{1}$ である．

$$\boldsymbol{x} \in \Omega_C,\ \varphi(\boldsymbol{x}) = \begin{cases} 1, & x_i = 1,\ i = 1, 2, \cdots, n, \\ 0, & \text{その他}. \end{cases}$$

例えば，$n = 3$ の場合，状態ベクトルとシステムの状態との対応関係は**表 2.1** のように与えられる．

表 **2.1**　3次の直列システムの構造関数

x_1	x_2	x_3	$\varphi(\boldsymbol{x})$
0	0	0	0
0	0	1	0
0	1	0	0
0	1	1	0
1	0	0	0
1	0	1	0
1	1	0	0
1	1	1	1

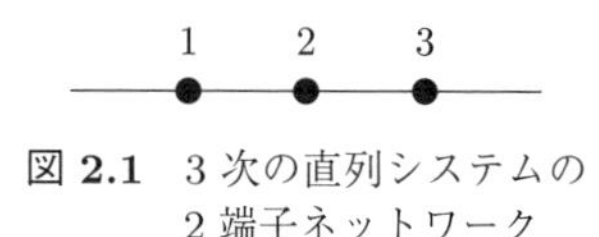

図 **2.1**　3次の直列システムの2端子ネットワーク

さらにこの直列システムは図 **2.1** のような2端子のネットワークで書き表すこともできる．一つの端点から他の端点に正常状態にある部品を通って到達できるときにシステムは正常であると考える．したがって，直列システムの場合，一つでも故障状態の部品があれば両端点間を通すことができない．このようなネットワーク表現は，システムの状態決定への部品の論理的な寄与を展望するのに有用である．

便宜的に n 次直列システムの構造関数 φ はつぎのように書き表せる．

$$\boldsymbol{x} \in \Omega_C,\ \varphi(\boldsymbol{x}) = \prod_{i=1}^{n} x_i = \min\{x_1, \cdots, x_n\}.$$

(2)　**並列システム**（parallel system）は，システムが正常であるためには少なくとも一つの部品が正常であればよいシステムであり，構造関数 φ はつぎのように定義され，$\max \varphi^{-1}(0) = \boldsymbol{0}$ である．

$$\boldsymbol{x} \in \Omega_C,\ \varphi(\boldsymbol{x}) = \begin{cases} 0, & x_i = 0,\ i = 1, 2, \cdots, n, \\ 1, & \text{その他}. \end{cases}$$

例えば，$n = 3$ のときの対応表は**表 2.2** で，2端子ネットワークは**図 2.2** で与えられる．

便宜的に n 次並列システムの構造関数 φ はつぎのように書き表せる．

表 **2.2**　3 次の並列システムの対応表

x_1	x_2	x_3	$\varphi(\boldsymbol{x})$
0	0	0	0
0	0	1	1
0	1	0	1
0	1	1	1
1	0	0	1
1	0	1	1
1	1	0	1
1	1	1	1

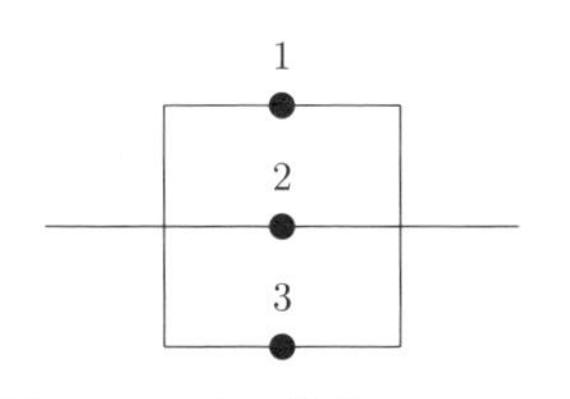

図 **2.2**　3 次の並列システムの 2 端子ネットワーク

$$\boldsymbol{x} \in \Omega_C,\ \varphi(\boldsymbol{x}) = \coprod_{i=1}^{n} x_i = \max\{x_1, \cdots, x_n\}.$$

(3)　**直・並列システム**（series–parallel system）とは，並列システムを直列につないだものであり，その 2 端子ネットワークは図 **2.3** のようである．構造関数は，つぎのように書き表せる．

$$\boldsymbol{x} \in \prod_{j=1}^{m}\prod_{i=1}^{n_j} \Omega_{j_i},\ \varphi(\boldsymbol{x}) = \prod_{j=1}^{m}\coprod_{i=1}^{n_j} x_{j_i} = \min_{1 \leqq j \leqq m} \max\{x_{j_1}, \cdots, x_{j_{n_j}}\}.$$

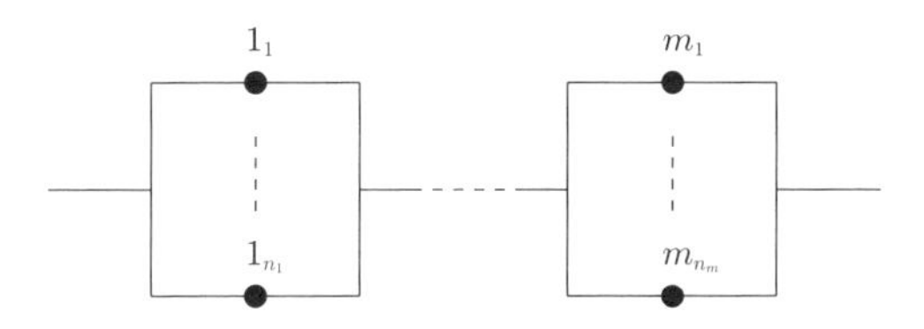

図 **2.3**　直・並列システムの 2 端子ネットワーク

これに対応して直列システムを並列につないだ並・直列システムを考えることができる．その構造関数は明らかであり，省略する．

例 **2.2**（***k*–out–of–*n*:G** システム）

(1)　***k*–out–of–*n*:G システム**とは，システムが正常であるためには，n 個の部品のうち少なくとも k 個の部品が正常でなければならないようなシステムであり，構造関数 φ はつぎのように与えられる．

$$\boldsymbol{x} \in \Omega_C,\ \varphi(\boldsymbol{x}) = \begin{cases} 1, & \sharp\{i : x_i = 1\} \geqq k, \\ 0, & \sharp\{i : x_i = 1\} < k. \end{cases}$$

例えば，2–out–of–3:G システムの対応表は**表 2.3** で与えられる．

表 2.3　2–out–of–3:G システムの対応表

x_1	x_2	x_3	$\varphi(\boldsymbol{x})$
0	0	0	0
0	0	1	0
0	1	0	0
0	1	1	1
1	0	0	0
1	0	1	1
1	1	0	1
1	1	1	1

並列システムは 1–out–of–n:G システムであり，直列システムは n–out–of–n:G システムである．

k–out–of–n:F システムとは，システムが故障状態にあるためには，k 個以上の部品が故障状態でなければならないようなシステムである．その構造関数は，つぎのとおりである．

$$\boldsymbol{x} \in \Omega_C,\ \varphi(\boldsymbol{x}) = \begin{cases} 0, & \sharp\{i : x_i = 0\} \geqq k, \\ 1, & \sharp\{i : x_i = 0\} < k. \end{cases}$$

したがって，k–out–of–n:G システムは，$(n-k+1)$–out–of–n:F システムである．表 2.3 のシステムは 2–out–of–3:F システムでもある．

(2)　部品の配置を考慮してシステムの状態が決まるような例として，1 番目から n 番目までの部品が 1 次元的に配置されている **1 次元連続的 k–out–of–n:F システム**（one–dimensional consecutive k–out–of–n:F system）を挙げる．このシステムは，連続する k 個の部品が故障していれば故障であると定義する．

$$\boldsymbol{x} \in \Omega_C,\ \varphi(\boldsymbol{x}) = \begin{cases} 0, & 1 \leqq j \leqq n-k+1 \text{ のある } j \text{ に対して} \\ & \qquad x_i = 0,\ i = j, \cdots, j+k-1, \\ 1, & \text{その他}. \end{cases}$$

例えば，1 次元連続的 2–out–of–3:F システムの構造関数は**表 2.4** で与えられる．

表 2.4 1 次元連続的 2–out–of–3:F システムの対応表

x_1	x_2	x_3	$\varphi(\boldsymbol{x})$
0	0	0	0
0	0	1	0
0	1	0	1
0	1	1	1
1	0	0	0
1	0	1	1
1	1	0	1
1	1	1	1

部品の配置が円状である場合，2 次元的である場合，トーラス状である場合などさまざまな場合における信頼性の評価方法が研究されている．Boehme, Kossow and Preuss[20)], Koutras, Papadopoulos and Papastavridis[51)], Kontolen[48)], Salvia and Lasher[102)] などを参照してほしい．

例 2.3　ブリッジシステム（bridge system）とはその 2 端子ネットワークが**図 2.4** で与えられるようなシステムである．例えば，部品 1, 3, 5 が正常であれば，システムは正常である．構造関数の対応表は，32 通りの状態ベクトルに対応するシステムの状態を列挙しなければならず，煩雑であり，ここでは省略する．

例 2.4　**図 2.5** で示される四つの機器 a, b, c, d をつないだ簡単な通信ネットワークを考える．簡単のために機器は故障せず，機器をつなぐケーブル

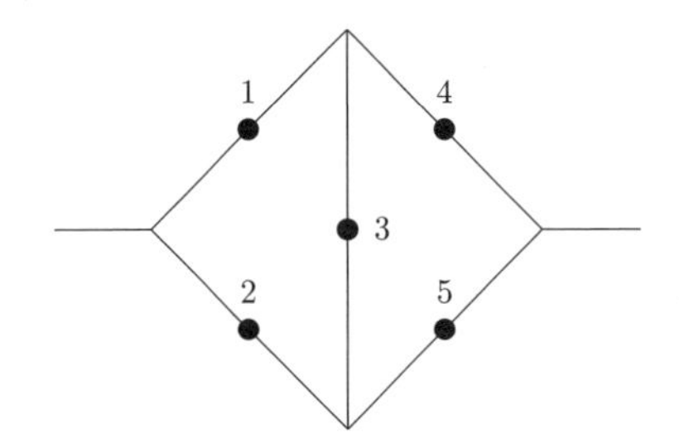

図 **2.4**　ブリッジシステムの2端子ネットワーク

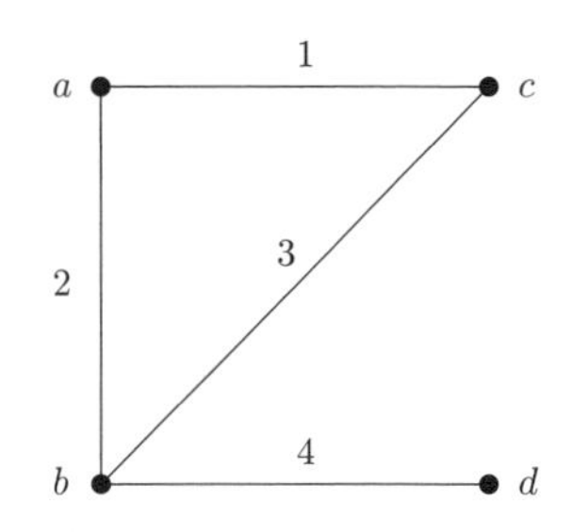

図 **2.5**　簡単な通信ネットワーク

が断線などによって故障し得ると考える．機器 a, d が通信できればシステムとして正常であるとする．例えばケーブル 2, 4 が正常であればよい．状態ベクトルとシステムの状態との対応関係は，**表 2.5** で与えられ，一つの2状態コヒーレントシステムが得られる．機器の故障も考慮する場合は，それぞれの機器を部品の一つとしてシステムに組み込めばよい．

表 2.5　簡単な通信ネットワークの対応表

x_1	x_2	x_3	x_4	$\varphi(\boldsymbol{x})$
0	0	0	0	0
0	0	0	1	0
0	0	1	0	0
0	0	1	1	0
0	1	0	0	0
0	1	0	1	1
0	1	1	0	0
0	1	1	1	1
1	0	0	0	0
1	0	0	1	0
1	0	1	0	0
1	0	1	1	1
1	1	0	0	0
1	1	0	1	1
1	1	1	0	0
1	1	1	1	1

2.1.3　構造関数と直列，並列システム

コヒーレントシステム (Ω_C, S, φ) に対して，以下の不等号関係が成立する．

定理 2.1　任意の $\boldsymbol{x} \in \Omega_C$ に対して，

$$\prod_{i=1}^{n} x_i \leqq \varphi(\boldsymbol{x}) \leqq \coprod_{i=1}^{n} x_i. \tag{2.1}$$

【証明】　単調システム φ は一般的に $\varphi(\mathbf{1}) = 1,\ \varphi(\mathbf{0}) = 0$ であるから，

$$\prod_{i=1}^{n} x_i = 1 \iff \boldsymbol{x} = \mathbf{1}, \qquad \coprod_{i=1}^{n} x_i = 0 \iff \boldsymbol{x} = \mathbf{0}.$$

の同値関係より，式 (2.1) が成立する．□

式 (2.1) は，任意の単調な構造関数が直列システムと並列システムの間にあることを意味する．

定理 2.2　システム φ をコヒーレントであるとすると，任意の $\boldsymbol{x}, \boldsymbol{y} \in \Omega_C$ に対して，

$$\varphi(\boldsymbol{x} \vee \boldsymbol{y}) \geqq \varphi(\boldsymbol{x}) \vee \varphi(\boldsymbol{y}), \tag{2.2}$$

$$\varphi(\boldsymbol{x} \wedge \boldsymbol{y}) \leqq \varphi(\boldsymbol{x}) \wedge \varphi(\boldsymbol{y}). \tag{2.3}$$

式 (2.2) で任意の $\boldsymbol{x}, \boldsymbol{y} \in \Omega_C$ に対して等号が成立するための必要十分条件は，システムが並列であることである．また，式 (2.3) での必要十分条件は，システムが直列であることである．

【証明】　定理 1.3 より，不等号関係は明らかである．式 (2.3) で等号が成立するための必要十分条件について示す．式 (2.2) での等号に対する必要十分条件の証明は同様である．

再度定理 1.3 より，式 (2.3) で等号が成立するための必要十分条件は $\varphi^{-1}(1)$ が最小元をもつことである．それを $\boldsymbol{m} = (m_1, \cdots, m_n)$ と書くと，$m_i = 0$ ならば，部品 i はレリバントでない．よって，$\min \varphi^{-1}(1) = \mathbf{1}$ である．□

式 (2.3) の左辺は各部品ごとの直列化を，右辺はシステム全体として直列化することを意味し，前者のほうが性能がより悪いことを意味する．直列システム

は，直列化のレベルによる違いが生じないようなシステムである．式 (2.2) は並列化に関するものである．

後に議論する多状態システムにおいても式 (2.2), (2.3) と同様の不等号関係が成立する．多状態では，直列システムや並列システムの定義自体に議論が必要になるが，それらの定義がよいかどうかの一つの判定基準が，これらの不等号関係で等号が成立するかどうかにある．

2.1.4 双対システム

(Ω_C, S, φ) をコヒーレントシステムとする．Ω_i $(i \in C)$, S 上の双対順序とともに φ を考えるとき，φ^D と書き，システム (Ω_C, S, φ^D) を元のシステムの**双対システム**（dual system）と呼ぶ．$0 \leqq 1$ と $1 \leqq_D 0$ は同値であり，双対システムでは元のシステムでの故障状態と正常状態が入れ替わる．元のシステムが単調であれば双対システムもそうであり，レリバントであれば双対システムもそうである．

双対システムでの 1 と 0 をそれぞれ改めて 0 と 1 と書き換えれば，φ^D は便宜的につぎのように定義できる．

$$\boldsymbol{x} \in \Omega_C,\ \varphi^D(\boldsymbol{x}) = 1 - \varphi(1 - x_1, \cdots, 1 - x_n).$$

この関係式を使って，k–out–of–n:G システムの双対は $(n-k+1)$–out–of–n:G システムである．

一般に $\left(\varphi^D\right)^D = \varphi$ であり，双対の双対は元のシステムである．

例 2.5（**簡単なパイプラインシステム**）　三つのバルブによって天然ガスが流されたり止められたりする**図 2.6** のようなパイプラインを考える．天然ガスの流れを止めるためには，一つのバルブのみが閉まればよく，これは並列システムを意味する．このとき，故障はバルブが開くことに対応する．一方天然ガスを流すためには，すべてのバルブが開かなければならず，直列システムとなり，バルブが閉じることが故障に対応する．つまり，天然ガスを流すという観点からは直列システムであり，止めるという観点か

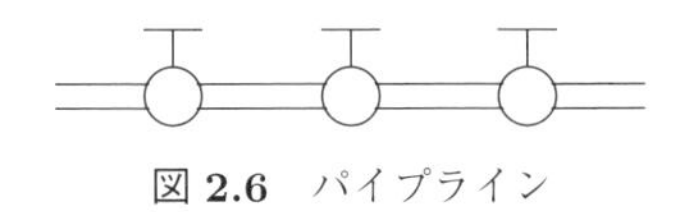

図 **2.6**　パイプライン

らは並列システムであり，たがいに双対の関係にある．ミッションによって同じ物理的な状態が正常状態であったり故障状態であったりしてシステムの論理的な構造が変わるとき，それらは双対の関係にある．スイッチング回路における閉故障と開故障も双対の関係にある．この例は，依田[114)]，p.141 を参照した．

例 2.5 からわかるように，システムの構造関数は，部品間の物理的なつながりではなく，正常・故障の観点から見たときの論理的な構造を意味する．

2.2　極小パスベクトル，極小カットベクトル

2.2.1　極小パスベクトルと極小カットベクトルの定義

定義 2.5　(Ω_C, S, φ) をコヒーレントシステムとする．$MI\left(\varphi^{-1}(1)\right)$ の要素を**極小パスベクトル** (minimal path vector), $MA\left(\varphi^{-1}(0)\right)$ の要素を**極小カットベクトル** (minimal cut vector) と呼ぶ．また，$\boldsymbol{p} \in MI\left(\varphi^{-1}(1)\right)$ に対して，$C_1(\boldsymbol{p})$ を**極小パス集合** (minimal path set)，$\boldsymbol{k} \in MA\left(\varphi^{-1}(0)\right)$ に対して，$C_0(\boldsymbol{k})$ を**極小カット集合**（minimal cut set）と呼ぶ．

$\varphi^{-1}(0)$ の極大元を極小カットベクトルと呼び，極大と極小の間で違和感を感じるが，極小カットベクトルの「極小」は故障状態 0 に注視していて，状態を双対的に見ていることを意味する．極小パスベクトルは双対システムでは極小カットベクトルである．

システム φ における極小カット集合の全体および極小パスベクトルの全体をそれぞれ $\mathcal{P}_\varphi$, $\mathcal{K}_\varphi$ と書く．

$$\mathcal{P}_\varphi = \left\{C_1(\boldsymbol{p}) : \boldsymbol{p} \in MI\left(\varphi^{-1}(1)\right)\right\},\ \mathcal{K}_\varphi = \left\{C_0(\boldsymbol{k}) : \boldsymbol{k} \in MA\left(\varphi^{-1}(0)\right)\right\}.$$

$\boldsymbol{x} \in \varphi^{-1}(1)$ に対して，この状態ベクトルをパスベクトル，$C_1(\boldsymbol{x})$ をパス集合と呼ぶ．カットベクトルとカット集合はそれぞれ $\boldsymbol{x} \in \varphi^{-1}(0)$, $C_0(\boldsymbol{x})$ である．

例 2.6（直列システムと並列システムの極小パスベクトルと極小カットベクトル）

(1)　φ が直列コヒーレントシステムであるとき，

$$MI\left(\varphi^{-1}(1)\right) = \{\boldsymbol{1}\},\quad MA\left(\varphi^{-1}(0)\right) = \{(0_i, \boldsymbol{1}) : i = 1, \cdots, n\},$$
$$\mathcal{P}_\varphi = \{\{1, 2, \cdots, n\}\},\quad \mathcal{K}_\varphi = \{\{1\},\ \{2\}, \cdots, \{n\}\}.$$

(2)　φ が並列コヒーレントシステムであるとき，

$$MI\left(\varphi^{-1}(1)\right) = \{(1_i, \boldsymbol{0}) : i = 1, \cdots, n\},\quad MA\left(\varphi^{-1}(0)\right) = \{\boldsymbol{0}\},$$
$$\mathcal{P}_\varphi = \{\{1\},\ \{2\}, \cdots, \{n\}\},\quad \mathcal{K}_\varphi = \{\{1, 2, \cdots, n\}\}.$$

例 2.7　　例 2.2 で定義されている k–out–of–n:G システムでは，

$$MI\left(\varphi^{-1}(1)\right) = \left\{\boldsymbol{p} : \sum_{i=1}^{n} p_i = k\right\},$$
$$MA\left(\varphi^{-1}(0)\right) = \left\{\boldsymbol{k} : \sum_{i=1}^{n} (1 - k_i) = n - k + 1\right\},$$
$$\mathcal{P}_\varphi = \{\{i_1, \cdots, i_k\} : 1 \leqq i_1 < \cdots < i_k \leqq n\},$$
$$\mathcal{K}_\varphi = \{\{i_1, \cdots, i_{n-k+1}\} : 1 \leqq i_1 < \cdots < i_{n-k+1} \leqq n\}$$

である．例えば，3–out–of–4:G システムでは，つぎのようである．

$$MI\left(\varphi^{-1}(1)\right) = \{(1,1,1,0),\ (1,1,0,1),\ (1,0,1,1),\ (0,1,1,1)\},$$
$$MA\left(\varphi^{-1}(0)\right) = \{(0,0,1,1),\ (0,1,0,1),\ (0,1,1,0),$$
$$(1,0,0,1),\ (1,0,1,0),\ (1,1,0,0)\}.$$

$$\mathcal{P}_\varphi = \{\{1,2,3\},\ \{1,2,4\},\ \{1,3,4\},\ \{2,3,4\}\},$$

$$\mathcal{K}_\varphi = \{\{1,2\},\ \{1,3\},\ \{1,4\},\ \{2,3\},\ \{2,4\},\ \{3,4\}\}.$$

例 2.8　例 2.3 のブリッジシステムでは，

$$MI\left(\varphi^{-1}(1)\right) = \{(1,0,0,1,0),(1,0,1,0,1),(0,1,1,1,0),(0,1,0,0,1)\},$$

$$MA\left(\varphi^{-1}(0)\right) = \{(0,0,1,1,1),(0,1,0,1,0),(1,0,0,0,1),(1,1,1,0,0)\},$$

$$\mathcal{P}_\varphi = \{\{1,4\},\ \{1,3,5\},\ \{2,3,4\},\ \{2,5\}\},$$

$$\mathcal{K}_\varphi = \{\{1,2\},\ \{1,3,5\},\ \{2,3,4\},\ \{4,5\}\}.$$

$\boldsymbol{p} \in MI\left(\varphi^{-1}(1)\right)$ において，$\boldsymbol{x} < \boldsymbol{p}$ である任意の $\boldsymbol{x}$ に対して $\varphi(\boldsymbol{x}) = 0$ である．つまり，$C_1(\boldsymbol{p})$ はシステムの正常性を保証する極小的な部品の集合であり，この中のどの部品が故障してもシステムは故障状態に陥る．例えば，3–out–of–4:G システムの極小パスベクトル $(1,1,1,0)$ で状態 1 の部品が一つでも 0 になった場合，$(0,1,1,0)$, $(1,0,1,0)$, $(1,1,0,0)$ のいずれにおいてもシステムは故障状態となる．同様に $\boldsymbol{k} \in MA\left(\varphi^{-1}(0)\right)$ に対して，$C_0(\boldsymbol{k})$ はシステムの故障につながる極小的な故障部品の集合である．

つぎの定理は，システムの構造関数が極小パスベクトルまたは極小カットベクトルから一意的に定まることを意味する．この定理は，$\varphi^{-1}(1)$ と $\varphi^{-1}(0)$ のそれぞれが上側および下側単調集合であることと 1.3 節で述べたことから明らかであるが，システムの確率的な議論の出発点となる基本的な関係式でもある．

定理 2.3　単調システム (Ω_C, S, φ) に対して，以下の関係が成立する．

(1)　$\varphi^{-1}(1) = \bigcup_{\boldsymbol{p} \in MI(\varphi^{-1}(1))} [\boldsymbol{p}, \rightarrow)$,

(2)　$\varphi^{-1}(0) = \bigcup_{\boldsymbol{k} \in MA(\varphi^{-1}(0))} (\leftarrow, \boldsymbol{k}]$.

定理 2.4　(Ω_C, S, φ) をコヒーレントシステムとする．

(1)　(1–i)　任意の部品 $i \in C$ に対して，$p_i = 1$ となる極小パスベクトル $\boldsymbol{p} \in MI\left(\varphi^{-1}(1)\right)$ が存在する．

(1–ii)　$\boldsymbol{p}, \boldsymbol{q} \in MI\left(\varphi^{-1}(1)\right)$，$\boldsymbol{p} \neq \boldsymbol{q}$ に対して，$\boldsymbol{p} \nleq \boldsymbol{q}$，$\boldsymbol{q} \nleq \boldsymbol{p}$ である．

(2)　(2–i)　任意の部品 $i \in C$ に対して，$k_i = 0$ となる極小カットベクトル $\boldsymbol{k} \in MA\left(\varphi^{-1}(0)\right)$ が存在する．

(2–ii)　$\boldsymbol{k}, \boldsymbol{l} \in MA\left(\varphi^{-1}(0)\right)$，$\boldsymbol{k} \neq \boldsymbol{l}$ に対して，$\boldsymbol{k} \nleq \boldsymbol{l}$，$\boldsymbol{l} \nleq \boldsymbol{k}$ である．

【証明】　(1–i) は部品 i がレリバントであることから，(1–ii) は，$\boldsymbol{p}$，$\boldsymbol{q}$ が極小で順序関係をもたないことから成立する．(2) は (1) に双対である．　□

系 2.1　(Ω_C, S, φ) をコヒーレントシステムとする．

(1)　(1–i)　$\bigcup_{\boldsymbol{p} \in MI(\varphi^{-1}(1))} C_1(\boldsymbol{p}) = C$ が成立する．

(1–ii)　$\boldsymbol{p}, \boldsymbol{q} \in MI\left(\varphi^{-1}(1)\right)$，$\boldsymbol{p} \neq \boldsymbol{q}$ に対して，

$$C_1(\boldsymbol{p}) \backslash C_1(\boldsymbol{q}) \neq \phi, \qquad C_1(\boldsymbol{q}) \backslash C_1(\boldsymbol{p}) \neq \phi.$$

(2)　(2–i)　$\bigcup_{\boldsymbol{k} \in MA(\varphi^{-1}(0))} C_0(\boldsymbol{k}) = C$ が成立する．

(2–ii)　$\boldsymbol{k}, \boldsymbol{l} \in MA\left(\varphi^{-1}(0)\right)$，$\boldsymbol{k} \neq \boldsymbol{l}$ に対して，

$$C_0(\boldsymbol{k}) \backslash C_0(\boldsymbol{l}) \neq \phi, \qquad C_0(\boldsymbol{l}) \backslash C_0(\boldsymbol{k}) \neq \phi.$$

【証明】　定理 2.4 を極小パス集合，極小カット集合を用いて書き表せばよい．　□

つぎの定理はパス集合とカット集合との関係を示し，極小パス集合から極小カット集合を，または極小カット集合から極小パス集合を導き出すための手順がこの定理から得られる．

定理 2.5 (Ω_C, S, φ) を単調システムとする．任意の $\boldsymbol{p} \in \varphi^{-1}(1)$ と任意の $\boldsymbol{k} \in \varphi^{-1}(0)$ に対して，$C_1(\boldsymbol{p}) \cap C_0(\boldsymbol{k}) \neq \phi$ である．

【証明】 もし $C_1(\boldsymbol{p}) \cap C_0(\boldsymbol{k}) = \phi$ とすると，$\boldsymbol{p} \leq \boldsymbol{k}$ であり，φ の単調性より $\varphi(\boldsymbol{p}) = 0$ であり，$\varphi(\boldsymbol{p}) = 1$ に矛盾する． □

この定理より，極小パスベクトルから極小カットベクトルがつぎのように得られる．逆も同様にして得られる．

系 2.2 システム (Ω_C, S, φ) における極小カット集合全体は，集合族

$$\left\{K \subseteqq C : \forall \boldsymbol{p} \in MI\left(\varphi^{-1}(1)\right), K \cap C_1(\boldsymbol{p}) \neq \phi\right\} \tag{2.4}$$

において，集合間の包含関係を順序関係としたときの極小元全体である．

例 2.9 3–out–of–4:G システムの極小パス集合は，例 2.7 の $\mathcal{P}_\varphi$ で与えられている．これから，式 (2.4) の集合族はつぎのように得られる．

$$\{\{1,2\},\ \{1,3\},\ \{1,4\},\ \{2,3\},\ \{2,4\},\ \{3,4\},\ \{1,2,3\},\\ \{1,2,4\},\ \{1,3,4\},\ \{2,3,4\},\ \{1,2,3,4\}.\}$$

よって，包含関係に関する極小元をとって，極小カット集合全体は

$$\mathcal{K}_\varphi = \{\{1,2\},\ \{1,3\},\ \{1,4\},\ \{2,3\},\ \{2,4\},\ \{3,4\}\}$$

と得られる．

実際のシステムに対しては，その極小カット集合または極小パス集合のいずれかが FTA と，Semanderes や Fussell アルゴリズムなどによって見出される．これらのアルゴリズムの詳細および FTA の実際については，井上[45)] を参照してほしい．

2.2.2 単調構造関数の直・並列表現と並・直列表現

本項では，定理 2.3 より構造関数 φ を直接的に直列システム，並列システムの構造関数を用いて書き表す．

それぞれの極小パスベクトル $\boldsymbol{p} \in MI\left(\varphi^{-1}(1)\right)$ に対して $\rho_{\boldsymbol{p}} : \Omega_C \to S$ を

$$\boldsymbol{x} \in \Omega_C,\ \rho_{\boldsymbol{p}}(\boldsymbol{x}) = \begin{cases} 1, & \boldsymbol{p} \leqq \boldsymbol{x}, \\ 0, & \text{その他}, \end{cases}$$

と定義する．$C_1(\boldsymbol{p})$ に属さない部品は $\rho_{\boldsymbol{p}}$ においてレリバントではないが，レリバントの定義 2.2 の後に書かれている変換によって $C_1(\boldsymbol{p})$ の部品からなる直列システムであると考えてよい．定理 2.3 (1) よりつぎの等号関係が得られる．

$$\boldsymbol{x} \in \Omega_C,\ \varphi(\boldsymbol{x}) = \max_{\boldsymbol{p} \in MI(\varphi^{-1}(1))} \rho_{\boldsymbol{p}}(\boldsymbol{x}).$$

同様に，各極小カットベクトル $\boldsymbol{k} \in MA\left(\varphi^{-1}(0)\right)$ に対し，$\kappa_{\boldsymbol{k}} : \Omega_C \to S$ を

$$\boldsymbol{x} \in \Omega_C,\ \kappa_{\boldsymbol{k}}(\boldsymbol{x}) = \begin{cases} 0, & \boldsymbol{x} \leqq \boldsymbol{k}, \\ 1, & \text{その他}, \end{cases}$$

と定義して，

$$\boldsymbol{x} \in \Omega_C,\ \varphi(\boldsymbol{x}) = \min_{\boldsymbol{k} \in MA(\varphi^{-1}(0))} \kappa_{\boldsymbol{k}}(\boldsymbol{x})$$

である．$\kappa_{\boldsymbol{k}}$ は $C_0(\boldsymbol{k})$ の部品からなる並列システムの構造関数であると考えてよい．以上の議論をつぎの定理としてまとめておく．

定理 2.6　　単調システム (Ω_C, S, φ) の構造関数 φ はつぎのように表せる．

$$\begin{aligned} \boldsymbol{x} \in \Omega_C,\ \varphi(\boldsymbol{x}) &= \max_{\boldsymbol{p} \in MI(\varphi^{-1}(1))} \rho_{\boldsymbol{p}}(\boldsymbol{x}) = \max_{\boldsymbol{p} \in MI(\varphi^{-1}(1))} \min_{i \in C_1(\boldsymbol{p})} x_i \\ &= \min_{\boldsymbol{k} \in MA(\varphi^{-1}(0))} \kappa_{\boldsymbol{k}}(\boldsymbol{x}) = \min_{\boldsymbol{k} \in MA(\varphi^{-1}(0))} \max_{i \in C_0(\boldsymbol{k})} x_i. \end{aligned}$$

---

2 状態直列システムの構造関数は便宜上 min 演算を用いて，並列の場合は max 演算を用いて書き表すことができた．定理 2.6 は，2 状態システムの構造

関数が極小パス集合の部品からなる直列システムの並列構造として表せることを意味するが，これらの極小パス集合は必ずしもたがいに排反ではないことに注意してほしい（以下の例 2.10 参照）．また，同様にシステムの構造関数は極小カット集合の部品からなる並列システムの直列構造としても表せる．

定理 2.6 の関係式は以下のものと同等である．

$$\boldsymbol{x} \in \Omega_C,\ \varphi(\boldsymbol{x}) = \coprod_{\boldsymbol{p} \in MI(\varphi^{-1}(1))} \prod_{i \in C_1(\boldsymbol{p})} x_i = \prod_{\boldsymbol{k} \in MA(\varphi^{-1}(0))} \coprod_{i \in C_0(\boldsymbol{k})} x_i.$$

これを $x_i^2 = x_i$ として機械的に展開することで，$x_1, \cdots, x_n$ のそれぞれについて 1 次多項式である，つまり多重線形多項式（multilinear polynomial）である構造関数が得られる．

例 2.10　　3–out–of–4:G システムでは，例 2.7 で与えられている極小パスベクトル，極小カット集合を用いて，

$$\begin{aligned}
\varphi(\boldsymbol{x}) &= \max\{\min\{x_1, x_2, x_3\},\ \min\{x_1, x_2, x_4\}, \\
&\qquad\qquad \min\{x_1, x_3, x_4\},\ \min\{x_2, x_3, x_4\}\} \\
&= \min\{\max\{x_3, x_4\},\ \max\{x_2, x_4\},\ \max\{x_2, x_3\}, \\
&\qquad\qquad \max\{x_1, x_4\},\ \max\{x_1, x_3\},\ \max\{x_1, x_2\}\}
\end{aligned}$$

であり，便宜的に並・直列のネットワークとして**図 2.7** のように描ける．部品が重複していることに注意していただきたい．この場合，構造関数の多項式表現はつぎのように得られる．

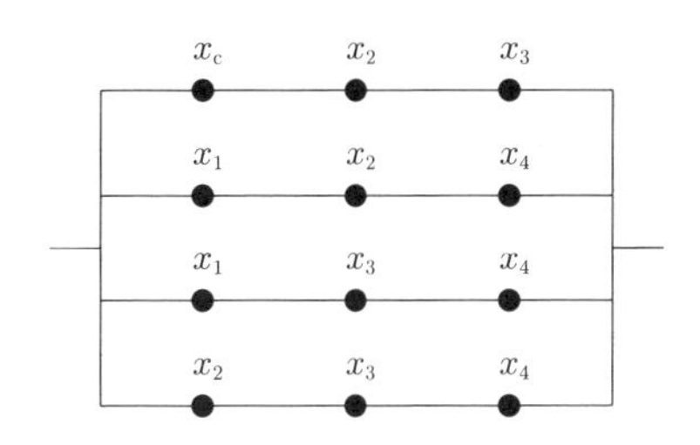

図 2.7　3–out–of–4:G システムの極小パス集合による並直列システムによる表現

$$
\begin{aligned}
\varphi(\boldsymbol{x}) &= 1-(1-x_1x_2x_3)(1-x_1x_2x_4)(1-x_1x_3x_4)(1-x_2x_3x_4) \\
&= 1-(1-x_1x_2x_3-x_1x_2x_4+x_1x_2x_3x_1x_2x_4)(1-x_1x_3x_4) \\
&\qquad\qquad\qquad\qquad\qquad\qquad\qquad\qquad \times(1-x_2x_3x_4) \\
&= 1-(1-x_1x_2x_3-x_1x_2x_4+x_1x_2x_3x_4)(1-x_1x_3x_4) \\
&\qquad\qquad\qquad\qquad\qquad\qquad\qquad\qquad \times(1-x_2x_3x_4) \\
&= 1-(1-x_1x_2x_3-x_1x_2x_4+x_1x_2x_3x_4 \\
&\qquad\qquad\qquad -x_1x_3x_4+x_1x_2x_3x_4)(1-x_2x_3x_4) \\
&= x_1x_2x_3+x_1x_2x_4-x_1x_2x_3x_4+x_1x_3x_4-x_1x_2x_3x_4 \\
&\quad +x_2x_3x_4-x_1x_2x_3x_4.
\end{aligned}
$$

以上は，極小カット集合（極小カットベクトル）または極小パス集合（極小パスベクトル）から構造関数を導き出す手順であるが，構造関数 φ の対応表が得られている場合，つまり $\varphi^{-1}(1)$ が完全にわかっているときは，つぎのようにして構造関数を直接的に書き下せる．

$$
\varphi(\boldsymbol{x}) = \sum_{\boldsymbol{a}\in\varphi^{-1}(1)} \prod_{i=1}^{n} x_i^{a_i}(1-x_i)^{1-a_i}. \tag{2.5}
$$

ここでは，変数としての $\boldsymbol{x} = (x_1, \cdots, x_n)$ と $\varphi^{-1}(1)$ の要素としての $\boldsymbol{a} = (a_1, \cdots, a_n)$ とを混同しないように注意してほしい．

例 2.10 の 3–out–of–4:G システムでは，

$$
\varphi^{-1}(1) = \{(1,1,1,0),(1,1,0,1),(1,0,1,1),(0,1,1,1),(1,1,1,1)\}
$$

であるので，例えば $\boldsymbol{a} = (1,1,1,0)$ のとき

$$
\begin{aligned}
\prod_{i=1}^{4} x_i^{a_i}(1-x_i)^{1-a_i} &= x_1^1(1-x_1^{1-1})x_2^1(1-x_2^{1-1})x_3^1(1-x_3^{1-1}) \\
&\quad \times x_4^0(1-x_4)^{1-0} \\
&= x_1x_2x_3(1-x_4)
\end{aligned}
$$

であり，式 (2.5) に従って $\varphi(\boldsymbol{x})$ はつぎのように得られる．

$$\begin{aligned}\varphi(\boldsymbol{x}) &= x_1x_2x_3(1-x_4)+x_1x_2(1-x_3)x_4+x_1(1-x_2)x_3x_4\\ &\quad +(1-x_1)x_2x_3x_4+x_1x_2x_3x_4.\end{aligned}$$

構造関数の表現は一意ではなく，整理の仕方によって多様である．

2.3 モジュール分解

2.3.1 モジュール

システムにおけるモジュールは一部の部品からなるサブシステムであり，システムの働きに対してあたかも一つの部品のようにして寄与する．例えば，自動車のエンジンは，一つの部品であるが，多くの部品からなるシステムでもある．

定義 2.6 単調システム (Ω_C, S, φ) において，$M \subseteqq C$ がモジュールであるとは，システム (Ω_M, S_M, χ)，$\left(S_M \times \Omega_{C\setminus M}, S, \psi\right)$ が存在して，

$$\boldsymbol{x} \in \Omega_C,\ \varphi(\boldsymbol{x}) = \psi\left(\chi\left(\boldsymbol{x}^M\right),\ \boldsymbol{x}^{C\setminus M}\right) \tag{2.6}$$

が成立することである．

例 2.11 図 **2.8** の 2 端子ネットワークで示されるシステムでは，部品 2 と 3 が一つのモジュールを構成し，並列システムをなす．さらにこれと

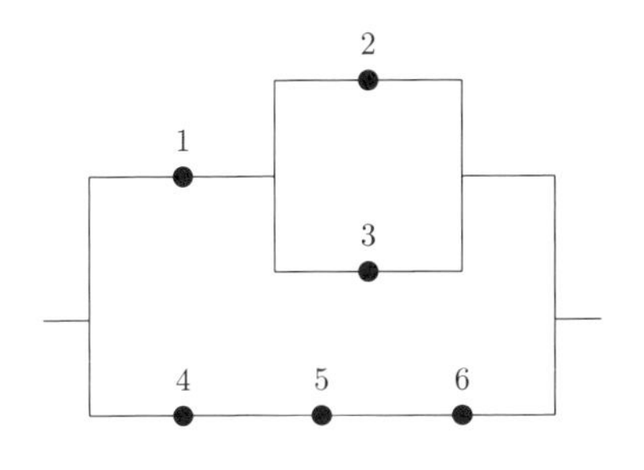

図 **2.8** 階層的な構造をなすモジュールの例

部品1とが直列でつながりモジュールを構成する．一方，部品4, 5, 6は直列システムであるモジュールを構成し，最終的に二つのモジュールが並列システムを構成する．システム全体の構造関数φはつぎのようになる．

$$\boldsymbol{x} \in \Omega_C,\ \varphi(\boldsymbol{x}) = \max\{\min\{x_1, \max\{x_2, x_3\}\},\ \min\{x_4, x_5, x_6\}\}.$$

モジュールの定義2.6では，χ, ψに対して単調性もレリバント性も仮定していないことに注意する．つぎの定理2.7と定理2.8より，φがコヒーレントであるとき，これら両者の構造関数をコヒーレントであるとしてよいことがわかる．

定理 2.7　単調システム(Ω_C, S, φ)のモジュール$M \subseteqq C$において，φのレリバント性とχ, ψのレリバント性は必要十分の関係にある．

【証明】　一般性を失うことなく$1 \in M$であるとする．φがレリバントであれば，

$$\exists(\cdot_1, \boldsymbol{x}),\ \varphi(0_1, \boldsymbol{x}) = 0,\ \varphi(1_1, \boldsymbol{x}) = 1$$

である．式(2.6)より，この$(\cdot_1, \boldsymbol{x})$に対して，

$$\psi\left(\chi\left((0_1, \boldsymbol{x})^M\right), \boldsymbol{x}^{C\setminus M}\right) = 0, \qquad \psi\left(\chi\left((1_1, \boldsymbol{x})^M\right), \boldsymbol{x}^{C\setminus M}\right) = 1.$$

$1 \in M$であることから，$(0_1, \boldsymbol{x})^{C\setminus M} = (1_1, \boldsymbol{x})^{C\setminus M} = \boldsymbol{x}^{C\setminus M}$であり，よって

$$\chi\left((0_1, \boldsymbol{x})^M\right) \neq \chi\left((1_1, \boldsymbol{x})^M\right).$$

したがって，モジュールMはψにおいて，部品1はχにおいてレリバントである．逆は明らかである．　□

φ–同値（φ–equivalent）と呼ばれる同値関係$\overset{\varphi}{=}$と，**φ–擬順序**と呼ばれる擬順序関係$\overset{\varphi}{\leqq}$を，Ω_M $(M \subseteqq C)$上に定義する．$\boldsymbol{x}, \boldsymbol{y} \in \Omega_M$に対して，

$$\boldsymbol{x} \overset{\varphi}{=} \boldsymbol{y} \iff \forall \boldsymbol{z} \in \Omega_{C\setminus M},\ \varphi(\boldsymbol{x}, \boldsymbol{z}) = \varphi(\boldsymbol{y}, \boldsymbol{z}),$$
$$\boldsymbol{x} \overset{\varphi}{\leqq} \boldsymbol{y} \iff \forall \boldsymbol{z} \in \Omega_{C\setminus M},\ \varphi(\boldsymbol{x}, \boldsymbol{z}) \leqq \varphi(\boldsymbol{y}, \boldsymbol{z}).$$

$\boldsymbol{x} \overset{\varphi}{=} \boldsymbol{y}$は$\boldsymbol{x} \overset{\varphi}{\leqq} \boldsymbol{y}$かつ$\boldsymbol{y} \overset{\varphi}{\leqq} \boldsymbol{x}$と同値である．また，$\Omega_M$上の直積順序について$\boldsymbol{x} \leqq \boldsymbol{y}$であれば，$\boldsymbol{x} \overset{\varphi}{\leqq} \boldsymbol{y}$である．よって，例えば，$\boldsymbol{0}^M \overset{\varphi}{\leqq} \boldsymbol{1}^M$である．

これらの関係について，以下のことが容易に確かめられる．

(1) φ がコヒーレントであるとき，$\mathbf{0}^M \overset{\varphi}{\neq} \mathbf{1}^M$ である．なぜなら，φ の単調性より部品 $i \in M$ に対して

$$\begin{aligned}\forall(\cdot_i, \boldsymbol{x}),\ \varphi\left(\mathbf{0}^M, (\cdot_i, \boldsymbol{x})^{C \setminus M}\right) &\leqq \varphi(0_i, \boldsymbol{x}) \leqq \varphi(1_i, \boldsymbol{x}) \\ &\leqq \varphi\left(\mathbf{1}^M, (\cdot_i, \boldsymbol{x})^{C \setminus M}\right)\end{aligned}$$

であるから，$\mathbf{0}^M \overset{\varphi}{=} \mathbf{1}^M$ ならば，部品 i のレリバント性に反する．

(2) φ がコヒーレントであるとき，$\boldsymbol{x} \overset{\varphi}{=} \mathbf{0}^M$，$\boldsymbol{y} \overset{\varphi}{=} \mathbf{1}^M$ ならば，$\boldsymbol{y} \nleqq \boldsymbol{x}$ である．つまり，$\boldsymbol{x}$，$\boldsymbol{y}$ の間に Ω_M 上の直積順序に関して順序関係がないかまたは $\boldsymbol{x} < \boldsymbol{y}$ である．なぜなら，$\boldsymbol{y} \leqq \boldsymbol{x}$ であるとすると

$$\forall \boldsymbol{z} \in \Omega_{C \setminus M},\ \varphi\left(\mathbf{1}^M, \boldsymbol{z}\right) = \varphi(\boldsymbol{y}, \boldsymbol{z}) \leqq \varphi(\boldsymbol{x}, \boldsymbol{z}) = \varphi\left(\mathbf{0}^M, \boldsymbol{z}\right).$$

等号は仮定から，不等号は φ の単調増加性から成立する．よって，$\mathbf{1}^M \overset{\varphi}{\leqq} \mathbf{0}^M$ である．一方，$\mathbf{0}^M \overset{\varphi}{\leqq} \mathbf{1}^M$ より，$\mathbf{0}^M \overset{\varphi}{=} \mathbf{1}^M$ となり，φ のレリバント性に反する．

定理 2.8　$M \subsetneqq C$ をコヒーレントシステム (Ω_C, S, φ) のモジュールとする．このとき，χ，ψ を単調増加であるとしてよい．

【証明】　φ の単調性から，$\psi\left(\chi\left(\boldsymbol{x}^M\right), \boldsymbol{x}^{C \setminus M}\right)$ は $\boldsymbol{x}^{C \setminus M}$ について単調増加である．モジュールの定義より，

$$\forall \boldsymbol{x}, \forall \boldsymbol{y} \in \chi^{-1}(1),\ \boldsymbol{x} \overset{\varphi}{=} \boldsymbol{y} \quad \text{かつ} \quad \forall \boldsymbol{u}, \forall \boldsymbol{v} \in \chi^{-1}(0),\ \boldsymbol{u} \overset{\varphi}{=} \boldsymbol{v}$$

であり，また φ のレリバント性から $\mathbf{0}^M \overset{\varphi}{\neq} \mathbf{1}^M$ である．よって，

$$\mathbf{0}^M \in \chi^{-1}(0),\ \mathbf{1}^M \in \chi^{-1}(1) \quad \text{または} \quad \mathbf{1}^M \in \chi^{-1}(0),\ \mathbf{0}^M \in \chi^{-1}(1).$$

<u>$\mathbf{0}^M \in \chi^{-1}(0)$，$\mathbf{1}^M \in \chi^{-1}(1)$ の場合</u>　$\boldsymbol{x}, \boldsymbol{y} \in \Omega_M$，$\boldsymbol{x} \leqq \boldsymbol{y}$ に対して，φ–同値の性質 (2) より $\boldsymbol{y} \in \chi^{-1}(0)$，$\boldsymbol{x} \in \chi^{-1}(1)$ はあり得ず，したがって，$\chi(\boldsymbol{x}) \leqq \chi(\boldsymbol{y})$ である．よって，χ は単調増加である．ψ の単調増加性は明らかである．

$\mathbf{1}^M \in \chi^{-1}(0)$, $\mathbf{0}^M \in \chi^{-1}(1)$ の場合　χ は単調減少であり，φ は単調増加であるから，ψ はモジュールの状態（S_M の状態）に関して単調減少である．$\psi' : S_M \times \Omega_{C\setminus M} \to S$ および $\chi' : \Omega_M \to S_M$ をつぎのように定義する．

$$s \in S_M,\ \boldsymbol{x}^{C\setminus M} \in \Omega_{C\setminus M},\ \psi'\left(s, \boldsymbol{x}^{C\setminus M}\right) = \psi\left(1-s, \boldsymbol{x}^{C\setminus M}\right),$$
$$\boldsymbol{x}^M \in \Omega_M,\ \chi'(\boldsymbol{x}^M) = 1 - \chi\left(\boldsymbol{x}^M\right).$$

これらの構造関数は単調増加であり，$\boldsymbol{x} \in \Omega_C$ に対して，

$$\varphi(\boldsymbol{x}) = \psi\left(\chi\left(\boldsymbol{x}^M\right), \boldsymbol{x}^{C\setminus M}\right) = \psi'\left(\chi'\left(\boldsymbol{x}^M\right), \boldsymbol{x}^{C\setminus M}\right). \qquad \square$$

つぎの定理 2.9 は，φ–同値関係を用いたモジュールの判定方法を与える．

定理 2.9　コヒーレントシステム (Ω_C, S, φ) において，$M \subsetneqq C$ がモジュールであるための必要十分条件は，

$$\forall \boldsymbol{x} \in \Omega_M,\ \boldsymbol{x} \overset{\varphi}{\equiv} \mathbf{1}^M \quad \text{または} \quad \boldsymbol{x} \overset{\varphi}{\equiv} \mathbf{0}^M. \tag{2.7}$$

【証明】　$M \subsetneqq C$ がモジュールであるとき，$\boldsymbol{x}^M \in \Omega_M$ に対して，$\chi\left(\boldsymbol{x}^M\right) = 1$ または $\chi\left(\boldsymbol{x}^M\right) = 0$ である．前者であれば $\boldsymbol{x}^M \overset{\varphi}{\equiv} \mathbf{1}^M$，後者であれば $\boldsymbol{x}^M \overset{\varphi}{\equiv} \mathbf{0}^M$ である．

式 (2.7) が成立するとする．システム φ がレリバントであることから，$\mathbf{1}^M \overset{\varphi}{\not\equiv} \mathbf{0}^M$ である．χ をつぎのように定義する．

$$\boldsymbol{x}^M \in \Omega_M,\ \chi\left(\boldsymbol{x}^M\right) = \begin{cases} 1, & \boldsymbol{x}^M \overset{\varphi}{\equiv} \mathbf{1}^M, \\ 0, & \boldsymbol{x}^M \overset{\varphi}{\equiv} \mathbf{0}^M. \end{cases}$$

また ψ は以下のように定義すればよい．

$$\boldsymbol{x}^{C\setminus M} \in \Omega_{C\setminus M},\ \psi\left(1, \boldsymbol{x}^{C\setminus M}\right) = \varphi\left(\mathbf{1}^M, \boldsymbol{x}^{C\setminus M}\right),$$
$$\psi\left(0, \boldsymbol{x}^{C\setminus M}\right) = \varphi\left(\mathbf{0}^M, \boldsymbol{x}^{C\setminus M}\right). \qquad \square$$

つぎの定理は**三つのモジュールの定理**（three modules theorem）と呼ばれる．証明では，定理 2.9 の φ–同値関係によるモジュールの特徴づけを多用するが，興味ある読者は，Butterworth[23)], Birnbaum and Esary[11)] を参照してほしい．

定理 2.10　(Ω_C, S, φ) をコヒーレントシステムとし，U, V, W を空でないたがいに排反な C の部分集合とする．$U \cup V$, $V \cup W$ が共にモジュールであれば，U, V, W, $U \cup V \cup W$ はそれぞれモジュールである．

定理 2.10 の U, V, W が ψ の中で直列または並列構造として顕（あらわ）れることも示されている．

定義 2.7　単調システム (Ω_C, S, φ) に対して，C の分割 $\{M_1, \cdots, M_m\}$ は，つぎの条件を満たすとき，**モジュール分解**（modular decomopsition）といい，それぞれの M_i $(i = 1, \cdots, m)$ を**モジュール**と呼ぶ．システム $(\Omega_{M_i}, S_i, \chi_i)$ $(i = 1, \cdots, m)$ と $\left(\prod_{i=1}^{m} S_i, S, \psi\right)$ が存在して，

$$
\boldsymbol{x} \in \Omega_C,\ \varphi(\boldsymbol{x}) = \psi\left(\chi_1\left(\boldsymbol{x}^{M_1}\right), \cdots, \chi_m\left(\boldsymbol{x}^{M_m}\right)\right). \tag{2.8}
$$

χ_i $(i = 1, \cdots, m)$ のそれぞれを**モジュールシステム**（module system）（**モジュール構造関数**（module structure function）），ψ を**統合システム**（totalising system）（**統合構造関数**（totalising structure function））と呼ぶ．

部品それ自体は，その状態空間上の恒等写像を考えることで自明なモジュールである．したがって，$M \subsetneqq C$ が定義 2.6 でのモジュールであるとは，$\left\{M, \{i\}_{i \in C \setminus M}\right\}$ のモジュール分解を考えていることに他ならない．

定理 2.7 と定理 2.8 より定義 2.7 の χ_i $(i = 1, \cdots, m)$, ψ は，φ がコヒーレントであるとき，コヒーレントであるとしてよい．

2.3.2 極小カットベクトル，極小パスベクトルとモジュール分解

定理 2.11　コヒーレントシステム (Ω_C, S, φ) がモジュール分解をもつ

とき，定義2.7の記号を用いて，極小状態ベクトルと極大状態ベクトルそれぞれについてつぎの関係が成立する．

$$MI\left(\varphi^{-1}(1)\right) = \bigcup_{\boldsymbol{s}\in MI(\psi^{-1}(1))} \prod_{i=1}^{m} MI\left(\chi_i^{-1}(s_i)\right), \tag{2.9}$$

$$MA\left(\varphi^{-1}(0)\right) = \bigcup_{\boldsymbol{t}\in MA(\psi^{-1}(0))} \prod_{i=1}^{m} MA\left(\chi_i^{-1}(t_i)\right). \tag{2.10}$$

【証明】　式(2.9)と式(2.10)は双対的であるから，ここでは前者を示す．

左辺 $\supseteq$ 右辺の証明

$$(s_1, \cdots, s_m) \in MI\left(\psi^{-1}(1)\right),\ \boldsymbol{a}_i \in MI\left(\chi_i^{-1}(s_i)\right),\ i = 1, \cdots, m$$

とすると，明らかに

$$\varphi(\boldsymbol{a}_1, \cdots, \boldsymbol{a}_m) = \psi\left(\chi_1(\boldsymbol{a}_1), \cdots, \chi_m(\boldsymbol{a}_m)\right) = \psi(s_1, \cdots, s_m) = 1.$$

つぎに $(\boldsymbol{a}_1, \cdots, \boldsymbol{a}_m) \in MI\left(\varphi^{-1}(1)\right)$ であることを示す．

$$(\boldsymbol{x}_1, \cdots, \boldsymbol{x}_m) \leqq (\boldsymbol{a}_1, \cdots, \boldsymbol{a}_m), \qquad \varphi(\boldsymbol{x}_1, \cdots, \boldsymbol{x}_m) = 1,$$
$$\boldsymbol{x}_i \in \Omega_{M_i}, \quad i = 1, \cdots, m$$

とすると，

$$\varphi(\boldsymbol{x}_1, \cdots, \boldsymbol{x}_m) = \psi(\chi_1(\boldsymbol{x}_1), \cdots, \chi_m(\boldsymbol{x}_m)) = 1,$$
$$\chi_i(\boldsymbol{x}_i) \leqq \chi_i(\boldsymbol{a}_i) = s_i, \quad i = 1, \cdots, m$$

であるから，$(s_1, \cdots, s_m)$ の極小性より $\chi_i(\boldsymbol{x}_i) = s_i$ である．さらに，$\boldsymbol{x}_i \leqq \boldsymbol{a}_i$，$\chi_i(\boldsymbol{x}_i) = \chi_i(\boldsymbol{a}_i) = s_i$ で，$\boldsymbol{a}_i$ の極小性より $\boldsymbol{x}_i = \boldsymbol{a}_i$ である．したがって，$(\boldsymbol{x}_1, \cdots, \boldsymbol{x}_m) = (\boldsymbol{a}_1, \cdots, \boldsymbol{a}_m)$ となり，$(\boldsymbol{a}_1, \cdots, \boldsymbol{a}_m) \in MI\left(\varphi^{-1}(1)\right)$ である．

左辺 $\subseteq$ 右辺の証明

$$(\boldsymbol{a}_1, \cdots, \boldsymbol{a}_m) \in MI\left(\varphi^{-1}(1)\right), \quad \boldsymbol{a}_i \in \Omega_{M_i}, \quad i = 1, \cdots, m$$

とする．$\psi(\chi_1(\boldsymbol{a}_1), \cdots, \chi_m(\boldsymbol{a}_m)) = \varphi(\boldsymbol{a}_1, \cdots, \boldsymbol{a}_m) = 1$ であるから，

$$(\chi_1(\boldsymbol{a}_1), \cdots, \chi_m(\boldsymbol{a}_m)) \in \psi^{-1}(1)$$

であり，よって

$$\exists(s_1, \cdots, s_m) \in MI\left(\psi^{-1}(1)\right), \quad (s_1, \cdots, s_m) \leqq (\chi_1(\boldsymbol{a}_1), \cdots, \chi_m(\boldsymbol{a}_m))$$

である．いま 2 状態システムを考えていることと $s_i \leqq \chi_i(\boldsymbol{a}_i)$ であることから，

$$\exists \boldsymbol{b}_i \in MI\left(\chi_i^{-1}(s_i)\right), \quad \boldsymbol{b}_i \leqq \boldsymbol{a}_i, \quad i = 1, \cdots, m$$

より $\varphi(\boldsymbol{b}_1, \cdots, \boldsymbol{b}_m) = \psi(\chi_1(\boldsymbol{b}_1), \cdots, \chi_m(\boldsymbol{b}_m)) = \psi(s_1, \cdots, s_m) = 1$ である．よって，$(\boldsymbol{a}_1, \cdots, \boldsymbol{a}_m)$ の極小性から $(\boldsymbol{a}_1, \cdots, \boldsymbol{a}_m) = (\boldsymbol{b}_1, \cdots, \boldsymbol{b}_m)$ である．　□

定理 2.11 の例えば式 (2.9) はつぎのことを意味する．$\varphi^{-1}(1)$ の極小状態ベクトルは，$\psi^{-1}(1)$ の極小状態ベクトル $(s_1, \cdots, s_m)$ に対して，$\chi_i^{-1}(s_i)$ $(i = 1, \cdots, m)$ の極小状態ベクトルを組み合わせて得られることを意味している．つまり，$\boldsymbol{x}^{M_i} \in MI\left(\chi_i^{-1}(s_i)\right)$ $(i = 1, \cdots, m)$ に対して，$\left(\boldsymbol{x}^{M_1}, \cdots, \boldsymbol{x}^{M_m}\right)$ は $\varphi^{-1}(1)$ の極小状態ベクトルである．

2.4 システムの信頼性の計算

2.4.1 システムの信頼性

2 状態システムでは，状態 0（故障状態）にある確率を**不信頼度**，状態 1（正常状態，動作状態）にある確率を**信頼度**と呼び，これらの確率を**信頼性**と総称する．信頼性理論の主要な問題の一つは，システムの信頼性を部品の信頼性から構造関数を介して評価する方法を見出すことである．2.4 節および 2.5 節ではシステムの信頼度とその上界と下界について述べるが，その際，定理 2.3 (1), (2) が基本になる．システム (Ω_C, S, φ) において，極小パスベクトルおよび極小カットベクトルを便宜上添字番号によって区別し，

$$MI\left(\varphi^{-1}(1)\right) = \{\boldsymbol{p}_1, \cdots, \boldsymbol{p}_p\}, \qquad MA\left(\varphi^{-1}(0)\right) = \{\boldsymbol{k}_1, \cdots, \boldsymbol{k}_k\}$$

とする．パスベクトルおよびカットベクトルそれぞれの集合は定理 2.3 (1), (2) よりつぎのように書き直せる．

$$\varphi^{-1}(1) = \bigcup_{i=1}^{p} [\boldsymbol{p}_i, \rightarrow), \qquad \varphi^{-1}(0) = \bigcup_{i=1}^{k} (\leftarrow, \boldsymbol{k}_i]. \tag{2.11}$$

n 個の部品全体の確率的な動作特性は Ω_C 上の確率 $\boldsymbol{P}$ で表される．$\boldsymbol{x} = (x_1, \cdots, x_n) \in \Omega_C$ について，$\boldsymbol{P}(\{\boldsymbol{x}\})$ の確率は，部品の状態がそれぞれ $x_1, \cdots, x_n$ である同時確率である．部品が確率的に独立であるときは，$\boldsymbol{P}_i$ を Ω_i 上の確率として，$\boldsymbol{P}$ は $\boldsymbol{P}_i$ $(i = 1, \cdots, n)$ の直積確率である．$p_i = \boldsymbol{P}_i(\{1\})$，$q_i = 1 - p_i = \boldsymbol{P}_i(\{0\})$ として，$\boldsymbol{P}_i$ を $\{q_i, p_i\}$ と書くこともある．q_i と p_i は，それぞれ部品 i の不信頼度と信頼度である．

システムが正常である確率，つまりシステムの信頼度は $\boldsymbol{P}\left(\varphi^{-1}(1)\right)$ で，不信頼度は $\boldsymbol{P}\left(\varphi^{-1}(0)\right)$ で与えられる．それぞれを $\boldsymbol{P}(\varphi = 1)$，$\boldsymbol{P}(\varphi = 0)$ とも書く．φ によって Ω_C 上の確率 $\boldsymbol{P}$ から誘導された S 上の確率 $\varphi \circ \boldsymbol{P}$ による $1 \in S$ の確率 $\varphi \circ \boldsymbol{P}(\{1\}) = \boldsymbol{P}\left(\varphi^{-1}(1)\right)$ がシステムの信頼度であり，不信頼度は確率 $\varphi \circ \boldsymbol{P}(\{0\})$ である．この観点は，後に述べるモジュール分解を用いたシステムの信頼度の上界と下界の理解に重要である．

2.4.2 包除原理

$A_i = [\boldsymbol{p}_i, \rightarrow)$ $(i = 1, \cdots, p)$ とおき，式 (2.11) に**包除原理**（inclusion–exclusion principle）を適用して，

$$\begin{aligned}
\boldsymbol{P}(\varphi = 1) &= \boldsymbol{P}\left(\bigcup_{i=1}^{p} A_i\right) \\
&= \sum_{i=1}^{p} \boldsymbol{P}(A_i) - \sum_{i<j} \boldsymbol{P}(A_i \cap A_j) \\
&\quad + \sum_{i<j<k} \boldsymbol{P}(A_i \cap A_j \cap A_k) - \cdots + (-1)^p \boldsymbol{P}\left(\bigcap_{i=1}^{p-1} A_i\right)
\end{aligned}$$

である．奇数の m $(1 \leqq m \leqq p)$ についてつぎの不等号関係が成立する．

$$
\begin{aligned}
&\sum_{i=1}^{p} \boldsymbol{P}(A_i) - \sum_{i<j} \boldsymbol{P}(A_i \cap A_j) + \cdots \\
&+ \sum_{i_1<\cdots<i_m} \boldsymbol{P}\left(\bigcap_{l=1}^{m} A_{i_l}\right) - \sum_{i_1<\cdots<i_{m+1}} \boldsymbol{P}\left(\bigcap_{l=1}^{m+1} A_{i_l}\right) \\
&\quad \leqq \boldsymbol{P}(\varphi = 1) \\
&\quad \leqq \sum_{i=1}^{p} \boldsymbol{P}(A_i) - \sum_{i<j} \boldsymbol{P}(A_i \cap A_j) + \cdots + \sum_{i_1<\cdots<i_m} \boldsymbol{P}\left(\bigcap_{l=1}^{m} A_{i_l}\right).
\end{aligned}
$$

上界と下界それぞれは，必ずしも m に関して単調ではない．$\boldsymbol{P}(\varphi = 0)$ の確率についても同様に包除原理を適用できる．

つぎのことに注意する．

$$
\bigcap_{j=1}^{l} [\boldsymbol{p}_{i_j}, \rightarrow) = \left[\vee_{j=1}^{l} \boldsymbol{p}_{i_j}, \rightarrow\right), \qquad \bigcap_{j=1}^{l} (\leftarrow, \boldsymbol{k}_{i_j}] = \left(\leftarrow, \wedge_{j=1}^{l} \boldsymbol{k}_{i_j}\right].
$$

包除原理の適用で確率計算の対象となる事象の順序集合論的な形は変わらず，極小パスベクトルの上限，極小カットベクトルの下限をとればよい．この意味で，つぎの項で述べる排反積和法に比べて計算は機械的である．

例 2.12　2–out–of–3:G システムの極小パスベクトルは $(1,1,0), (1,0,1), (0,1,1)$ であった．したがって，システムの信頼度は

$$
\begin{aligned}
\boldsymbol{P}(\varphi = 1) &= \boldsymbol{P}[(1,1,0), \rightarrow) + \boldsymbol{P}[(1,0,1), \rightarrow) + \boldsymbol{P}[(0,1,1), \rightarrow) \\
&\quad - \boldsymbol{P}[(1,1,1), \rightarrow) - \boldsymbol{P}[(1,1,1), \rightarrow) - \boldsymbol{P}[(1,1,1), \rightarrow) \\
&\quad + \boldsymbol{P}[(1,1,1), \rightarrow) \\
&= \boldsymbol{P}(\{(1,1,0)\}) + \boldsymbol{P}(\{(1,0,1)\}) + \boldsymbol{P}(\{(0,1,1)\}) \\
&\quad + \boldsymbol{P}(\{(1,1,1)\}).
\end{aligned}
$$

ここで，つぎのことに注意する．

$$
\begin{aligned}
&\boldsymbol{P}[(1,1,0), \rightarrow) = \boldsymbol{P}(\{(1,1,0), (1,1,1)\}), \\
&\boldsymbol{P}[(1,1,1), \rightarrow) = \boldsymbol{P}(\{(1,1,1)\}),
\end{aligned}
$$

$$\boldsymbol{P}[(1,0,1),\to) = \boldsymbol{P}(\{(1,0,1),(1,1,1)\}),$$

$$\boldsymbol{P}[(0,1,1),\to) = \boldsymbol{P}(\{(0,1,1),(1,1,1)\}).$$

部品が独立であれば,

$$\boldsymbol{P}(\varphi=1) = p_1p_2q_3 + p_1q_2p_3 + q_1p_2p_3 + p_1p_2p_3$$

であり，システムの信頼度は部品の信頼度の多重線形多項式である.

2.4.3 排反積和法

$A_1,\cdots,A_p$ の和事象は

$$\bigcup_{i=1}^{p} A_i = \bigcup_{i=1}^{p}\left(A_i \backslash \bigcup_{j=1}^{i-1} A_j\right)$$

と排反な事象の和集合として表すことができる．したがって,

$$\boldsymbol{P}(\varphi=1) = \boldsymbol{P}\left(\bigcup_{i=1}^{p}[\boldsymbol{p}_i,\to)\right) = \sum_{i=1}^{p}\boldsymbol{P}\left([\boldsymbol{p}_i,\to)\backslash\bigcup_{j=1}^{i-1}[\boldsymbol{p}_j,\to)\right)$$

である．$\sum_{i=1}^{m}\boldsymbol{P}\left([\boldsymbol{p}_i,\to)\backslash\bigcup_{j=1}^{i-1}[\boldsymbol{p}_j,\to)\right)$ は m について増加であるから，m を 1 から p の範囲でより大きくとることで，システムの信頼度に下から単調に近づけることができ，$m=p$ のときに信頼度が得られる．このようにして和事象の確率を求める方法を**排反積和法**（sum of disjoint product method）という.

例 2.13　例 2.3 のブリッジシステムの極小パスベクトルは例 2.8 で与えられており，$(1,0,1,0,1)$，$(1,0,0,1,0)$，$(0,1,1,1,0)$，$(0,1,0,0,1)$ である，したがって,

$$\begin{aligned}&[(1,0,0,1,0),\to)\\ &\quad = \{\,(1,0,0,1,0),\ (1,0,0,1,1),\ (1,0,1,1,0),\ (1,0,1,1,1),\end{aligned}$$

$$(1,1,0,1,0),\ (1,1,0,1,1),\ (1,1,1,1,0),\ (1,1,1,1,1)\ \},$$

$$[(0,1,0,0,1),\rightarrow)\backslash[(1,0,0,1,0),\rightarrow)$$

$$=\{\ (0,1,0,1,1),\ (0,1,1,0,1),\ (0,1,1,1,1),\ (1,1,0,0,1),$$

$$(1,1,1,0,1),\ (0,1,0,0,1)\ \},$$

$$[(1,0,1,0,1),\rightarrow)\backslash([(1,0,0,1,0),\rightarrow)\cup[(0,1,0,0,1),\rightarrow))$$

$$=\{\ (1,0,1,0,1)\ \},$$

$$[(0,1,1,1,0),\rightarrow)\backslash([(1,0,0,1,0),\rightarrow)\cup[(0,1,0,0,1),\rightarrow)$$

$$\cup[(1,0,1,0,1),\rightarrow))$$

$$=\{\ (0,1,1,1,0)\ \}.$$

差集合をとっているため，包除原理のように極小パスベクトルのみに注目した計算はできない．

2.4.4 信頼度関数とブール変数による期待値計算

以下 $\boldsymbol{P}(\{\boldsymbol{x}\})$ と書くべきであるが，煩雑であるため $\{\}$ を外す．

システムの信頼度は，$\varphi^{-1}(1)$ の排反な分解

$$\varphi^{-1}(1)\ =\{(1_i,\boldsymbol{x}):\varphi(1_i,\boldsymbol{x})=1\}\cup\{(0_i,\boldsymbol{x}):\varphi(0_i,\boldsymbol{x})=1\}$$

を用いて，

$$\boldsymbol{P}(\varphi=1)=\sum_{\boldsymbol{x}\in\varphi^{-1}(1)}\boldsymbol{P}(\boldsymbol{x}) \tag{2.12}$$

$$=\boldsymbol{P}\{(1_i,\boldsymbol{x}):\varphi(1_i,\boldsymbol{x})=1\}+\boldsymbol{P}\{(0_i,\boldsymbol{x}):\varphi(0_i,\boldsymbol{x})=1\}. \tag{2.13}$$

部品が確率的に独立であり，$\boldsymbol{P}$ が $\boldsymbol{P}_i=\{q_i,p_i\}\ (i=1,\cdots,n)$ の直積のとき，

$$\boldsymbol{x}\in\varphi^{-1}(1),\ \boldsymbol{P}(\boldsymbol{x})=\prod_{i=1}^{n}\boldsymbol{P}_i(x_i)=\prod_{i=1}^{n}\ p_i^{x_i}q_i^{1-x_i}$$

であるから，まず式 (2.12) より，

$$\boldsymbol{P}(\varphi = 1) = \sum_{\boldsymbol{x} \in \varphi^{-1}(1)} \prod_{i=1}^{n} p_i^{x_i} q_i^{1-x_i} \tag{2.14}$$

である．つまり，システムの信頼度は，各部品の信頼度に関する1次の多項式である．これを $h_\varphi(p_1, \cdots, p_n)$ または $h_\varphi(\boldsymbol{p})$ と書き，システム φ の**信頼度関数**（reliability function）と呼ぶ．h_φ の添字の φ は，対象としているシステムを明示するためのものであるが，特に混乱がないかぎり，省略する．さらに式 (2.13) より，独立のときは

$$\begin{aligned}\boldsymbol{P}(\varphi = 1) &= p_i \cdot \boldsymbol{P}_{C\setminus\{i\}}\{(\cdot_i, \boldsymbol{x}) : \varphi(1_i, \boldsymbol{x}) = 1\} \\ &\quad + (1 - p_i) \cdot \boldsymbol{P}_{C\setminus\{i\}}\{(\cdot_i, \boldsymbol{x}) : \varphi(0_i, \boldsymbol{x}) = 1\}.\end{aligned} \tag{2.15}$$

$\boldsymbol{P}_{C\setminus\{i\}}\{(\cdot_i, \boldsymbol{x}) : \varphi(1_i, \boldsymbol{x}) = 1\}$ は，部品 i の状態を1に固定した $\varphi(1_i, \cdot)$ を構造関数とする $C\setminus\{i\}$ の部品からなる単調システムの信頼度であり，

$$\begin{aligned}\boldsymbol{P}_{C\setminus\{i\}}\{(\cdot_i, \boldsymbol{x}) : \varphi(1_i, \boldsymbol{x}) = 1\} &= h(p_1, \cdots, p_{i-1}, 1_i, p_{i+1}, \cdots, p_n) \\ &= h(1_i, \boldsymbol{p})\end{aligned}$$

である．$h(1_i, \boldsymbol{p})$ の 1 は，部品 i の信頼度を 1 に固定することを意味する．$\boldsymbol{P}_{C\setminus\{i\}}\{(\cdot_i, \boldsymbol{x}) : \varphi(0_i, \boldsymbol{x}) = 1\}$ の場合も同様で，信頼度関数は $h(0_i, \boldsymbol{p})$ である．したがって式 (2.15) は，つぎのように分解され，部品 i での**枢軸分解**（pivotal decomposition）と呼ぶ．

$$h(\boldsymbol{p}) = p_i \cdot h(1_i, \boldsymbol{p}) + (1 - p_i) \cdot h(0_i, \boldsymbol{p}). \tag{2.16}$$

$X_i\,(i \in C)$ を部品 i の状態を表す独立な確率変数とすれば，システムの状態を表す確率変数は $\varphi(X_1, \cdots, X_n)$ であり，信頼度は $Pr\{\varphi(X_1, \cdots, X_n) = 1\}$ である．とり得る値が1または0であるから，システムの信頼度はつぎのように期待値をとることでも得られる．式 (2.5) を用いて

$$\begin{aligned}Pr\{\varphi(X_1, \cdots, X_n) = 1\} &= \mathbf{E}[\varphi(X_1, \cdots, X_n)] \\ &= \mathbf{E}\left[\sum_{\boldsymbol{a} \in \varphi^{-1}(1)} \prod_{i=1}^{n} X_i^{a_i}(1 - X_i)^{1-a_i}\right]\end{aligned}$$

$$= \sum_{\boldsymbol{a}\in\varphi^{-1}(1)} \prod_{i=1}^{n} \mathbf{E}\left[X_i^{a_i}(1-X_i)^{1-a_i}\right]$$

$$= \sum_{\boldsymbol{a}\in\varphi^{-1}(1)} \prod_{i=1}^{n} p_i^{a_i}(1-p_i)^{1-a_i}$$

であり，式 (2.14) が得られる．a_i が 1 か 0 かによって，$X_i^{a_i}(1-X_i)^{1-a_i}$ は X_i か $1-X_i$ のいずれかである．X_i で条件を付け，独立性の仮定を用いると

$$\begin{aligned}
&Pr\{\varphi(X_1,\cdots,X_{i-1},X_i,X_{i+1},\cdots,X_n)=1\}\\
&= Pr\{\varphi(X_1,\cdots,X_{i-1},1_i,X_{i+1},\cdots,X_n)=1 \mid X_i=1\}\cdot Pr\{X_i=1\}\\
&\quad + Pr\{\varphi(X_1,\cdots,X_{i-1},0_i,X_{i+1},\cdots,X_n)=1 \mid X_i=0\}\cdot Pr\{X_i=0\}\\
&= Pr\{\varphi(X_1,\cdots,X_{i-1},1_i,X_{i+1},\cdots,X_n)=1\}\cdot Pr\{X_i=1\}\\
&\quad + Pr\{\varphi(X_1,\cdots,X_{i-1},0_i,X_{i+1},\cdots,X_n)=1\}\cdot Pr\{X_i=0\}
\end{aligned}$$

となり，信頼度関数の枢軸分解が得られる．

図 2.9 は，ブリッジシステムを例にした枢軸分解の説明である．$\{X_3=1\}$ および $\{X_3=0\}$ で条件を付けることで，より簡単な構造のシステムに分解でき，信頼度の計算がより簡単になることがわかる．

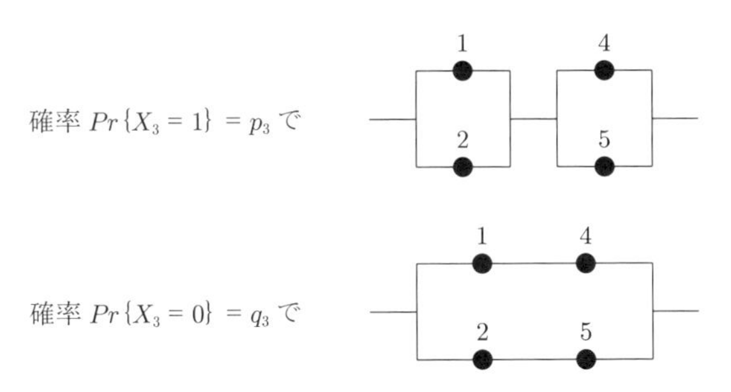

図 **2.9** ブリッジシステムの信頼度関数の枢軸分解

2.4.5 k–out–of–n:G システムの信頼度によるシステム信頼度の凸表現

部品が独立で信頼度が同一であるとして，$p_1=\cdots=p_n=p$ であるとき，

$$A_\varphi(k) = \sharp\{\boldsymbol{x} : \varphi(\boldsymbol{x}) = 1,\ \sharp C_1(\boldsymbol{x}) = k\}, \quad k = 0, 1, \cdots, n$$

とおくと，システム φ の信頼度はつぎのようである．

$$\boldsymbol{P}(\varphi = 1) = h(p, \cdots, p) = \sum_{k=1}^{n} A_\varphi(k) p^k q^{n-k}. \tag{2.17}$$

補題 2.1　　$A_\varphi(k)$ についてつぎの不等号関係が成立する．

$$(k+1)A_\varphi(k+1) \geqq (n-k)A_\varphi(k), \quad k = 0, 1, \cdots, n-1.$$

これは，つぎの不等号関係と同値である．

$$\frac{A_\varphi(k+1)}{\dbinom{n}{k+1}} \geqq \frac{A_\varphi(k)}{\dbinom{n}{k}}.$$

【証明】　　記号 $V_\varphi(k)$ をつぎのように定義する．

$$V_\varphi(k) = \{\boldsymbol{x} \in \Omega_C : \varphi(\boldsymbol{x}) = 1,\ \sharp C_1(\boldsymbol{x}) = k\}.$$

これの濃度が $A_\varphi(k)$ である．

$$\boldsymbol{y} \in V_\varphi(k+1),\ \sharp\{\boldsymbol{x} \in \Omega_C : \boldsymbol{y} \geqq \boldsymbol{x},\ \sharp C_1(\boldsymbol{x}) = k\} = k+1,$$
$$\boldsymbol{x} \in V_\varphi(k),\ \sharp\{\boldsymbol{y} \in \Omega_C : \boldsymbol{y} \geqq \boldsymbol{x},\ \sharp C_1(\boldsymbol{y}) = k+1\} = n-k,$$

であり，φ の単調性より

$$\bigcup_{\boldsymbol{y} \in V_\varphi(k+1)} \{\boldsymbol{x} \in \Omega_C : \boldsymbol{y} \geqq \boldsymbol{x},\ \sharp C_1(\boldsymbol{x}) = k\} \times \{\boldsymbol{y}\}$$
$$\supseteqq \bigcup_{\boldsymbol{x} \in V_\varphi(k)} \{\boldsymbol{x}\} \times \{\boldsymbol{y} \in \Omega_C : \boldsymbol{y} \geqq \boldsymbol{x},\ \sharp C_1(\boldsymbol{y}) = k+1\}.$$

したがって，集合の濃度に関する計算より目的とする不等号関係がつぎのように得られる．

$$\sum_{\boldsymbol{y} \in V_\varphi(k+1)} \sharp\{\boldsymbol{x} \in \Omega_C : \boldsymbol{y} \geqq \boldsymbol{x}, \sharp C_1(\boldsymbol{x}) = k\}$$

$$\geqq \sum_{\boldsymbol{x}\in V_\varphi(k)} \sharp\{\boldsymbol{y}\in\Omega_C : \boldsymbol{y}\geqq\boldsymbol{x},\ \sharp C_1(\boldsymbol{y})=k+1\}. \qquad \square$$

定理 2.12　システム φ の信頼度は，部品が独立で同一の分布に従うとき，k–out–of–n:G システムの信頼度の k に関する凸結合である．

$$\boldsymbol{P}\left(\varphi^{-1}(1)\right)=\sum_{k=1}^{n}\alpha_k\boldsymbol{P}\left(\varphi_{k,n,G}^{-1}(1)\right) \tag{2.18}$$

ここで，$\varphi_{k,n,G}$ は k–out–of–n:G システムの構造関数であり，

$$\alpha_k=\frac{A_\varphi(k)}{\dbinom{n}{k}}-\frac{A_\varphi(k-1)}{\dbinom{n}{k-1}}\geqq 0,\quad k=1,\cdots,n,\qquad \sum_{k=1}^{n}\alpha_k=1.$$

【証明】　補題 2.1 より，α_k が正であり，総和が 1 であることは明らかである．式 (2.18) の導出はつぎのとおりである．補題 2.1 の記号 $V_\varphi(k)$ を用いて，

$$\begin{aligned}
&\boldsymbol{P}\left(\varphi^{-1}(1)\right)=\sum_{k=1}^{n}\boldsymbol{P}\left(V_\varphi(k)\right)\\
&=\sum_{k=1}^{n}\frac{\boldsymbol{P}\left(V_\varphi(k)\right)}{\boldsymbol{P}\{\boldsymbol{x}:\sharp C_1(\boldsymbol{x})=k\}}\times\boldsymbol{P}\{\boldsymbol{x}:\sharp C_1(\boldsymbol{x})=k\}\\
&=\sum_{k=1}^{n}\frac{\boldsymbol{P}\left(V_\varphi(k)\right)}{\boldsymbol{P}\{\boldsymbol{x}:\sharp C_1(\boldsymbol{x})=k\}}\\
&\qquad\times\left[\ \boldsymbol{P}\{\boldsymbol{x}:\sharp C_1(\boldsymbol{x})\geqq k\}-\boldsymbol{P}\{\boldsymbol{x}:\sharp C_1(\boldsymbol{x})\geqq k+1\}\ \right]\\
&=\sum_{k=1}^{n}\left\{\frac{\boldsymbol{P}\left(V_\varphi(k)\right)}{\boldsymbol{P}\{\boldsymbol{x}:\sharp C_1(\boldsymbol{x})=k\}}-\frac{\boldsymbol{P}\left(V_\varphi(k-1)\right)}{\boldsymbol{P}\{\boldsymbol{x}:\sharp C_1(\boldsymbol{x})=k-1\}}\right\}\\
&\qquad\times\boldsymbol{P}\{\boldsymbol{x}:\sharp C_1(\boldsymbol{x})\geqq k\}\\
&=\sum_{k=1}^{n}\left\{\frac{\boldsymbol{P}\left(V_\varphi(k)\right)}{\boldsymbol{P}\{\boldsymbol{x}:\sharp C_1(\boldsymbol{x})=k\}}-\frac{\boldsymbol{P}\left(V_\varphi(k-1)\right)}{\boldsymbol{P}\{\boldsymbol{x}:\sharp C_1(\boldsymbol{x})=k-1\}}\right\}\boldsymbol{P}\left(\varphi_{k,n,G}^{-1}(1)\right)
\end{aligned}$$

であり，さらにつぎのことに注意すればよい．

$$\frac{\boldsymbol{P}\left(V_\varphi(k)\right)}{\boldsymbol{P}\{\boldsymbol{x}:\sharp C_1(\boldsymbol{x})=k\}}=\frac{A_\varphi(k)p^k(1-p)^{n-k}}{\dbinom{n}{k}p^k(1-p)^{n-k}}=\frac{A_\varphi(k)}{\dbinom{n}{k}}. \qquad \square$$

式 (2.18) の証明に部品の確率的な独立性の条件は必ずしも必要ではなく，確率 $\boldsymbol{P}$ が交換可能であれば成立する．状態空間が有限であるいまの場合，交換可

能であるとは，$(1,\cdots,n)$ の任意の置換 $(i_1\cdots,i_n)$ に対して，

$$(x_1,\cdots,x_n)\in\Omega_C,\ \boldsymbol{P}((x_1,\cdots,x_n))=\boldsymbol{P}((x_{i_1},\cdots,x_{i_n}))$$

が成立することである．

定理 2.12 の凸結合は，Phillips[97], Suzuki, Ohi and Kowada[112], Hagihara, Ohi and Nishida[40]，Hagihara, Sakurai, Ohi and Nishida[41] で安全監視システムの最適構成の議論に用いられている．定理 2.12 の証明は，Birnbaum, Esary and Saunders[10] やこれらの応用に関する論文中にも見られる．また，定理 2.12 は最近のシグネチャ（signature）の議論に関係する．本書 3.3 節および Navarro, Samaniego and Balakrishnan[69] を参照してほしい．

2.4.6　信頼度関数の S 形

すべての部品が確率的に同一であるとき，部品の信頼度を p として，p の多項式である信頼度関数 $h(p)$ は $[0,1]$ 上で **S 形**（S–shaped）であり，$(0,1)$ 上で対角線を高々 1 回下から上に交叉することが示されている．**図 2.10** を参照してほしい．

p_0 で交叉し，$h(p_0)=p_0$ であるとすれば，つぎの極限が得られる．

$$p_0<p \text{ のとき } \lim_{k\to\infty} h^k(p)=1,$$

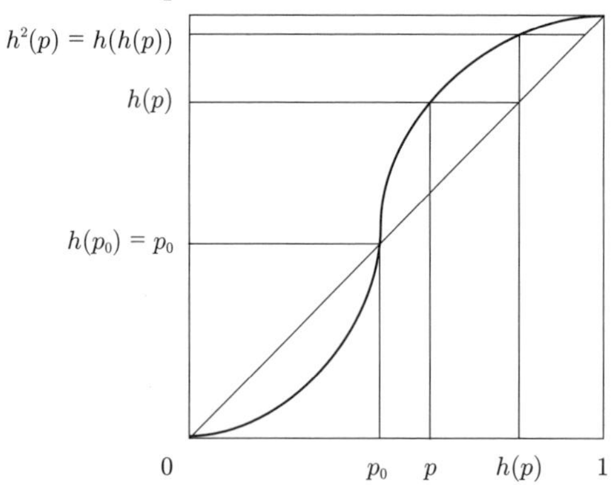

図 2.10　信頼度関数の S 型

$$p < p_0 \text{ のとき } \lim_{k\to\infty} h^k(p) = 0.$$

ここで，

$$h^1(p) = h(p), \quad h^{k+1}(p) = h\left(h^k(p)\right), \quad k = 1, 2, \cdots$$

である．部品の信頼度をシステムの信頼度で順次置き換えていくことで，信頼度が 1 または 0 に収束することがわかる．詳細は，Birnbaum, Esary and Saunders[10], Barlow and Proschan[7], Moore and Shannon[66], Ohi and Proschan[80] を参照してほしい．

2.5 システム信頼度の上界と下界

2.5.1 極小パスおよびカットベクトルによるシステム信頼度の上界と下界

(Ω_C, S, φ) をコヒーレントシステムであるとする．定理 2.3 (1), (2) より，Ω_C 上の確率を $\boldsymbol{P}$ として，

$$\max_{\boldsymbol{p}\in MI(\varphi^{-1}(1))} \boldsymbol{P}[\boldsymbol{p}, \rightarrow) \leqq \boldsymbol{P}(\varphi = 1), \tag{2.19}$$

$$\max_{\boldsymbol{k}\in MA(\varphi^{-1}(0))} \boldsymbol{P}(\leftarrow, \boldsymbol{k}] \leqq \boldsymbol{P}(\varphi = 0) \tag{2.20}$$

である．先に述べた極小パスベクトル $\boldsymbol{p} \in MI\left(\varphi^{-1}(1)\right)$ から定まる直列システム $\rho_{\boldsymbol{p}}$ を用いると，$\boldsymbol{P}[\boldsymbol{p}, \rightarrow) = \boldsymbol{P}\left(\rho_{\boldsymbol{p}}^{-1}(1)\right) = \boldsymbol{P}(\rho_{\boldsymbol{p}} = 1)$ である．式 (2.19), (2.20) はつぎのように書ける．

$$\max_{\boldsymbol{p}\in MI(\varphi^{-1}(1))} \boldsymbol{P}(\rho_{\boldsymbol{p}} = 1) \leqq \boldsymbol{P}(\varphi = 1), \tag{2.21}$$

$$\max_{\boldsymbol{k}\in MA(\varphi^{-1}(0))} \boldsymbol{P}(\kappa_{\boldsymbol{k}} = 0) \leqq \boldsymbol{P}(\varphi = 0). \tag{2.22}$$

以上より，システムの信頼度は，極小パス直列システムと極小カット並列システムの信頼度による上界と下界をもつ．

定理 2.13　任意の Ω_C 上の確率 $\boldsymbol{P}$ に対して，

$$\max_{\boldsymbol{p}\in MI(\varphi^{-1}(1))} \boldsymbol{P}(\rho_{\boldsymbol{p}}=1) \leqq \boldsymbol{P}(\varphi=1) \leqq \min_{\boldsymbol{k}\in MA(\varphi^{-1}(0))} \boldsymbol{P}(\kappa_{\boldsymbol{k}}=1).$$

つぎの定理 2.14 が示すように，Ω_C 上の確率 $\boldsymbol{P}$ がアソシエイトであるとき，構造関数の直・並列および並・直列表現を用いてシステムの信頼度は直・並列および並・直列システムの信頼度を上界と下界とすることができる．

定理 2.14 Ω_C 上の確率 $\boldsymbol{P}$ がアソシエイトであるとき，つぎの不等号関係が成立する．

$$\prod_{\boldsymbol{k}\in MA(\varphi^{-1}(0))} \boldsymbol{P}(\kappa_{\boldsymbol{k}}=1) \leqq \boldsymbol{P}(\varphi=1) \leqq \coprod_{\boldsymbol{p}\in MI(\varphi^{-1}(1))} \boldsymbol{P}(\rho_{\boldsymbol{p}}=1).$$

【証明】 $\left(\varphi^{-1}(1)\right)^c = \bigcap_{\boldsymbol{p}\in MI\left(\varphi^{-1}\right)} [\boldsymbol{p},\rightarrow)^c$ であり，$[\boldsymbol{p},\rightarrow)^c$ は下側単調集合であるから，アソシエイトな確率の定義 (1.1) より，

$$\boldsymbol{P}\left(\varphi^{-1}(1)\right)^c \geqq \prod_{\boldsymbol{p}\in MI\left(\varphi^{-1}(1)\right)} \boldsymbol{P}[\boldsymbol{p},\rightarrow)^c.$$

ゆえに，

$$\boldsymbol{P}(\varphi=1) \leqq 1 - \prod_{\boldsymbol{p}\in MI\left(\varphi^{-1}(1)\right)} (1-\boldsymbol{P}[\boldsymbol{p},\rightarrow)) = \coprod_{\boldsymbol{p}\in MI\left(\varphi^{-1}(1)\right)} \boldsymbol{P}[\boldsymbol{p},\rightarrow).$$

極小カットベクトルについては，$\varphi^{-1}(0) = \bigcup_{\boldsymbol{k}\in MA\left(\varphi^{-1}(0)\right)} (\leftarrow,\boldsymbol{k}]$ より

$$\boldsymbol{P}\left(\varphi^{-1}(0)\right)^c \geqq \prod_{\boldsymbol{k}\in MA\left(\varphi^{-1}(0)\right)} \boldsymbol{P}(\leftarrow,\boldsymbol{k}]^c,$$

$$\boldsymbol{P}\left(\varphi^{-1}(0)\right) \leqq 1 - \prod_{\boldsymbol{k}\in MA\left(\varphi^{-1}(0)\right)} \boldsymbol{P}(\leftarrow,\boldsymbol{k}]^c,$$

$$\boldsymbol{P}\left(\varphi^{-1}(1)\right) = 1-\boldsymbol{P}\left(\varphi^{-1}(0)\right) \geqq \prod_{\boldsymbol{k}\in MA\left(\varphi^{-1}(0)\right)} (1-\boldsymbol{P}(\leftarrow,\boldsymbol{k}])$$

である．したがって，$\rho_{\boldsymbol{p}}$，$\kappa_{\boldsymbol{k}}$ を用いて定理を得る． □

式 (2.11) での記法を用いて，極小パスベクトル $\boldsymbol{p}_i$ から定まる極小パスセットを $C_1(\boldsymbol{p}_i)=\{i_1,\cdots,i_{j_i}\}$ $(i=1,\cdots,p)$ と書くと，システムの構造は，例

えば図 2.7 のように並・直列システムとして書き表すことができる．直列システムを構成する部品は一般的にたがいに重複し，構造的に依存関係をもつ．したがって確率的に独立ではない．定理 2.14 の上界は，この重複を確率的に独立で，元の対応する部品と同一の分布に従う異なる部品であるとした場合の並・直列システムの信頼度である．下界の意味は明らかである．

定理 2.13，定理 2.14 を統合させると，つぎの不等号関係を得る．

系 2.3　Ω_C 上の確率 $\boldsymbol{P}$ がアソシエイトであるとき，

$$\max\left\{\max_{\boldsymbol{p}\in MI(\varphi^{-1}(1))}\boldsymbol{P}(\rho_{\boldsymbol{p}}=1),\ \prod_{\boldsymbol{k}\in MA(\varphi^{-1}(0))}\boldsymbol{P}(\kappa_{\boldsymbol{k}}=1)\right\}$$
$$\leqq \boldsymbol{P}(\varphi=1)$$
$$\leqq \min\left\{\coprod_{\boldsymbol{p}\in MI(\varphi^{-1}(1))}\boldsymbol{P}(\rho_{\boldsymbol{p}}=1),\ \min_{\boldsymbol{k}\in MA(\varphi^{-1}(0))}\boldsymbol{P}(\kappa_{\boldsymbol{k}}=1)\right\}.$$

部品が確率的に独立である場合，定理 2.14 の上界と下界はそれぞれ部品の信頼度の多項式になる．それぞれを $u_\varphi(\boldsymbol{p}), l_\varphi(\boldsymbol{p})$ と書き，信頼度関数 $h_\varphi(\boldsymbol{p})$ に対する不等号関係として書き直しておく．

$$\forall \boldsymbol{p}\in[0,1]^n,\quad l_\varphi(\boldsymbol{p})\leqq h_\varphi(\boldsymbol{p})\leqq u_\varphi(\boldsymbol{p}).$$

これは，次項でのモジュール分解を介した信頼度の上下界の理解に都合がよい．

なお，記号 $\boldsymbol{p}$ は，極小パスベクトルを意味する場合と部品の信頼度を意味する場合とがある．混乱しないように注意してほしい．

2.5.2　モジュール分解によるシステム信頼度の上界と下界

コヒーレントシステム (Ω_C, S, φ) は定義 2.7 で定義されているモジュール分解 $\{M_1,\cdots,M_m\}$ をもち，Ω_C 上の確率 $\boldsymbol{P}$ は Ω_{M_j} 上の確率 $\boldsymbol{P}_{M_j}$ $(j=1,\cdots,m)$ の直積でアソシエイトであるとする．つまり，$\boldsymbol{P}=\prod_{j=1}^{m}\boldsymbol{P}_{M_j}$ で，モジュー

ルは確率的に独立である．定理 2.14 のアソシエイトのときの不等号関係とモジュールの独立性を用いて，つぎの不等号関係が得られる．

$$
\begin{aligned}
\left(\prod_{j=1}^{m}\chi_j\circ \boldsymbol{P}_{M_j}\right)(\psi=1) &= \left(\prod_{j=1}^{m}\chi_j\circ \boldsymbol{P}_{M_j}\right)\left(\bigcup_{\boldsymbol{s}\in MI(\psi^{-1}(1))}[\boldsymbol{s},\to)\right)\\
&\leqq \coprod_{\boldsymbol{s}\in MI(\psi^{-1}(1))}\left(\prod_{j=1}^{m}\chi_j\circ \boldsymbol{P}_{M_j}\right)[\boldsymbol{s},\to)\\
&= \coprod_{\boldsymbol{s}\in MI(\psi^{-1}(1))}\prod_{j=1}^{m}\boldsymbol{P}_{M_j}\left(\chi_j^{-1}[s_j,\to)\right)\\
&= \coprod_{\boldsymbol{s}\in MI(\psi^{-1}(1))}\prod_{j=1}^{m}\boldsymbol{P}_{M_j}\left(\bigcup_{\boldsymbol{t}_j\in MI\left(\chi_j^{-1}(s_j)\right)}[\boldsymbol{t}_j,\to)\right)\\
&\leqq \coprod_{\boldsymbol{s}\in MI(\psi^{-1}(1))}\prod_{j=1}^{m}\coprod_{\boldsymbol{t}_j\in MI\left(\chi_j^{-1}(s_j)\right)}\boldsymbol{P}_{M_j}[\boldsymbol{t}_j,\to)\\
&\leqq \coprod_{\boldsymbol{s}\in MI(\psi^{-1}(1))}\coprod_{\substack{(\boldsymbol{t}_1,\cdots,\boldsymbol{t}_m)\,:\\ \boldsymbol{t}_j\in MI\left(\chi_j^{-1}(s_j)\right),\ j=1,\cdots,m}}\prod_{j=1}^{m}\boldsymbol{P}_{M_j}[\boldsymbol{t}_j,\to)\\
&= 1-\prod_{\boldsymbol{s}\in MI(\psi^{-1}(1))}\prod_{\substack{(\boldsymbol{t}_1,\cdots,\boldsymbol{t}_m)\,:\\ \boldsymbol{t}_j\in MI\left(\chi_j^{-1}(s_j)\right),\ j=1,\cdots,m}}(1-\boldsymbol{P}[(\boldsymbol{t}_1,\cdots,\boldsymbol{t}_m),\to))\\
&= \coprod_{\boldsymbol{p}\in MI(\varphi^{-1}(1))}\boldsymbol{P}[\boldsymbol{p},\to).
\end{aligned}
$$

最後の等号は，定理 2.11 から成立する．整理してつぎの定理を得る．

定理 2.15　コヒーレントシステム φ は確率的に独立であるモジュール分解をもち，Ω_C 上の確率 $\boldsymbol{P}$ はアソシエイトであるとする．下記の不等号関係が成立する．

$$
\boldsymbol{P}(\varphi=1)=\left(\prod_{j=1}^{m}\chi_j\circ \boldsymbol{P}_{M_j}\right)(\psi=1) \tag{2.23}
$$

$$\leqq \coprod_{\boldsymbol{s} \in MI(\psi^{-1}(1))} \left(\prod_{j=1}^{m} \chi_j \circ \boldsymbol{P}_{M_j} \right) [\boldsymbol{s}, \rightarrow) \tag{2.24}$$

$$\leqq \coprod_{\boldsymbol{s} \in MI(\psi^{-1}(1))} \prod_{j=1}^{m} \coprod_{\boldsymbol{t}_j \in MI\left(\chi_j^{-1}(s_j)\right)} \boldsymbol{P}_{M_j}[\boldsymbol{t}_j, \rightarrow) \tag{2.25}$$

$$\leqq \coprod_{\boldsymbol{p} \in MI(\varphi^{-1}(1))} \boldsymbol{P}[\boldsymbol{p}, \rightarrow). \tag{2.26}$$

同様に極小カットベクトルを用いた不等号関係が得られる.

$$\boldsymbol{P}(\varphi = 1) = \left(\prod_{j=1}^{m} \chi_j \circ \boldsymbol{P}_{M_j} \right) (\psi = 1)$$

$$\geqq \prod_{\boldsymbol{u} \in MA(\psi^{-1}(0))} \left(1 - \left(\prod_{j=1}^{m} \chi_j \circ \boldsymbol{P}_{M_j} \right) (\leftarrow, \boldsymbol{u}] \right)$$

$$\geqq \prod_{\boldsymbol{u} \in MA(\psi^{-1}(0))} \left(1 - \prod_{j=1}^{m} \left(1 - \prod_{\boldsymbol{v}_j \in MA\left(\chi_j^{-1}(u_j)\right)} \left(1 - \boldsymbol{P}_{M_j}(\leftarrow, \boldsymbol{v}_j]\right) \right) \right)$$

$$\geqq \prod_{\boldsymbol{k} \in MA(\varphi^{-1}(0))} \left(1 - \boldsymbol{P}(\leftarrow, \boldsymbol{k}]\right).$$

部品が独立である場合について，式 (2.23), (2.24), (2.25), (2.26) の間の不等号関係が意味することを説明する．定理 2.14 で与えられている上界と下界はシステムの構造と部品の信頼度から決まる．確率 $\boldsymbol{p} = (p_1, \cdots, p_n)$ を部品の信頼度とする．モジュールであるサブシステム $\left(\Omega_{M_j}, S_j, \chi_j\right)$ $(j = 1, \cdots, m)$ に対して，その信頼度 $h_{\chi_j}(\boldsymbol{p}_{M_j})$ と上界 $u_{\chi_j}(\boldsymbol{p}_{M_j})$ が存在する．モジュールを部品とするシステム ψ（統合構造関数）において，事象 $\{\psi = 1\}$ を確率的に評価するとき，以下のようにいくつかの考え方があり，一つを除きそれぞれが式 (2.23), (2.24), (2.25), (2.26) に対応する．

モジュールの信頼度として $h_{\chi_j}\left(\boldsymbol{p}_{M_j}\right)$ を用いたときのシステム ψ の信頼度は，

$$h_\psi\left(h_{\chi_1}\left(\boldsymbol{p}_{M_1}\right), \cdots, h_{\chi_m}\left(\boldsymbol{p}_{M_m}\right)\right) = (2.23).$$

モジュールの信頼度として $h_{\chi_j}(\boldsymbol{p}_{M_j})$ を用いたときのシステム ψ の信頼度の上界は，

$$u_\psi(h_{\chi_1}(\boldsymbol{p}_{M_1}), \cdots, h_{\chi_m}(\boldsymbol{p}_{M_m})) = (2.24).$$

モジュールの信頼度として $u_{\chi_j}(\boldsymbol{p}_{M_j})$ を用いたときのシステム ψ の信頼度は，

$$h_\psi(u_{\chi_1}(\boldsymbol{p}_{M_1}), \cdots, u_{\chi_m}(\boldsymbol{p}_{M_m})).$$

モジュールの信頼度として $u_{\chi_j}(\boldsymbol{p}_{M_j})$ を用いたときのシステム ψ の信頼度の上界は，

$$u_\psi(u_{\chi_1}(\boldsymbol{p}_{M_1}), \cdots, u_{\chi_m}(\boldsymbol{p}_{M_m})) = (2.25).$$

そして，事象 $\{\varphi = 1\}$ に対する直接的な上界は

$$u_\varphi(p_1, \cdots, p_m) = (2.26).$$

以上をまとめて，定理 2.15 はつぎの不等号関係を意味する．

$$\begin{aligned}
&h_\varphi(p_1, \cdots, p_n) \\
&\quad = h_\psi(h_{\chi_1}(\boldsymbol{p}_{M_1}), \cdots, h_{\chi_m}(\boldsymbol{p}_{M_m})) \\
&\quad \leqq \left\{ \begin{array}{c} u_\psi(h_{\chi_1}(\boldsymbol{p}_{M_1}), \cdots, h_{\chi_m}(\boldsymbol{p}_{M_m})) \\ h_\psi(u_{\chi_1}(\boldsymbol{p}_{M_1}), \cdots, u_{\chi_m}(\boldsymbol{p}_{M_m})) \end{array} \right\} \\
&\quad \leqq u_\psi(u_{\chi_1}(\boldsymbol{p}_{M_1}), \cdots, u_{\chi_m}(\boldsymbol{p}_{M_m})) \\
&\quad \leqq u_\varphi(p_1, \cdots, p_m).
\end{aligned} \tag{2.27}$$

上式の 1 番目と 2 番目の不等号関係は直感的にも明らかである．3 番目の不等号関係が意味していることは，システム φ の信頼度に対してモジュール分解を介さずに直接求めた上界よりも，モジュールの信頼度の上界を求め，それを用いてシステム ψ の上界を求めたほうが精度がよいことを意味する．下界に対しても同様の結論が得られる．システムの実際的な信頼性評価方法として都合のよい不等号関係である．

$$
\begin{aligned}
& l_\varphi(p_1, \cdots, p_n) \\
& \quad \leqq l_\psi\left(l_{\chi_1}\left(\boldsymbol{p}_{M_1}\right), \cdots, l_{\chi_m}\left(\boldsymbol{p}_{M_m}\right)\right) \\
& \quad \leqq \left\{ \begin{array}{c} l_\psi\left(h_{\chi_1}\left(\boldsymbol{p}_{M_1}\right), \cdots, h_{\chi_m}\left(\boldsymbol{p}_{M_m}\right)\right) \\ h_\psi\left(l_{\chi_1}\left(\boldsymbol{p}_{M_1}\right), \cdots, l_{\chi_m}\left(\boldsymbol{p}_{M_m}\right)\right) \end{array} \right\} \\
& \quad \leqq h_\psi\left(h_{\chi_1}\left(\boldsymbol{p}_{M_1}\right), \cdots, h_{\chi_m}\left(\boldsymbol{p}_{M_m}\right)\right) \\
& \quad = h_\varphi\left(p_1, \cdots, p_m\right). \qquad (2.28)
\end{aligned}
$$

多状態の場合には同様の不等号関係は一般的に成立せず，5 章で示すが，ノーマルと呼ばれる条件下で成立することが証明される．

3 2状態システムの劣化過程

本章では，システムの信頼性評価において基本的である寿命分布関数に対するさまざまな劣化の概念とそれらを巡る議論を紹介する．

3.1 寿命分布関数

3.1.1 寿 命 分 布

保全を考えずに，一つの部品やシステムの動作状態1から故障状態0に至る確率的な動きを$\{0,1\}$の値をとる確率過程$\{X(t),\ t \geqq 0\}$で表し，確率1で右連続単調減少で$X(0)=1$であるとする．寿命Tは，$\{X(t),\ t \geqq 0\}$の状態1からの**脱出時間**（exit time）であり，つぎのように定義される．**図3.1**を参照してほしい．

$$T = \inf\{t : X(t) = 0\}.$$

Tの分布関数

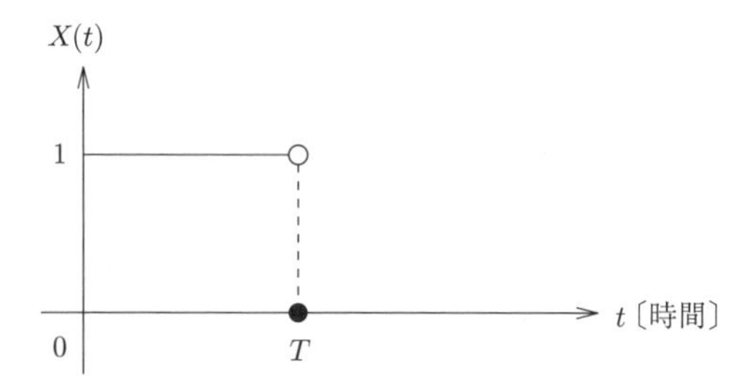

図 3.1　$\{X(t),\ t \geqq 0\}$のパスの例

$$F_T(t) = Pr\{T \leqq t\}$$

を**寿命分布関数**（life time distribution function）と呼び，時刻 t までに部品が故障する確率を意味する．T は非負確率変数であるため，$F_T(t) = 0$ $(t < 0)$ である．また，現実的な観点から確率 1 で $T < \infty$ であるとし，$\lim_{t \to \infty} F_T(t) = 1$ である．寿命分布関数は，その定義から明らかなように，右連続で単調増加（単調非減少）関数である．添字は混乱がないかぎり省略する．

$$\overline{F}(t) = 1 - F(t) = Pr\{T > t\}$$

は，部品が時刻 t までに故障しない確率，言い換えれば，寿命が t より大である確率であり，**信頼度関数**（reliability function）や**残存寿命分布関数**（survival time distribution function）などと呼ばれる．

$\overline{F}(t) > 0$ であるとき，

$$Pr\{T > t + x \mid T > t\} = \frac{\overline{F}(t+x)}{\overline{F}(t)}$$

の条件付き確率は，年齢 t の部品がさらに x 時間生き残る確率を意味する．したがって，年齢 t の部品がつぎの x 時間以内に故障する条件付き確率は，つぎのようである．

$$Pr\{T \leqq t + x \mid T > t\} = \frac{F(t+x) - F(t)}{\overline{F}(t)} = 1 - \frac{\overline{F}(t+x)}{\overline{F}(t)} \tag{3.1}$$

F が**密度関数**（density function）f をもつとき，

$$F(t) = \int_0^t f(u)du, \qquad \overline{F}(t) = \int_t^\infty f(u)du$$

である．式 (3.1) より，

$$h(t) = \lim_{x \to 0} \frac{1}{x} \frac{F(t+x) - F(t)}{\overline{F}(t)} = \frac{f(t)}{\overline{F}(t)} \tag{3.2}$$

を得る．これを**故障率関数**（failure rate function），時刻 t における**故障率**（failure rate）または**条件付き故障率**（conditional failure rate）などと呼ぶ．

システム φ の信頼度関数を表す記号 h_φ や h と混同しないように注意してほしい．式 (3.2) を書き換えて，

$$h(t) = \frac{-d\overline{F}(t)/dt}{\overline{F}(t)}.$$

これを $\overline{F}(t)$ に関する微分方程式であると考えると，

$$\overline{F}(t) = \exp\left\{-\int_0^t h(u)du\right\} \tag{3.3}$$

が得られる．式 (3.3) の中の $\displaystyle\int_0^t h(u)du = H(t)$ は故障率の累積を意味し，**累積故障率関数** (cumulative failure rate function)，あるいは**ハザード関数** (hazard function)† と呼ぶ．

ハザード関数 H は，密度関数の存在を前提にすることなく，

$$H(t) = -\log \overline{F}(t)$$

として定義することができる．$\overline{F}(t)$ はハザード関数 $H(t)$ を用いて，

$$\overline{F}(t) = \exp\{-H(t)\},$$
$$\frac{\overline{F}(t+x)}{\overline{F}(t)} = \exp\{-(H(t+x) - H(t))\}. \tag{3.4}$$

これらを用いて，最も直感的な**劣化** (aging，**エージング**) の概念が定義される．

定義 3.1

(1)　寿命分布関数 $F(t)$ はつぎの条件を満たすとき，**IFR** (increasing failure rate) であると呼ぶ．

$$\forall x \geqq 0, \quad \frac{\overline{F}(t+x)}{\overline{F}(t)} \text{ は } t \geqq 0 \text{ について単調減少である．}$$

(2)　寿命分布関数 $F(t)$ はつぎの条件を満たすとき，**DFR** (decreasing failure rate) であると呼ぶ．

---

† 累積ハザード関数と呼ぶ場合もあるが，Barlow and Proschan[7] p.53 では hazard function とされている．本書ではこれに従う．

$$\forall x \geqq 0, \quad \frac{\overline{F}(t+x)}{\overline{F}(t)} \text{ は } t \geqq 0 \text{ について単調増加である.}$$

(1), (2) のいずれも，$\overline{F}(t) \neq 0$ の t の範囲で考える．

IFR 性は年を経るほど故障しやすくなることを，DFR 性は逆に故障しにくくなることを意味する．

定理 3.1

(1) $F(t)$ が IFR であることと累積故障率関数 $H(t)$ が下に凸関数であることとは同値である．

(2) $F(t)$ が DFR であることと累積故障率関数 $H(t)$ が上に凸関数であることとは同値である．

【証明】 証明は同様であるため，(1) のみを示す．任意の $x \geqq 0$ に対して以下の同値関係が成立する．

$$\begin{aligned} F:\mathrm{IFR} &\Longleftrightarrow \frac{\overline{F}(t+x)}{\overline{F}(t)} = \exp\{-(H(t+x)-H(t))\} : t \text{ に関して単調減少} \\ &\Longleftrightarrow H(t+x)-H(t) : t \geqq 0 \text{ に関して単調増加} \\ &\Longleftrightarrow H(t) : t \text{ に関して下に凸関数.} \end{aligned}$$

□

定理 3.2 寿命分布関数 $F(t)$ が密度関数 $f(t)$ をもつとき，以下が成立する．

(1) $F(t)$ が IFR であることと故障率関数 $h(t)$ が増加関数であることとは同値である．

(2) $F(t)$ が DFR であることと故障率関数 $h(t)$ が減少関数であることとは同値である．

【証明】　証明は同様であるため，(1) のみを示す．

$h(x):x$ に関して単調増加

$$\Longleftrightarrow \forall v \geqq 0,\ \forall u \geqq 0,\ h(v+u) \geqq h(u) \tag{3.5}$$

$$\Longleftrightarrow \forall v \geqq 0,\ \forall s \geqq 0,\ \forall x \geqq 0,\ \int_s^{s+x} h(v+u)du \geqq \int_s^{s+x} h(u)du \tag{3.6}$$

$$\Longleftrightarrow \forall v \geqq 0,\ \forall s \geqq 0,\ \forall x \geqq 0,\ \int_{s+v}^{s+v+x} h(u)du \geqq \int_s^{s+x} h(u)du$$

$$\Longleftrightarrow \forall s \geqq 0,\ \forall t \geqq s,\ \forall x \geqq 0,\ \int_t^{t+x} h(u)du \geqq \int_s^{s+x} h(u)du$$

$$\Longleftrightarrow \forall s \geqq 0,\ \forall t \geqq s,\ \forall x \geqq 0,\ \exp\left\{-\int_t^{t+x} h(u)du\right\} \leqq \exp\left\{-\int_s^{s+x} h(u)du\right\}.$$

式 (3.5) $\Longrightarrow$ 式 (3.6) は明らかである．逆の関係は，式 (3.6) の両辺を x で割り，$x \to 0$ として式 (3.5) が得られる．他の同値関係は変数変換を考えれば明らかである．　□

IFR でありかつ DFR である寿命分布関数は定義 3.1 より，$\overline{F}(x+t) = \overline{F}(x)\overline{F}(t)$ であり，つぎの定理 3.3 より指数分布関数である．したがって，指数分布は，IFR 分布と DFR 分布の境界に位置し，両方の性質を有するといえる．

定理 3.3　$F(0) < 1$ である寿命分布関数 F についてつぎの同値関係が成立する．

$$\forall t \geqq 0,\ \forall x \geqq 0,\ \overline{F}(x+t) = \overline{F}(x)\overline{F}(t) \Longleftrightarrow \exists\lambda > 0,\ \overline{F}(t) = \exp\{-\lambda t\}.$$

【証明】　十分性は明らかである．必要性を証明する．n, m を正の整数とすると，条件より

$$\overline{F}(m) = \left\{\overline{F}(1)\right\}^m, \qquad \overline{F}(1) = \overline{F}\left(n \cdot \frac{1}{n}\right) = \left\{\overline{F}\left(\frac{1}{n}\right)\right\}^n \tag{3.7}$$

であるから

$$\overline{F}\left(\frac{m}{n}\right) = \left\{\overline{F}\left(\frac{1}{n}\right)\right\}^m = \left\{\overline{F}(1)\right\}^{m/n}. \tag{3.8}$$

任意の $t \geqq 0$ に対して，t に右側から収束する有理数列を $\{r_i\}_{i \geqq 1}$ とすれば，分布関数の右連続性に注意して，式 (3.8) より

$$\overline{F}(t) = \lim_{i\to\infty} \overline{F}(r_i) = \lim_{i\to\infty} \left\{\overline{F}(1)\right\}^{r_i} = \left\{\overline{F}(1)\right\}^{t}.$$

式 (3.7) より $0 < \overline{F}(1) < 1$ である．なぜなら，$\overline{F}(1) = 1$ であれば，$\lim_{n\to\infty} \overline{F}(n) = 1$ となり，$\lim_{t\to\infty} \overline{F}(t) = 0$ に反する．$\overline{F}(1) = 0$ であれば，$\overline{F}\left(\frac{1}{m}\right) = 0$ となり，分布関数の右連続性より $\overline{F}(0) = \lim_{m\to\infty} \overline{F}\left(\frac{1}{m}\right) = 0$ である．これは $\overline{F}(0) > 0$ に反する．したがって，$\lambda = -\log \overline{F}(1) > 0$ として，定理が得られる．□

指数分布については，3.1.3 項でも述べる．

寿命 T の期待値 $\mathbf{E}[T]$ と分散 $\mathbf{Var}[T]$ は，その分布関数を F としてつぎのように定義される．期待値は平均寿命とも呼ばれる．

$$\mathbf{E}[T] = \int_0^\infty t dF(t), \qquad \mathbf{Var}[T] = \int_0^\infty (t - \mathbf{E}[T])^2 dF(t).$$

密度関数 f が存在するときは，つぎのようである．

$$\mathbf{E}[T] = \int_0^\infty t f(t) dt, \qquad \mathbf{Var}[T] = \int_0^\infty (t - \mathbf{E}[T])^2 f(t) dt.$$

r を正の整数として，r 次モーメント $\mathbf{E}[T^r]$ は，残存寿命分布関数を用いてつぎのようである．

$$\mathbf{E}[T^r] = \int_0^\infty t^r dF(t) = r \int_0^\infty t^{r-1} \overline{F}(t) dt.$$

したがって，期待値は，$\mathbf{E}[T] = \int_0^\infty \overline{F}(t) dt$ である．

3.1.2 バスタブ曲線

出荷された製品がその寿命を終えるまでの間，故障率は初期故障期，偶発故障期，摩耗故障期の三つの特徴的な時期を経るといわれる．図 **3.2** を参照してほしい．**初期故障期**は，製品に内在する故障要因が表に出てくる時期であり，それを意図的に排出することを**バーンイン**（burn–in）と呼ぶ．この時期の故障率関数は DFR である．この初期故障期を経ると，部品の挙動は安定し偶発的な故障が見られる時期になり，故障率関数はほぼ一定であると考えられ，**偶発故

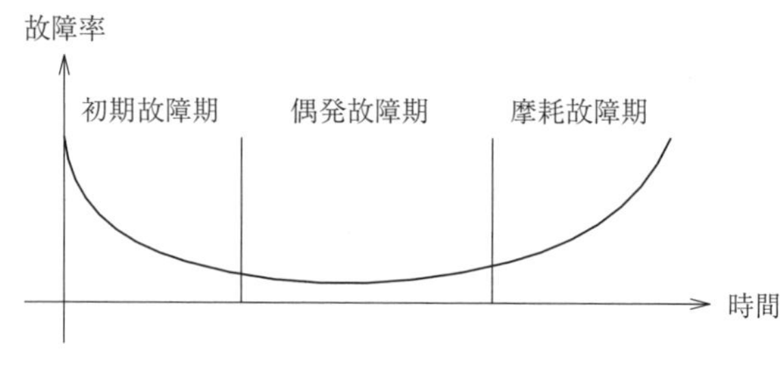

図 3.2　バスタブ曲線

障期と呼ばれる．最後に**摩耗故障期**と呼ばれる故障率増加の時期に入り製品自体がその寿命を終えることになる．生物の幼児期，青年期＋中年期，老齢期に対応させるとイメージしやすい．つぎの 3.1.3 項で示すが，指数分布の故障率関数は定数であり，偶発故障期に対応すると考えられている．

3.1.3　寿命分布のパラメーター族

〔1〕 指 数 分 布　　分布関数がつぎのように与えられるとき，寿命 T はパラメーター $\lambda > 0$ の**指数分布**（exponential）に従うという．

$$f(t) = \begin{cases} \lambda \exp\{-\lambda t\}, & t \geqq 0, \\ 0, & t < 0, \end{cases} \qquad F(t) = \begin{cases} 1 - \exp\{-\lambda t\}, & t \geqq 0, \\ 0, & t < 0. \end{cases}$$

このとき，$\overline{F}(x+t) = \overline{F}(x)\overline{F}(t)$ $(\forall t \geqq 0,\ \forall x \geqq 0)$ であるが，これを条件付き確率を用いて書き直すと

$$\forall t \geqq 0,\ \forall x \geqq 0,\ Pr\{T > x + t \mid T > t\} = Pr\{T > x\}$$

である．寿命の残存確率が年齢に依存しないことを意味する．この性質を**無記憶性**（no–memory property）または**マルコフ性**（Markov property）と呼ぶ．定理 3.3 は，無記憶性をもつ寿命分布関数が指数分布のみであることを示す．

故障率関数 h と累積故障率関数 H は，つぎのようである．

$$h(t) = \frac{f(t)}{\overline{F}(t)} = \lambda, \qquad H(t) = \lambda t, \qquad \frac{\overline{F}(x+t)}{\overline{F}(t)} = \exp\{-\lambda x\}.$$

年齢 t の部品がつぎの瞬間に故障する故障率は，年齢にかかわらず一定で λ である．

パラメーター λ の指数分布に従う寿命 T の期待値と分散は，それぞれ以下のとおりである．

$$\mathbf{E}[T] = \frac{1}{\lambda}, \qquad \mathbf{Var}[T] = \frac{1}{\lambda^2}.$$

〔**2**〕 **ガンマ分布**　密度関数がつぎのように与えられる寿命分布関数を**ガンマ**（gamma）**分布**と呼ぶ．

$$f(t) = \begin{cases} \dfrac{\lambda^k t^{k-1}}{\Gamma(k)} \exp\{-\lambda t\}, & t \geqq 0, \\ 0, & t < 0. \end{cases}$$

Γ はガンマ関数である．λ を**尺度パラメーター**（scale parameter），k を**形状パラメーター**（shape parameter）と呼ぶ．k が整数であるとき，待ち行列の理論では k を**位相パラメーター**（phase parameter），分布を**アーラン**（Erland）**分布**と呼ぶ．一般的に k は整数に限定しないが，本書では整数とする．明らかに $k = 1$ のとき，アーラン分布は指数分布である．

$$F(t) = \sum_{i=k}^{+\infty} \frac{(\lambda t)^i}{i!} \exp\{-\lambda t\}, \qquad \overline{F}(t) = \sum_{i=0}^{k-1} \frac{(\lambda t)^i}{i!} \exp\{-\lambda t\},$$

$$h(t) = \frac{f(t)}{\overline{F}(t)} = \frac{\dfrac{\lambda^k t^{k-1}}{(k-1)!}}{\displaystyle\sum_{i=0}^{k-1} \frac{(\lambda t)^i}{i!}}.$$

寿命 T の分布関数がガンマ分布であるとき，期待値と分散はつぎのようである．

$$\mathbf{E}[T] = \frac{k}{\lambda}, \qquad \mathbf{Var}[T] = \frac{k}{\lambda^2}. \tag{3.9}$$

形状パラメーター k は，本書では正の整数に限定され $k \geqq 1$ であるため，後に示す定理 3.16 より IFR であるが，限定しない場合，$k < 1$ のときは DFR である．

パラメーター λ の同一の指数分布に従う独立な確率変数 $T_1, \cdots, T_k$ に対して，$\sum_{i=1}^{k} T_i$ の分布は尺度パラメーター λ，位相パラメーター k のアーラン分布である．ショックの発生時間間隔が T_i で指数分布に従うとき，k 回目のショックで故障するような場合の寿命分布であり，後に述べるショックモデルの特定の場合である．

式 (3.9) の期待値と分散は直接計算をすることで得られるが，つぎのように考えてもよい．分布が等しいという意味で $T = \sum_{i=1}^{k} T_i$ である．このことから期待値の線形性により $\mathbf{E}[T] = \sum_{i=1}^{k} \mathbf{E}[T_i]$, 独立性から $\mathbf{Var}[T] = \sum_{i=1}^{k} \mathbf{Var}[T_i]$ であり，指数分布の期待値と分散を用いて式 (3.9) が得られる．よって，U はパラメーター λ, k のアーラン分布に，V はパラメーター λ, l のアーラン分布に従い，独立であれば，$U+V$ はパラメーター λ, $k+l$ のアーラン分布に従う．

〔**3**〕 **ワイブル分布**　　密度関数が

$$f(t) = \begin{cases} \lambda m t^{m-1} \exp\{-\lambda t^m\}, & t \geqq 0, \\ 0, & t < 0 \end{cases}$$

である分布関数を**ワイブル**（Weibull）**分布**と呼ぶ．λ は尺度パラメーター，m は形状パラメーターである．寿命 T の分布をワイブル分布とすると，寿命分布関数，故障率関数，期待値，分散はつぎのようである．

$$F(t) = 1 - \exp\{-\lambda t^m\}, \qquad h(t) = \lambda m t^{m-1},$$
$$\mathbf{E}[T] = \frac{1}{\lambda^{1/m}} \Gamma\left(1 + \frac{1}{m}\right),$$
$$\mathbf{Var}[T] = \frac{1}{\lambda^{2/m}} \left[\Gamma\left(1 + \frac{2}{m}\right) - \left\{\Gamma\left(1 + \frac{1}{m}\right)\right\}^2\right].$$

$m \geqq 1$ のとき IFR である．特に $m = 1$ のときは指数分布であり，$m > 1$ のときは故障率関数は厳密に増加である．$m \leqq 1$ のときは DFR である．形状パラメーターの選択によって，初期故障期，偶発故障期，摩耗故障期のモデルになる．寿命データの統計分析によく用いられ，ワイブル確率紙などの統計解析のためのツールが用意されている．

極値統計の理論から，$T_1, \cdots, T_n, \cdots$ を独立で同一分布に従う確率変数であるとしたとき，$\min\{T_1, \cdots, T_n\}$ の $n \to \infty$ としたときの極限分布にはワイブル分布を含む三つの型がある．特に信頼性理論の立場では非負確率変数が主になることから，ワイブル分布が重要である．Barlow and Proschan[7] を参照してほしい．

〔4〕 **正規分布** 密度関数が以下のようである分布を**正規分布**（normal distribution）と呼び，記号 $N(\mu, \sigma^2)$ で書き表す．

$$f(t) = \frac{1}{\sqrt{2\pi\sigma^2}} \exp\left\{-\frac{(t-\mu)^2}{2\sigma^2}\right\}, \quad -\infty < t < \infty.$$

期待値と分散はそれぞれ，μ と σ^2 である．故障率関数は単調増加であり，IFR である．

統計解析全般において重要な働きをなす分布である．寿命分布の観点からは，$t < 0$ のときに $f(t) = 0$ と見なしてよい μ と σ の範囲でなければならない．より厳密には，$f(t)/\int_0^\infty f(u)du$ と正規化して，正規分布の正の部分（$t \geqq 0$ の部分）を使う．**切断**（trancated）**正規分布**と呼ぶ．故障が，ある時期にまとまって発生するような摩耗故障の寿命分布として見られる．

〔5〕 **対数正規分布** 密度関数がつぎのようである分布を**対数正規**（log–normal）**分布**と呼ぶ．

$$f(t) = \begin{cases} \dfrac{1}{\sqrt{2\pi}\sigma t} \exp\left\{-\dfrac{(\log t - \mu)^2}{2\sigma^2}\right\}, & t \geqq 0, \\ 0, & t < 0. \end{cases}$$

ここで，対数は自然対数である．寿命分布関数や信頼度関数は正規分布関数を用いて書き表すことができるが，ここでは省略する．対数正規分布に従う寿命 T の期待値と分散はつぎのようになる．

$$\mathbf{E}[T] = \exp\left\{\mu + \frac{\sigma^2}{2}\right\}, \quad \mathbf{Var}[T] = \left(\exp\left\{\sigma^2\right\} - 1\right) \exp\left\{2\mu + \sigma^2\right\}.$$

$\log T$ の分布は $N(\mu, \sigma^2)$ の正規分布である．故障率関数は，IFR とはかぎらない．

3.1.4 ポアソン過程

ポアソン過程は最も重要な計数過程の一つであり，特定事象の発生回数を時間推移に従って計数するような場合のモデルとして用いられる．指数分布やアーラン分布と密接な関係をもつ．なお，本項での議論には，小和田[49)]を参考にした．

定義 3.2　計数過程 $\{N(t),\ t \geqq 0\}$ はつぎの条件を満たすとき，**ポアソン過程**（Poisson process）と呼ぶ．

(1) 確率 1 で $N(0) = 0$.

(2) $\{N(t),\ t \geqq 0\}$ は独立増分をもつ．

(3) 任意の $s, t \geqq 0$ に対して増分 $N(t+s) - N(s)$ の分布はポアソン分布であり，

$$Pr\{N(t+s) - N(s) = k\} = \frac{(\lambda t)^k}{k!} \exp\{-\lambda t\}, \quad k = 0, 1, 2, \cdots.$$

条件 (2) は，任意の $t_1 < t_2 < \cdots < t_n$ に対して，$N(t_i) - N(t_{i-1})$ $(i = 1, \cdots, n)$ が独立であることを意味する．条件 (3) より，増分は負ではなく，その分布は時刻に依存せず定常である．また，$\mathbf{E}[N(t+s) - N(s)] = \lambda t$ であり，λ は単位時間当りの事象の発生率（発生頻度）を意味する．

定理 3.4　ポアソン過程 $\{N(t),\ t \geqq 0\}$ についてつぎの性質が成立する．

(1) （標本関数の挙動）　標本関数は非負整数値をとり，確率 1 でジャンプ量が 1 である非減少な階段関数である．**図 3.3** を参照してほしい．

(2) （マルコフ性）　任意の $0 \leqq t_1 \leqq t_2 \leqq \cdots \leqq t_k$ と非負整数値 $k_1 \leqq k_2 \leqq \cdots \leqq k_n$ について

$$Pr\{N(t_n) = k_n \mid N(t_1) = k_1, \cdots, N(t_{n-1}) = k_{n-1}\}$$
$$= Pr\{N(t_n) = k_n \mid N(t_{n-1}) = k_{n-1}\}.$$

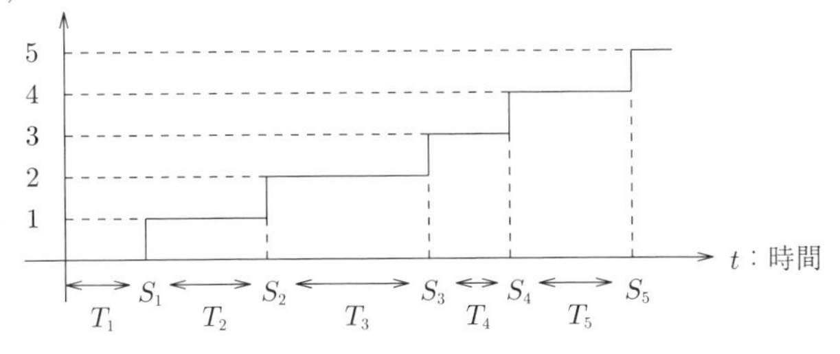

図 3.3 ポアソン過程の標本関数

(3) （微小時間間隔における挙動） つぎの二つの等号関係が成立する．

(3-i) $Pr\{N(t)=1\}=\lambda t+o(t)$,

(3-ii) $Pr\{N(t)\geqq 2\}=o(t)$.

【証明】

(1) 確率 1 で非減少であることは，まず $s<t$ に対して，

$$
\begin{aligned}
Pr\{N(s)\leqq N(t)\} &= Pr\{N(t)-N(s)\geqq 0\} \\
&= \sum_{k=0}^{\infty}\frac{\lambda^k(t-s)^k}{k!}\exp\{-\lambda(t-s)\}=1
\end{aligned}
$$

である．$A_{s,t}$ を $\{N(s)\leq N(t)\}$ の事象であるとすれば，$Pr(A_{s,t})=1$ であり，したがって，$Pr\left(\bigcap_{s<t}A_{s,t}\right)=1$ である．

ジャンプ量が 2 以上である確率は，定常増分をもつことから，$\varDelta>0$ に対して，

$$
\begin{aligned}
Pr\{N(t+\varDelta)-N(t)\geqq 2\} &= Pr\{N(\varDelta)\geqq 2\} \\
&= 1-\exp\{-\lambda\varDelta\}-\lambda\varDelta\exp\{-\lambda\varDelta\}.
\end{aligned}
$$

よって，$\lim_{\varDelta\to 0}Pr\{N(\varDelta)\geqq 2\}=0$ であるから，ジャンプ量は 1 である．

(2) 独立増分をもつことに注意して，

$$
\begin{aligned}
&Pr\{N(t_n)=k_n \mid N(t_1)=k_1,\cdots,N(t_{n-1})=k_{n-1}\} \\
&=\frac{Pr\{N(t_n)-N(t_{n-1})=k_n-k_{n-1},\cdots,N(t_1)-N(0)=k_1\}}{Pr\{N(t_{n-1})-N(t_{n-2})=k_{n-1}-k_{n-2},\cdots,N(t_1)-N(0)=k_1\}} \\
&=Pr\{N(t_n)-N(t_{n-1})=k_n-k_{n-1}\} \\
&=\frac{Pr\{N(t_n)-N(t_{n-1})=k_n-k_{n-1},\ N(t_{n-1})=k_{n-1}\}}{Pr\{N(t_{n-1})=k_{n-1}\}}
\end{aligned}
$$

$$= Pr\{\ N(t_n) = k_n \mid N(t_{n-1}) = k_{n-1}\ \}.$$

(3) 定義 3.2 (3) より

$$Pr\{N(t) = 1\} = Pr\{N(t) - N(0) = 1\} = \lambda t \exp\{-\lambda t\},$$
$$Pr\{N(t) \geqq 2\} = 1 - Pr\{N(t) - N(0) \leqq 1\} = 1 - (\lambda t + 1)\exp\{-\lambda t\}$$

であることから明らかである. □

定理 3.4 より，ポアソン過程はつぎのようにも定義される．増分の分布を知る必要がないことに注意してほしい．

定理 3.5　　計数過程 $\{N(t),\ t \geqq 0\}$ がポアソン過程であることと以下の条件を満たすことは，同値である．

(1) 確率 1 で $N(0) = 0$ である．

(2) $\{N(t),\ t \geqq 0\}$ は定常独立増分をもつ．

(3) $Pr\{N(t) = 1\} = \lambda t + o(t)$.

(4) $Pr\{N(t) \geqq 2\} = o(t)$.

【証明】　　定義 3.2 (3) が成立することを示せばよい．$P_k(t) = Pr\{N(t) = k\}$ とおくと，(3), (4) より，$P_0(t) = 1 - Pr\{N(t) \geqq 1\} = 1 - \lambda t + o(t)$ である．$k \geqq 1,\ h > 0$ とし，定常独立増分をもつことから，

$$\begin{aligned} P_k(t+h) &= Pr\{N(t) = k,\ N(t+h) - N(t) = 0\} \\ &\quad + Pr\{N(t) = k-1,\ N(t+h) - N(t) = 1\} \\ &\quad + \sum_{n=2}^{k} Pr\{N(t) = k-n,\ N(t+h) - N(t) = n\} \\ &= (1 - \lambda h)P_k(t) + \lambda h P_{k-1}(t) + o(h). \end{aligned}$$

ゆえに

$$\frac{P_k(t+h) - P_k(t)}{h} = -\lambda P_k(t) + \lambda P_{k-1}(t) + \frac{o(h)}{h}$$

である．$h \to 0$ として P_k の右微分係数についての方程式が得られる．同様にして左微分係数についての方程式が得られ，これらを合わせてつぎの微分差分方程式が得られる．

$$\frac{d}{dt}P_k(t) \;=\; -\lambda P_k(t) + \lambda P_{k-1}(t), \quad k = 1, 2, \cdots . \tag{3.10}$$

$P_0(t)$ については，定常独立増分をもつことからつぎの微分方程式が得られる．

$$\frac{d}{dt}P_0(t) \;=\; -\lambda P_0(t). \tag{3.11}$$

条件 (1) を用いて，式 (3.11) と式 (3.10) を帰納的に解きつぎの解を得る．

$$P_k(t) \;=\; \frac{(\lambda t)^k}{k!}\exp\{-\lambda t\}, \quad k = 0, 1, 2, \cdots . \qquad \square$$

〔1〕 **指数分布とポアソン過程**　パラメーター λ のポアソン過程における到着時間 S_k と到着時間間隔 T_k をつぎのように定義する．図 3.3 を参照してほしい．

$$S_0 = 0,$$

$$S_k = \inf\{t : N(t) = k\}, \quad k = 1, 2, \cdots ,$$

$$T_k = S_k - S_{k-1}, \quad k = 1, 2, \cdots .$$

S_k は k 回目の事象の発生時刻を，T_k は $k-1$ 回目と k 回目の事象発生の時間間隔である．ここでは，T_k $(k = 1, 2, \cdots)$ が独立でパラメーター λ をもつ指数分布に従うことを示す．S_n の分布は明らかにつぎのようである．

$$Pr(S_n \leqq t) = Pr(N(t) \geqq n) = \sum_{k=n}^{\infty} \frac{(\lambda t)^k}{k!}\exp\{-\lambda t\}.$$

まず，T_1 と $T_1 + T_2$ の同時分布を求める．$t_2 \geqq t_1$ として，

$$\begin{aligned} Pr\{T_1 > t_1,\ T_1 + T_2 > t_2\} &= Pr\{N(t_1){=}0,\ N(t_2) - N(t_1) = 0 \text{ または } 1\} \\ &= Pr\{N(t_1) = 0,\ N(t_2) - N(t_1) = 0\} \\ &\quad + Pr\{N(t_1) = 0,\ N(t_2) - N(t_1) = 1\}. \end{aligned}$$

定常独立増分をもつことから，

$$\begin{aligned} Pr\{T_1 > t,\ T_1 + T_2 > t_2\} &= e^{-\lambda t_1} \cdot e^{-\lambda(t_2 - t_1)} \\ &\quad + e^{-\lambda t_1} \cdot \lambda(t_2 - t_1) \cdot e^{-\lambda(t_2 - t_1)} \end{aligned}$$

$$= (1+\lambda(t_2-t_1))e^{-\lambda t_2}.$$

よって，T_1 と T_1+T_2 の同時密度関数は，まず t_1 で偏微分し，つぎに t_2 で偏微分して，

$$f(t_1,t_2) = \frac{\partial}{\partial t_2}\left(-\lambda e^{-\lambda t_2}\right) = \begin{cases} \lambda^2 e^{-\lambda t_2}, & t_1 \leqq t_2, \\ 0, & t_1 > t_2. \end{cases}$$

つぎに，T_1 と T_2 の同時分布関数は

$$\begin{aligned} &Pr\{T_1 \leqq x,\ T_2 \leqq y\} = Pr\{T_1 \leqq x,\ T_1+T_2-T_1 \leqq y\} \\ &\quad = \iint_{\substack{0\leqq t_1\leqq x \\ 0\leqq t_2-t_1\leqq y}} f(t_1,t_2)dt_1dt_2 \\ &\quad = \iint_{\substack{0\leqq t_1\leqq x \\ t_1\leqq t_2\leqq y+t_1}} f(t_1,t_2)dt_1dt_2 \\ &\quad = \int_0^x dt_1 \int_{t_1}^{y+t_1} f(t_1,t_2)dt_2 \quad \text{同時密度関数を代入して積分を行う} \\ &\quad = \left(1-e^{-\lambda x}\right)\left(1-e^{-\lambda y}\right). \end{aligned}$$

したがって T_1 と T_2 は独立で，同一のパラメーター λ の指数分布に従う．帰納的に，$T_1, T_2, \cdots$ は独立で，同じ指数分布に従うことがわかる．

〔2〕 アーラン分布とポアソン過程　　ポアソン過程で k 回目の事象が発生する時刻 S_k の分布は尺度パラメーター λ，位相パラメーター k のアーラン分布である．

$$Pr\{S_k \leqq t\} = Pr\{N(t) \geqq k\} = \sum_{i=k}^{\infty} \frac{(\lambda t)^i}{i!} \exp\{-\lambda t\}.$$

ショックがポアソン過程に従って発生する環境に置かれているシステムが k 回目のショックで故障するとき，その寿命は $S_k = \sum_{i=1}^{k} T_i$ であり寿命分布はアーラン分布である．これは，後に述べるショックモデルの範疇（はんちゅう）に含まれる．ガンマ分布の項を参照してほしい．

〔3〕 **非定常ポアソン過程**　ポアソン過程を定義する条件から定常性を外すことで非定常ポアソン過程が定義される．

定義 3.3　計数過程 $\{N(t),\ t \geqq 0\}$ はつぎの条件を満たすとき，**強度関数** (intensity function) $\lambda(t) \geqq 0$ をもつ**非定常ポアソン過程** (non–stationary Poisson process, non–homogeneous Poisson process) と呼ぶ．$h > 0$ に対して，

(1) 確率 1 で $N(0) = 0$.

(2) $\{N(t),\ t \geqq 0\}$ は独立増分をもつ．

(3) $Pr\{N(t+h) - N(t) \geqq 2\} = o(h)$,

(4) $Pr\{N(t+h) - N(t) = 1\} = \lambda(t)h + o(h)$.

$\Lambda(t) = \displaystyle\int_0^t \lambda(s)ds$ を**平均値関数** (mean value function) と呼ぶ．$\lambda(t)$ が定数の場合が定義 3.2 のポアソン過程であるが，この場合と同様に微分方程式を立てることで，任意の t, $h \geqq 0$ に対して増分 $N(t+h) - N(t)$ の分布が以下のポアソン分布であることが示される．

$$Pr\{N(t+h) - N(t) = k\} = \frac{(\Lambda(t+h) - \Lambda(t))^k}{k!} \exp\{-(\Lambda(t+h) - \Lambda(t))\},$$
$$k = 0, 1, 2, \cdots .$$

増分の分布は時刻 t に依存し，非定常である．

ポアソン過程と非定常ポアソン過程は平均値関数による時間変換によって，相互に変換可能である．詳細はÇinlar[26] を参照してほしい．

3.2 エージングによる寿命分布関数のクラス分類

エージングとは，システムや部品が時間経過に従って示す劣化や故障の確率的な傾向であり，例えば，故障しやすくなるとか故障しにくくなるなどを意味する．このようなエージングは，2 状態の場合は寿命分布関数の性質として定

式化され，いくつかの概念が提案されている．それぞれが意味を発揮する文脈はいくぶん異なるが，ここでまとめて掲げ，その後に順次説明する．

3.2.1 エージング

〔1〕 **$\mathbf{PF}_2$ 密度関数**　寿命分布関数は密度関数 f をもち，任意の $x \geqq 0$ について

$$\frac{f(t+x)}{f(t)} \text{ が } t \geqq 0 \text{ について単調減少である}$$

とき，**$\mathbf{PF}_2$ 密度関数**（Pólya frequency function of order 2）をもつという．つぎのことと同値である．

$$\forall \Delta \geqq 0,\ \forall t_1,\ \forall t_2 \text{ such that } t_1 < t_2, \begin{vmatrix} f(t_1+\Delta) & f(t_2+\Delta) \\ f(t_1) & f(t_2) \end{vmatrix} \geqq 0.$$

〔2〕 **IFR**　すでに定義 3.1 で述べたが，寿命分布関数 F は任意の $x \geqq 0$ に対して

$$\frac{\overline{F}(t+x)}{\overline{F}(t)} \text{ が } t \geqq 0 \text{ について単調減少}$$

であるとき IFR であるといい，ハザード関数 H が下に凸であることと同値であり，さらにつぎのこととも同値である．

$$\forall \Delta \geqq 0,\ \forall t_1,\ \forall t_2 \text{ such that } t_1 < t_2, \begin{vmatrix} \overline{F}(t_1+\Delta) & \overline{F}(t_2+\Delta) \\ \overline{F}(t_1) & \overline{F}(t_2) \end{vmatrix} \geqq 0.$$

〔3〕 **IFRA**　寿命分布関数 F は，つぎの条件を満たすとき **IFRA**（increasing failure rate in average）であるという．

$$\left\{\overline{F}(t)\right\}^{1/t} \text{ は } t \geqq 0 \text{ について単調減少である．}$$

残存寿命分布関数とハザード関数との関係 $\overline{F}(t) = \exp\{-H(t)\}$ より

$$\left\{\overline{F}(t)\right\}^{1/t} = \exp\left\{-\frac{1}{t}H(t)\right\}$$

であるから，つぎの同値関係が成立する．

$$\left\{\overline{F}(t)\right\}^{1/t} = \exp\left\{-\frac{1}{t}H(t)\right\} \text{ は } t \text{ について単調減少である．}$$

$$\Longleftrightarrow \frac{1}{t}H(t) \text{ は } t \text{ について単調増加である．}$$

また，IFRA はつぎの条件とも同値である．

$$0 < \forall\alpha < 1,\ \forall t > 0,\ \left\{\overline{F}(t)\right\}^{\alpha} \leqq \overline{F}(\alpha t).$$

さらに，任意の非負単調増加関数 g と任意の $0 < \alpha < 1$ に対して

$$\int g(t)dF(t) \leqq \left[\int \left\{g\left(\frac{t}{\alpha}\right)\right\}^{\alpha} dF(t)\right]^{1/\alpha} \tag{3.12}$$

であることとも同値である．積分の定義に戻り，階段関数から順次ステップを踏むことで証明できる．Block and Savits[16) を参照してほしい．

密度関数が存在する場合は，故障率関数 h を用いて

$$\frac{1}{t}H(t) = \frac{1}{t}\int_0^t h(x)dx$$

が t について単調増加であるとき，IFRA である．右辺は時刻 0 から t までの累積故障率の平均であり，IFRA は平均累積故障率の時間 t に関する単調増加性を意味する．

〔4〕　**DMRL**　　寿命 T の分布関数は，つぎの条件付き期待値が $t \geqq 0$ について単調減少であるとき **DMRL** (decreasing mean residual life) であるという．

$$\mathbf{E}[T - t \mid T > t] = \frac{\displaystyle\int_0^{\infty} \overline{F}(t+x)dx}{\overline{F}(t)}.$$

この条件付き期待値が意味することは，

$$Pr\{T > x \mid T > t\} = \begin{cases} 1, & x < t, \\ \dfrac{Pr\{T > x\}}{Pr\{T > t\}}, & x \geqq t \end{cases}$$

であるから，

$$\mathbf{E}[T \mid T > t] = \int_0^\infty Pr\{T > x \mid T > t\}dx = t + \int_0^\infty \frac{\overline{F}(t+x)}{\overline{F}(t)}dx$$

である．$\mathbf{E}[T - t \mid T > t]$ は年齢 t の部品の平均残存寿命であり，DMRL は，平均残存寿命が年齢とともに減少することを意味する．

〔5〕 **NBU** 　寿命 T の分布関数 F はつぎの条件を満たすとき **NBU** (new better than used) であるという．

$$\forall t \geqq 0,\ \forall x \geqq 0, \quad \overline{F}(t+x) \leqq \overline{F}(t)\overline{F}(x). \tag{3.13}$$

対数をとり，ハザード関数による同値な定義が得られる．

$$\forall t \geqq 0,\ \forall x \geqq 0, \quad H(t+x) \geqq H(t) + H(x).$$

つまり，ハザード関数が**優加法的** (superadditive) であるときが NBU である．

定義 (3.13) を条件付き確率として書き直すと，

$$Pr\{T > t + x \mid T > t\} \leqq Pr\{T > x\}$$

である．中古品よりも新品の残存確率が大であることを意味する．

〔6〕 **NBUE** 　NBU の定義の式 (3.13) で両辺の積分をとって，つぎの不等号関係が得られる．

$$\int_0^\infty \overline{F}(t+x)dx \leqq \overline{F}(t)\int_0^\infty \overline{F}(x)dx$$
$$\Longleftrightarrow \int_0^\infty \frac{\overline{F}(t+x)}{\overline{F}(t)}dx \leqq \int_0^\infty \overline{F}(x)dx. \tag{3.14}$$

これらの不等号関係は，つぎの期待値に関する不等号関係と同値である．

$$\mathbf{E}[T - t \mid T > t] \leqq \mathbf{E}[T].$$

年齢 t の部品の平均残存寿命が新品の平均寿命よりも大きくならないことを意味する．平均寿命が有限で存在し，寿命分布関数が，任意の $t > 0$ に対して式 (3.14) を満たすとき，**NBUE** (new better than used in expectation) と呼ぶ．

定理 3.6　これらエージング性の間にはつぎの関係が成立する．

$$\mathrm{PF}_2 \text{ 密度} \Longrightarrow \mathrm{IFR} \Longrightarrow \left\{ \begin{array}{c} \mathrm{IFRA} \Longrightarrow \mathrm{NBU} \\ \mathrm{DMRL} \end{array} \right\} \Longrightarrow \mathrm{NBUE}$$

【証明】　ここでは PF_2 密度 $\Longrightarrow$ IFR $\Longrightarrow$ IFRA $\Longrightarrow$ NBU の関係を証明する．IFR $\Longrightarrow$ DMRL $\Longrightarrow$ NBUE の証明は容易である．

PF_2 密度 $\Longrightarrow$ IFR の証明　任意の $t_1 < t_2$ に対して

$$0 \leqq \int_0^\infty \begin{vmatrix} f(t_1+x) & f(t_2+x) \\ f(t_1) & f(t_2) \end{vmatrix} dx = \begin{vmatrix} \overline{F}(t_1) & \overline{F}(t_2) \\ f(t_1) & f(t_2) \end{vmatrix}$$

であり，故障率関数は単調増加である．

IFR $\Longrightarrow$ IFRA の証明　IFR のとき，ハザード関数 $H(t)$ は下に凸であった．よって，$t_1 < t_2$ に対して

$$\frac{1}{t_1}(H(t_1) - H(0)) \leqq \frac{1}{t_2}(H(t_2) - H(0))$$

であり，$H(0) = 0$ であるから，$\dfrac{H(t)}{t}$ は単調増加である．

IFRA $\Longrightarrow$ NBU の証明　IFRA であることから，

$$\frac{1}{t}H(t) \leqq \frac{1}{t+x}H(t+x), \qquad \frac{1}{x}H(x) \leqq \frac{1}{t+x}H(t+x)$$

である．よって

$$H(t) + H(x) \leqq \frac{t}{t+x}H(t+x) + \frac{x}{t+x}H(t+x) = H(t+x)$$

となり，ハザード関数は優加法的で NBU である．□

上記の定義における不等号関係と単調性を逆にすることで，以下に列挙されるエージング性が定義され同様の議論が可能であるが，本書では定義の紹介にとどめる．興味ある読者は Barlow and Proschan[7] を参照してほしい．

定義 3.4

(1)　DFR：　任意の $x > 0$ に対して，$\overline{F}(x+t)/\overline{F}(t)$ は t について単調

増加である．

(2) **DFRA** (decreasing failure rate in average)：　$\overline{F}(t)^{1/t}$ は t について単調増加である．

(3) **IMRL** (increasing mean residual life)：　$\displaystyle\int_0^\infty \frac{\overline{F}(x+t)}{\overline{F}(t)}dx$ は t について単調増加である．

(4) **NWU** (new worse than used)：　任意の $x > 0$ と $t > 0$ に対して，$\overline{F}(x+t) \geqq \overline{F}(x)\overline{F}(t)$ が成立する．

(5) **NWUE** (new worse than used in expectation)：　任意の $t > 0$ に対して，$\displaystyle\int_0^\infty \overline{F}(x+t)dx \geqq \overline{F}(t)\int_0^\infty \overline{F}(x)dx$ が成立する．

例 3.1　　すでに紹介されている指数分布，ガンマ分布，ワイブル分布，正規分布などの寿命分布は一定の条件の下で IFR であることを述べたが，このことはそれぞれの密度関数が PF_2 であることを示すことで確かめられる．対数正規分布は，σ の値によっては IFR にならない．

非負整数値をとる確率変数 N の分布関数 P_k はつぎのように定義される．

$$P_k = Pr\{N \leqq k\}, \quad k = 0, 1, \cdots .$$

したがって，残存確率 $\overline{P}_k$ は

$$\overline{P}_k = Pr\{N > k\}, \quad k = 0, 1, \cdots ,$$

であり，密度関数に対応するものはつぎのとおりである．

$$p_0 = 1 - \overline{P}_0, \quad p_k = Pr\{N = k\} = \overline{P}_{k-1} - \overline{P}_k, \quad k = 1, \cdots .$$

離散的な場合のエージング性は，後のショックモデルの議論との関係上つぎの定義を示しておく．離散的なエージング性には特有の問題が存在するが，これについては Bracquemond, Gaudoin, Roy and Xie[21] を参照してほしい．

定義 3.5

(1) **離散的 PF$_2$**： $\dfrac{p_{k+1}}{p_k}$ は k について単調減少である．

(2) **離散的 IFR**： $\dfrac{\overline{P}_{k+1}}{\overline{P}_k}$ は k について単調減少である．

(3) **離散的 IFRA**： $\left(\overline{P}_k\right)^{1/k}$ は k について単調減少である．

(4) **離散的 DMRL**： $\sum_{l=0}^{\infty} \dfrac{\overline{P}_{k+l}}{\overline{P}_k}$ は k について単調減少である．

(5) **離散的 NBU**： 任意の k と l に対して $\overline{P}_{k+l} \leqq \overline{P}_k \overline{P}_l$ である．

(6) **離散的 NBUE**： 任意の k に対して $\sum_{l=0}^{\infty} \overline{P}_{k+l} \leqq \overline{P}_k \sum_{l=0}^{\infty} \overline{P}_l$ である．

定義 3.5 の (1), (2), (4) では，分母が 0 でない範囲で考えるが，これが煩雑であれば，例えば，(1) は，$(p_{k+1})^2 \geqq p_k p_{k+2}$ $(k = 0, 1, 2, \cdots)$ の条件で置き換えればよい．

例 3.2　代表的な離散的な分布を列挙する．以降では $0 < p < 1$ である．

(1) **ベルヌーイ分布**： $p_0 = 1 - p,\ p_1 = p.$

(2) **二項分布**： $p_k = \dbinom{n}{k} p^k (1-p)^{n-k} \quad (k = 0, \cdots, n).$

$$\frac{p_{k+1}}{p_k} = \frac{(n-k)}{(k+1)} p(1-p)^{-1} = \left\{ \frac{n+1}{k+1} - 1 \right\} p(1-p)^{-1}$$

であるから，離散的 PF$_2$ である．

(3) **幾何分布**： $p_k = (1-p)^{k-1} p \quad (k = 1, 2, \cdots).$

$$\frac{p_{k+1}}{p_k} = \frac{(1-p)^k p}{(1-p)^{k-1} p} = 1 - p$$

であるから離散的 PF$_2$ である．残存確率はつぎのようになる．

$$\overline{P}_k = \sum_{j=k+1}^{\infty} (1-p)^{j-1} p = (1-p)^k.$$

したがって，$\dfrac{\overline{P}_{k+l}}{\overline{P}_k} = (1-p)^l$ は k に依存せず，指数分布の無記憶

性に対応する性質をもつ．この意味で，幾何分布は指数分布に対応する離散的な分布である．

(4)　**ポアソン分布：**　$p_k = \dfrac{\lambda^k \exp\{-\lambda\}}{k!} \quad (k = 0, 1, 2, \cdots).$

$$\frac{p_{k+1}}{p_k} = \frac{\lambda}{k+1}$$

であるから離散的 PF_2 である．

(5)　**負の二項分布：**　$p_k = \dbinom{k-1}{r-1} p^r (1-p)^{k-r} \quad (k = r, r+1, \cdots).$

$$\frac{p_{k+1}}{p_k} = \frac{k}{k-r+1}(1-p) = \frac{1}{1 - \dfrac{r-1}{k}}(1-p)$$

であるから，離散的 PF_2 である．

3.2.2　IFR 分布と指数分布

本項と次項では，指数分布と比較することで得られる IFR および IFRA 寿命分布関数に対する上界と下界を紹介する．

定理 3.7　　F を連続な IFR 寿命分布関数，r 次モーメントを

$$\mu_r = \int_0^\infty t^r dF(t), \quad \lambda_r = \frac{\mu_r}{\Gamma(r+1)}, \quad r \geqq 1$$

として，つぎの不等号関係を得る．

$$\overline{F}(t) \geqq \begin{cases} \exp\left\{-\dfrac{t}{\lambda_r^{1/r}}\right\}, & t \leqq \mu_r^{1/r}, \\ 0, & \mu_r^{1/r} < t. \end{cases}$$

証明は長大であり，ここでは省略するが，興味ある読者は，Barlow and Marshall[3)]，Barlow and Proschan[4),7)] を参照してほしい．

定理 3.7 で $r = 1$ として，期待値を用いたつぎの下界が得られる．

系 3.1 F を IFR 寿命分布関数とし，期待値を μ とする．つぎの不等号関係が成立する．

$$\overline{F}(t) \geqq \begin{cases} \exp\left\{-\dfrac{t}{\mu}\right\}, & t \leqq \mu, \\ 0, & \mu < t. \end{cases}$$

定理 3.7 の下界についてつぎの系が成立する．

系 3.2

(1) 下界の $\exp\left\{-\dfrac{t}{\lambda_r^{1/r}}\right\}$ は r に関して単調減少である．

(2) 区間 $\left[0, \mu_r^{1/r}\right]$ は r に関して単調増加である．

【証明】 (1) は，定理 3.10 で示される $\lambda_r^{1/r}$ の r に関する単調減少性より成立する．(2) は，例えば西尾[71] の p.92 を参照してほしい． □

3.2.3 IFRA 分布と指数分布

補題 3.1 (交叉の性質 (crossing property)) 寿命分布関数 F が IFRA であるための必要十分条件は，任意の $\lambda > 0$ に対して，$\overline{F}(t)$ が $\exp\{-\lambda t\}$ を $(0, \infty)$ 上で高々 1 回上から下へ交叉することである．

【証明】 IFRA は $-\dfrac{1}{t}\log\overline{F}(t)$ が t について単調増加であることと同値であった．したがって，任意に固定した $\lambda > 0$ に対して $\lambda + \dfrac{1}{t}\log\overline{F}(t)$ は高々 1 回符号を変え，変えるときは正から負である．よって，符号を変えるときは，ある t_0 について

$$\lambda + \frac{1}{t}\log\overline{F}(t) \begin{cases} \geqq 0, & t < t_0, \\ \leqq 0, & t > t_0. \end{cases} \iff \begin{cases} \exp\{-\lambda t\} \leqq \overline{F}(t), & t < t_0, \\ \exp\{-\lambda t\} \geqq \overline{F}(t), & t > t_0. \end{cases}$$

□

定理 3.8　寿命分布関数 F を連続な IFRA とし，$0 < p < 1$ に対して $p = F(\xi_p)$ とすると，つぎの不等号関係が得られる．

$$\overline{F}(t) \begin{cases} \geqq \exp\{-\alpha t\}, & 0 \leqq t \leqq \xi_p, \\ \leqq \exp\{-\alpha t\}, & t \geqq \xi_p. \end{cases}$$

ここで $\alpha = -\dfrac{1}{\xi_p}\log(1-p)$ である．

【証明】　$\overline{F}(\xi_p) = \exp\{-\alpha\xi_p\} = 1 - p$ なので，補題 3.1 より明らかである．□

定理 3.9　寿命分布関数 F を IFRA とし，$F(0) = 0$，r 次モーメントを $\mu_r = \displaystyle\int_0^\infty t^r dF(x)$ $(r > 0)$ とすると，$s < t$ に対してつぎの不等号関係が成立する．

$$F(t) - F(s) \geqq \begin{cases} \min\Big\{\exp\{-b_s s\} - \exp\{-b_s t\}, \\ \qquad \exp\{-b_t s\} - \exp\{-b_t t\}\Big\}, & s < \mu_r^{1/r} \leqq t, \\ 0, & t < \mu_r^{1/r} \text{ または } \mu_r^{1/r} \leqq s. \end{cases}$$

ここで，b_s，b_t は以下で決まる．

$$s^r\left(1 - e^{-b_s s}\right) + \int_s^\infty x^r b_s e^{-b_s x} dx = \mu_r, \quad r\int_0^t x^{r-1} e^{-b_t x} dx = \mu_r.$$

証明は Barlow and Marshall[5] を参照してほしい．

定理 3.9 で $t \to \infty$ として，残存寿命分布関数に対する下界が得られる．

系 3.3　寿命分布関数 F を IFRA とし，$F(0) = 0$，r 次モーメントを $\mu_r = \displaystyle\int_0^\infty t^r dF(x)$ $(r > 0)$ とすると，信頼度関数についてつぎの不等号関係が成立する．

$$1 - F(s) \geqq \begin{cases} \min\{\exp\{-b_s s\},\ \exp\{-bs\}\}, & s < \mu_r^{1/r}, \\ 0, & \mu_r^{1/r} \leqq s. \end{cases}$$

ここで，b_s，b は以下で決まる．

$$s^r\left(1-e^{-b_s s}\right)+\int_s^\infty x^r b_s e^{-b_s x}dx=\mu_r,\quad b=\left\{\frac{\Gamma(r+1)}{\mu_r}\right\}^{1/r}.$$

定理 3.10　寿命分布関数 F を IFRA とし r 次モーメントを $\mu_r=\int_0^\infty t^r dF(t)$ とする．$\lambda_r=\dfrac{\mu_r}{\Gamma(r+1)}$ とおけば，$\lambda_r^{1/r}$ は $r\geqq 1$ に関して単調減少である．

【証明】　$0<r<s$ とする．r 次モーメントについて以下の等式は容易に確認できる．

$$\mu_r=r\int_0^\infty x^{r-1}\overline{F}(x)dx=r\int_0^\infty x^{r-1}\exp\left\{-\frac{x}{\lambda_r^{1/r}}\right\}dx. \tag{3.15}$$

2 番目の積分は，ガンマ関数について $\displaystyle\int_0^\infty z^{n-1}e^{-\gamma z}dz=\frac{(n-1)!}{\gamma^n}$ であることから μ_r である．

$\overline{F}$ は，IFRA であることと式 (3.15) から，$\exp\left\{-\dfrac{x}{\lambda_r^{1/r}}\right\}$ をちょうど 1 回上から下に交叉する．交叉点を a とし，この指数関数を $\overline{G}(x)$ と書いて，再度式 (3.15) を下記の二つ目の等号のところで用いて

$$\begin{aligned}
&\int_0^\infty x^{s-1}\overline{F}(x)dx-\int_0^\infty x^{s-1}\overline{G}(x)dx\\
&=\int_0^\infty x^{s-r}x^{r-1}\overline{F}(x)dx-\int_0^\infty x^{s-r}x^{r-1}\overline{G}(x)dx\\
&=\int_0^\infty\left\{x^{s-r}-a^{s-r}\right\}x^{r-1}\overline{F}(x)dx-\int_0^\infty\left\{x^{s-r}-a^{s-r}\right\}x^{r-1}\overline{G}(x)dx\\
&=\int_0^\infty\left\{x^{s-r}-a^{s-r}\right\}\left\{\overline{F}(x)-\overline{G}(x)\right\}x^{r-1}dx\\
&=\int_0^a\left\{x^{s-r}-a^{s-r}\right\}\left\{\overline{F}(x)-\overline{G}(x)\right\}x^{r-1}dx\\
&\quad+\int_a^\infty\left\{x^{s-r}-a^{s-r}\right\}\left\{\overline{F}(x)-\overline{G}(x)\right\}x^{r-1}dx\\
&\leqq\ 0.
\end{aligned}$$

よって

$$\lambda_s = \frac{s}{\Gamma(s+1)} \int_0^\infty x^{s-1}\overline{F}(x)dx \leqq \frac{s}{\Gamma(s+1)} \int_0^\infty x^{s-1}\overline{G}(x)dx = \lambda_r^{s/r}.$$

□

IFR および IFRA 寿命分布に関係する不等号関係にはさまざまなものが存在する．本書では最も基本的なものを掲載したが，興味ある読者は Barlow and Proschan[4),7)], Barlow and Marshall[3),5)] およびその参考文献を参照してほしい．本書はこれらの研究を参考にしている．

3.3 コヒーレントシステムの寿命分布

2 状態コヒーレントシステム (Ω_C, S, φ) を考え，その極小パス集合の族を P_i $(i=1,2,\cdots,p)$, 極小カット集合の族を K_i $(i=1,2,\cdots,k)$ とする．

部品 $i \in C$ の確率的挙動は Ω_i の値をとる右連続で単調減少な確率過程 $\{X_i(t),\ t \geqq 0\}$ で表され，確率過程 $\{\varphi(X_1(t),\cdots,X_n(t)),\ t \geqq 0\}$ はシステムの確率的挙動を表す．部品 $i \in C$ の寿命 T_i は，状態 $1 \in \Omega_i$ からの脱出時間として定義され $T_i = \inf\{t : X_i(t) = 0\}$ $(i \in C)$ であり，システムの寿命 T は $T = \inf\{t : \varphi(X_1(t),\cdots,X_n(t)) = 0\}$ である．極小カット集合および極小パス集合を用いるとこれらの寿命間の関係がつぎのように得られる．

$$T = \max_{1 \leqq i \leqq p} \min_{j \in P_i} T_j = \min_{1 \leqq i \leqq k} \max_{j \in K_i} T_j \tag{3.16}$$

これらの極小パス集合や極小カット集合を用いて定義されるつぎの関数をシステム φ の**寿命関数**と呼ぶ．

$$\tau_\varphi(t_1,\cdots,t_n) = \max_{1 \leqq i \leqq p} \min_{j \in P_i} t_j = \min_{1 \leqq i \leqq k} \max_{j \in K_i} t_j.$$

システムの寿命 T は，$T = \tau_\varphi(T_1,\cdots,T_n)$ である．

例えば，φ が直列システムであれば $\tau_\varphi(t_1,\cdots,t_n) = \min_{1 \leqq j \leqq n} t_j$，並列であれば $\tau_\varphi(t_1,\cdots,t_n) = \max_{1 \leqq j \leqq n} t_j$ である．

寿命分布関数との関係は，部品 i については，$\mu_{t,i}$ を $X_i(t)$ の Ω_i 上の確率分布として，

$$\mu_{t,i}(1) = Pr\{T_i > t\} = \overline{F}_i(t), \quad i \in C,$$

であり，システムについては，μ_tを$(X_1(t), \cdots, X_n(t))$のΩ_C上の確率分布として，

$$\overline{F}(t) = \mu_t\left(\varphi^{-1}(1)\right)$$

である．部品が確率的に独立であれば，μ_t は $\mu_{t,i}$ $(i \in C)$ の直積であり，したがって，信頼度関数を用いて，

$$\overline{F}(t) = h_\varphi\left(\overline{F}_1(t), \cdots, \overline{F}_n(t)\right).$$

これを $h_\varphi\left(\overline{\mathbf{F}}(t)\right)$ とも書く．

2 章の定理 2.12 では，部品が確率的に独立で同一であるとき，任意のシステムの信頼度関数が k–out–of–n:G システムの信頼度関数の凸結合であることが示されている．このことを用いて，部品の寿命 $T_1, \cdots, T_n$ が独立で同一分布に従うとき，その寿命分布関数を G と書けば，システムの寿命分布関数は

$$\overline{F}(t) = \sum_{j=1}^{n} \alpha_k \sum_{j=k}^{n} \left(\overline{G}(t)\right)^k \left(1 - \overline{G}(t)\right)^{n-k}$$

である．部品の寿命の順序統計量を $T_{(1)} \leqq T_{(2)} \leqq \cdots \leqq T_{(n)}$ とすれば，k–out–of–n:G システムは $n \quad k+1$ 番目の故障時点でシステムは故障し，その寿命は $T_{(n-k+1)}$ である．よって，システムの寿命分布はつぎのようにも書ける．

$$\overline{F}(t) = \sum_{k=1}^{n} \alpha_k Pr\{T_{(n-k+1)} > t\}.$$

3.3.1 コヒーレントシステムの寿命分布の上界と下界

系 2.3 では，確率 $\boldsymbol{P}$ を Ω_C 上のアソシエイトな確率として，2 状態単調システム (Ω_C, S, φ) の信頼度に対して統合的な上下界が与えられている．μ_t をアソシエイトであるとし，$\boldsymbol{P}$ を μ_t で置き換えて，時刻 t でのシステムの信頼度に対する上界と下界が得られる．

$$\max\left\{\max_{\boldsymbol{p} \in MI(\varphi^{-1}(1))} \mu_t(\rho_{\boldsymbol{p}} = 1), \prod_{\boldsymbol{k} \in MA(\varphi^{-1}(0))} \mu_t(\kappa_{\boldsymbol{k}} = 1)\right\}$$

$$\leqq \mu_t(\varphi=1)=\overline{F}(t)$$
$$\leqq \min\left\{\coprod_{\boldsymbol{p}\in MI(\varphi^{-1}(1))}\mu_t(\rho_{\boldsymbol{p}}=1),\ \min_{\boldsymbol{k}\in MA(\varphi^{-1}(0))}\mu_t(\kappa_{\boldsymbol{k}}=1)\right\}. \tag{3.17}$$

さらに部品が独立であれば,

$$\boldsymbol{p}\in MI\left(\varphi^{-1}(1)\right),\quad \mu_t\left(\rho_{\boldsymbol{p}}=1\right)=\coprod_{j\in C_1(\boldsymbol{p})}\mu_{t,j}(1)=\coprod_{j\in C_1(\boldsymbol{p})}\overline{F}_j(t),$$
$$\boldsymbol{k}\in MA\left(\varphi^{-1}(0)\right),\quad \mu_t\left(\kappa_{\boldsymbol{k}}=1\right)=\coprod_{j\in C_0(\boldsymbol{k})}\mu_{t,j}(1)=\coprod_{j\in C_0(\boldsymbol{k})}\overline{F}_j(t)$$

であり，式 (3.17) の上界と下界は，$\overline{F}_j(t)$ $(j\in C)$ の多項式で書き表せる．さらに 3.2 節で述べた各エージングにおける寿命分布関数に対する上界と下界を用いて，部品の平均寿命やモーメントなどを使ったシステムの信頼度に対する上界と下界が得られる．

3.3.2　コヒーレントシステムと閉包性

部品と 2 状態単調システムのエージングについてつぎの閉包定理が成立する．

定理 3.11　　部品は確率的に独立であるとする．

(1)　部品の寿命分布関数が IFRA であるとき，これらの部品から構成される任意の単調システムの寿命分布関数は IFRA である．

(2)　部品の寿命分布関数が NBU であるとき，これらの部品から構成される任意の単調システムの寿命分布関数は NBU である．

このような性質をそれぞれ **IFRA 閉包**，**NBU 閉包**と呼び，証明は 5 章で，多状態システムの文脈の中で与える．

IFR 閉包は一般的に成立しないだけでなく，IFR 閉包が成立するための必要十分条件はシステムが直列であることが証明され，IFR 性が直列構造に密接に関連していることが示唆される．さらに，システムの寿命分布が指数分布であるならば，システムの構造は基本的に直列構造であるだけでなく，その部品の寿命分布は指数分布でなければならない．これらについては3.4.1項と3.4.2項で述べる．

IFRA性は2状態システムにおいて重要な意味をもつ．これについての詳細な議論は3.4.3項で紹介する．

例 3.3（**NBUE閉包が成立しない例**）　確率的に独立な二つの部品からなる直列システムを考える．部品の寿命は同一でつぎのようであるとする．

$$\overline{F}_i(t) = \begin{cases} 1, & 0 \leq t < a, \\ \dfrac{1}{2}, & a \leq t < b, \\ 0, & b \leq t, \end{cases} \qquad i = 1, 2.$$

この寿命分布関数は $3a > b$ のとき，NBUEである．直列システムの平均寿命は

$$\int_0^b \overline{F}_1(t)\overline{F}_2(t)dt = \frac{1}{4}(3a + b).$$

一方，年齢 a の残存寿命の期待値は

$$\frac{1}{1/4}\int_a^b \frac{1}{4}du = b - a$$

である．よって $3b > 7a$ であれば，残存寿命の期待値のほうが大になり，システムの寿命はNBUEでない．

3.4 エージングとシステムの構造

本節では，システムの寿命のエージング性とシステムの構造との関係についてつぎの三点について解説する．

(1) システムの寿命分布関数が指数であるとき，システムの構造は直列であり，部品の寿命分布関数は指数である．

(2) IFR 閉包が成立するための必要十分条件は，システムの構造が直列であることである．

(3) IFRA は指数分布を含み，コヒーレントシステムを構成する操作と極限操作のそれぞれについて閉じている最小の寿命分布のクラスである．

それぞれの命題の詳細は以下で順次述べる．

3.4.1 指数分布とコヒーレントシステムの構造

つぎの定理 3.12 は，部品が NBU で確率的に独立であるという条件下で，指数分布がシステムの寿命分布として発現するのは，直列システムにおいてのみであることを意味する．

定理 3.12　n 個の確率的に独立で NBU である寿命分布に従う部品からなる単調システムの寿命分布が指数分布 $F(t) = 1 - \exp\{-\lambda t\}$ であるとき，$1 \leqq i_1 < \cdots < i_k \leqq n$ が存在して，これらの寿命分布関数は，

$$\overline{F}_{i_j}(t) = \exp\{-\lambda_{i_j} t\}, \quad j = 1, \cdots, k,$$

$$\overline{F}(t) = \prod_{j=1}^{k} \overline{F}_{i_j}(t)$$

であり，$i_1, \cdots, i_k$ 以外の部品の寿命分布関数は，原点で退化する．

証明はきわめて長大であり，ここでは省略する．興味のある読者は，Ohi and Nishida[81] を，部品の寿命分布を IFRA に仮定したときの証明は，Block and Savits[17] を参照してほしい．

この定理から，システムの寿命分布が指数分布であるとき，そのシステムは基本的に直列システムであり，さらに部品の寿命分布は指数分布でなければならないことがわかる．

例 3.4　確率的に独立な三つの部品からなる 2–out–of–3:G システムの寿命分布がパラメーター λ の指数分布であるとすると，部品 i の寿命分布

を F_i $(i = 1, 2, 3)$ として，例えば，つぎのような結果を得る．

$$F_i(t) = 1 - \exp\{-\lambda_i t\}\ (i = 1, 2),\ \ F_3(t) = 1,\ t \geqq 0,\ \ \lambda = \lambda_1 + \lambda_2.$$

部品 3 の寿命分布関数は原点で退化し，稼働し始めると即座に故障し，システムは他の二つの部品 1 と 2 からなる直列システムとして稼働することになる．**図 3.4** を参照してほしい．もし，すべての部品が原点で退化しないならば，2–out–of–3:G システムの寿命分布が指数分布になることはない．

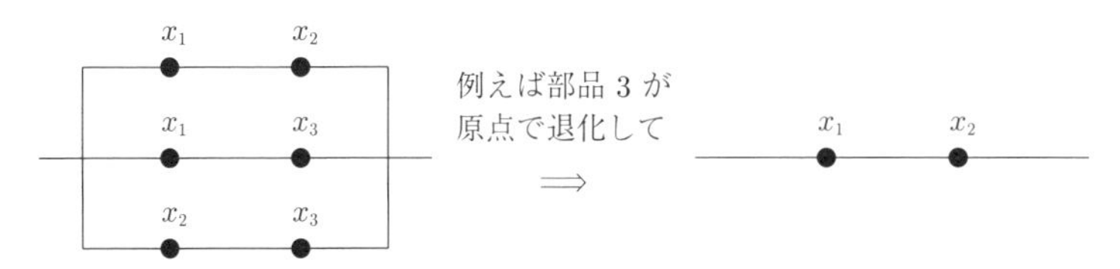

図 3.4　2–out–of–3:G システムの寿命分布が指数分布であるときのシステムの構造

例 3.4 を敷衍（ふえん）すると，つぎのことがいえる．

系 3.4　確率的に独立で NBU 寿命分布に従う部品からなるコヒーレントシステムの極小パス集合の族を A_i $(i = 1, \cdots, p)$ とし，システムの寿命分布を指数分布であるとすると，ある A_k が存在して，$\bigcup_{i=1,\ i\neq k}^{p} A_i \backslash A_k$ の部品は原点で退化し，A_k の部品の寿命分布は指数分布であり，$\overline{F}(t) = \prod_{j\in A_k} \overline{F}_j(t)$ である．

系 3.5　確率的に独立で NBU 寿命分布に従う部品からなるコヒーレントシステムの寿命分布が指数分布であるとき，すべての部品の寿命分布が原点で質量をもたないとすると，このシステムは直列システムであり，各部品の寿命分布は指数分布である．

3.4.2 IFR 分布とコヒーレントシステムの構造

例 3.5　部品が確率的に独立であり，寿命分布が IFR であれば，直列システムの寿命分布関数は IFR である．部品 i の寿命分布関数を $F_i(t)$ $(i = 1, \cdots, n)$ として，$\overline{F}(t) = \prod_{i=1}^{n} \overline{F}_i(t)$ に対して

$$\frac{\overline{F}(t+x)}{\overline{F}(t)} = \prod_{i=1}^{n} \frac{\overline{F}_i(t+x)}{\overline{F}_i(t)}.$$

例 3.5 は，直列システムであれば IFR 閉包が成立することを意味する．つぎの定理はある意味でこの逆も成立することを主張している．証明は，5 章で，多状態システムの文脈の中で行う．

定理 3.13　確率的に独立な部品からなる 2 状態システム φ において，IFR 閉包が成立するための必要十分条件は，システム φ が直列であることである．

3.4.3 IFRA 分布とコヒーレントシステム

IFRA 分布のクラスは，指数分布を含み，コヒーレントシステムを構成する操作と極限操作について閉じている最小の寿命分布のクラスである．本項ではこのことを Birnbaum, Esary and Marshall[12] に沿って証明する．

例 3.6　確率的に独立で指数分布に従う二つの部品からなる並列システムの寿命分布関数を考える．部品の寿命分布関数を異なるパラメーターをもつ指数分布とすると，並列システムの故障率関数は容易に求まり，パラメーターの組合せによっては単調増加ではないことが容易に確認できる．つまり並列システムの寿命分布は，IFR ではないが，IFRA である．

いくつかの記号を用意する．A をある寿命分布関数の族としたとき，A^{CS} は

A の要素を寿命分布とする独立な部品からなるコヒーレントシステムの寿命分布の属，A^{LD} は A に属する寿命分布列の分布収束の極限分布の属である．つまり，

$$F \in A^{CS} \iff \exists\varphi,\ \exists F_1, \cdots, \exists F_n \in A,\ \overline{F}(t) = h_\varphi\left(\overline{\mathbf{F}}(t)\right),$$

$$F \in A^{LD} \iff \exists F_i \in A\ (i = 1, 2, \cdots),\ F \text{ の連続点 } t \text{ で } F(t) = \lim_{i\to\infty} F_i(t).$$

また，

$$A \subseteqq A^{CS},\ (A^{CS})^{CS} = A^{CS},\ A \subseteqq B \Longrightarrow A^{CS} \subseteqq B^{CS}$$

であることは明らかであり，LD についても同様の関係が成立する．

{IFRA}, {exp}, {deg} はそれぞれ，IFRA 寿命分布関数の属，指数寿命分布関数の属，退化している寿命分布関数の属である．

つぎの定理 3.14 は，IFRA 寿命分布関数がいかにして生成されるかを示す．

定理 3.14　任意の IFRA 寿命分布関数は，指数分布または退化分布に従う独立な部品からなるコヒーレントシステムの寿命分布関数列の分布収束での極限分布である．つまり，

$$\{\text{IFRA}\} \subseteqq \left\{\{\exp, \deg\}^{CS}\right\}^{LD}.$$

ここで {exp, deg} = {exp} ∪ {deg} である．

【証明】　寿命分布関数 F を IFRA であるとし，いくつかのステップに分ける．

ステップ 1　$-\dfrac{1}{t}\log\overline{F}(t)$ が単調増加であることから，原点 0 で質量をもつとすれば，1 の全質量をもつ．また，∞ で質量をもつとすれば，同様に全質量である．いずれの場合も {exp, deg} の要素である．以降では，F は原点と ∞ で質量をもたないとし，したがって，つぎの条件を満たす．

$$\overline{F}(0) = 1 \quad \text{かつ} \quad \forall\epsilon > 0,\ \exists t_\epsilon,\ \overline{F}(t_\epsilon) < \epsilon.$$

ステップ 2　F が区分的な指数分布によって下から一様に近似できることを示す．

$-\dfrac{1}{t}\log\overline{F}(t)$ が t について単調増加であることから，$t \to 0$ のときの極限が存在する．$0 \leqq \mu_0 \leqq \lim_{t\to 0}\left(-\dfrac{1}{t}\log\overline{F}(t)\right)$ とおいて，$\boldsymbol{\mu} = (\mu_0, \mu_1, \mu_2, \cdots)$ は

$$0 \leqq \mu_0 < \mu_1 < \mu_2 < \cdots, \quad \lim_{n\to\infty}\mu_n = \infty$$

を満たすとし，

$$t_i = \inf\left\{t : -\frac{1}{t}\log\overline{F}(t) \geqq \mu_i\right\}, \quad i = 0, 1, 2, \cdots$$

と定義する．$t_0 = 0$ である．{ } 内が空であれば，$t_i = \infty$ と約束する．明らかに $t_i \to \infty$ $(i \to \infty)$ である．単調増加性より

$$\mu_{i-1} \leqq -\frac{1}{t}\log\overline{F}(t) < \mu_i, \quad t_{i-1} \leqq t < t_i$$

である．したがって，$\mu_{i-1}t \leqq -\log\overline{F}(t) < \mu_i t$ であるから，

$$\exp\{-\mu_{i-1}t\} \geqq \overline{F}(t) > \exp\{-\mu_i t\}, \quad t_{i-1} \leqq t < t_i$$

が成立する．区分的な指数分布関数 $H_{\boldsymbol{\mu}}$ をつぎのように定義する．

$$1 - H_{\boldsymbol{\mu}}(t) = \overline{H}_{\boldsymbol{\mu}}(t) = \exp\{-\mu_i t\}, \quad t_{i-1} \leqq t < t_i,\ i = 1, 2, \cdots.$$

指数関数の連続性より，任意の $\epsilon > 0$ に対して，適切に $\delta > 0$ を選び，

$$\varDelta(\boldsymbol{\mu}) = \sup_i |\mu_i - \mu_{i-1}| < \delta$$

であるような $\boldsymbol{\mu}$ をとると，

$$0 \leqq \overline{F}(t) - \exp\{-\mu_i t\} \leqq \exp\{-\mu_{i-1}t\} - \exp\{-\mu_i t\} \leqq \epsilon,$$
$$t_{i-1} \leqq t < t_i,\ i = 1, 2, \cdots$$

とできる．したがって，$\varDelta(\boldsymbol{\mu}) \to 0$ とすると，$\overline{H}_{\boldsymbol{\mu}}$ は $\overline{F}$ に一様収束する．

さらに，t_n を十分大にとり，

$$\overline{H}_{\boldsymbol{\mu},n}(t) = \begin{cases} \overline{H}_{\boldsymbol{\mu}}(t), & t < t_n, \\ 0, & t_n \leqq t \end{cases}$$

とすれば，$\overline{H}_{\boldsymbol{\mu},n}$ は $\overline{H}_{\boldsymbol{\mu}}$ を一様に近似し，したがって，$\overline{F}$ を一様に近似する．つぎのステップで，この $\overline{H}_{\boldsymbol{\mu},n}$ が直・並列システムの残存寿命分布関数であることを示す．

ステップ3　二つの確率的に独立な部品からなる並列システムを考える．一つは

指数寿命分布関数 $G_2(t)=1-\exp\{-\lambda_2 t\}$，他は t_1 で退化した寿命分布関数 $D_{t_1}(t)$ に従うとする．この並列システムの寿命分布関数 F_2 は

$$F_2(t)=G_2(t)D_{t_1}(t)=\begin{cases}0, & t<t_1,\\ 1-\exp\{-\lambda_2 t\}, & t_1\leqq t\end{cases}$$

であるから，残存寿命分布関数はつぎのようになる．

$$\overline{F}_2(t)=1-G_2(t)D_{t_1}(t)=\begin{cases}1, & t<t_1,\\ \exp\{-\lambda_2 t\}, & t_1\leqq t.\end{cases}$$

このような並列システムを $n-1$ 組，指数寿命分布 $\overline{G}_1(t)=\exp\{-\lambda_1 t\}$ をもつ部品 1 個，t_n で退化した寿命分布関数 D_{t_n} をもつ部品 1 個からなる直列システムの残存寿命分布関数 $\overline{H}_n$ は，$\mu_i=\lambda_1+\cdots+\lambda_i\ (i=1,2,\cdots)$ とおいて，$\overline{H}_{\boldsymbol{\mu},n}$ である．図 **3.5** を参照してほしい．□

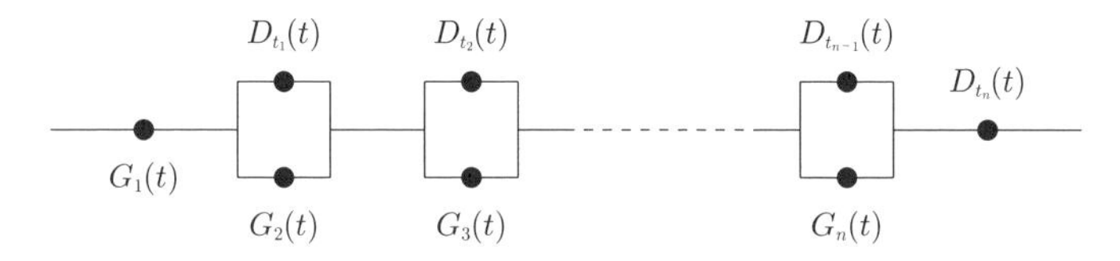

図 **3.5**　IFRA 寿命分布関数の直・並列システムによる表現

補題 3.2

(1)　退化分布は，指数分布に従う独立な部品からなるコヒーレントシステムの寿命分布関数列の分布収束での極限として表される．つまり，$\{\deg\}\subsetneqq\left\{\{\exp\}^{CS}\right\}^{LD}$.

(2)　任意の寿命分布の属 A に対して，$\left(A^{LD}\right)^{CS}\subsetneqq\left(A^{CS}\right)^{LD}$ である．

【証明】

(1)　連続で $0<F(t)<1,\ 0<t<\infty$ である同一の寿命分布関数 F をもつ独立な部品からなる k–out–of–n:G システムを考える．部品の確率的挙動を意味する確率過程 $\{X_i(t),\ t\geqq 0\}\ (i=1,2,\cdots)$ は独立であり，大数の強法則より，

$$\lim_{n\to\infty} \frac{X_1(t)+\cdots+X_n(t)}{n} = Pr\{X_i(t)=1\} = \overline{F}(t),$$

が確率 1 で成立し，したがって，$\dfrac{k}{n} \to \theta \ (n \to \infty)$ として，

$$\lim_{n\to\infty} Pr\left\{\frac{X_1(t)+\cdots+X_n(t)}{n} \geqq \frac{k}{n}\right\} = \begin{cases} 1, & \overline{F}(t) > \theta, \\ 0, & \overline{F}(t) < \theta \end{cases}$$

である．上記の左辺は，k–out–of–n:G システムの残存寿命分布関数を意味し，$\overline{G}_{k,n}$ と書けば，

$$\lim_{n\to\infty} \overline{G}_{k,n}(t) = \begin{cases} 1, & t < \overline{F}^{-1}(\theta), \\ 0, & t > \overline{F}^{-1}(\theta). \end{cases}$$

F を指数分布として (1) が証明される．

(2)　$\overline{F} \in \left(A^{LD}\right)^{CS}$ に対して，

$$\begin{aligned} \overline{F}(t) &= h_\varphi\left(\overline{F}_1(t),\cdots,\overline{F}_n(t)\right), \quad \overline{F}_i \in A^{LD}, \quad i=1,2,\cdots,n, \\ \overline{F}_i(t) &= \lim_{k\to\infty} \overline{F}_{i,k}(t), \quad \overline{F}_{i,k} \in A, \quad k=1,2,\cdots \end{aligned}$$

である．上記の極限は分布収束の意味である．$\overline{F}_1,\cdots,\overline{F}_n$ が同時に連続になる点は $[0,\infty)$ 上で稠密であり，ゆえに分布収束の意味で

$$\lim_{k\to\infty} h_\varphi\left(\overline{F}_{1,k}(t),\cdots,\overline{F}_{n,k}(t)\right) = \overline{F}(t)$$

である．　□

定理 3.15　　つぎの関係が成立し，IFRA 寿命分布は指数分布からコヒーレントシステムの構成と分布収束の意味での極限操作によって生成できる．

$$\{\mathrm{IFRA}\} = \{\mathrm{IFRA}\}^{CS} = \left\{\{\exp\}^{CS}\right\}^{LD}.$$

【証明】　最初の等号は，定理 3.11 (1) である．第 1 項と第 3 項が等しいことを証明する．第 3 項が第 1 項に含まれることは，

$$\begin{aligned} \{\exp\} \subsetneqq \{\mathrm{IFRA}\} &\Longrightarrow \{\exp\}^{CS} \subsetneqq \{\mathrm{IFRA}\}^{CS} = \{\mathrm{IFRA}\} \\ &\Longrightarrow \left(\{\exp\}^{CS}\right)^{LD} \subsetneqq \{\mathrm{IFEA}\}^{LD} = \{\mathrm{IFRA}\}. \end{aligned}$$

補題 3.2 (1) より

$$\{\deg\} \subseteqq \left(\{\exp\}^{CS}\right)^{LD} \Longrightarrow \{\deg, \exp\} \subseteqq \left(\{\exp\}^{CS}\right)^{LD}.$$

補題 3.2 (2) に注意して

$$\{\deg, \exp\}^{CS} \subseteqq \left(\left(\{\exp\}^{CS}\right)^{LD}\right)^{CS} \subseteqq \left(\left(\{\exp\}^{CS}\right)^{CS}\right)^{LD} = \left(\{\exp\}^{CS}\right)^{LD}.$$

よって，

$$\left(\{\deg, \exp\}^{CS}\right)^{LD} \subseteqq \left(\left(\{\exp\}^{CS}\right)^{LD}\right)^{LD} = \left(\{\exp\}^{CS}\right)^{LD}.$$

定理 3.14 を用いて，第 1 項は第 3 項に含まれる． □

3.5 エージング性の和に関する保存性

信頼性理論で確率変数に対する操作として，コヒーレントシステムの構成，和，混合が重要である．コヒーレントシステムの構成に関する閉包性については 3.3 節と 3.4 節で述べた．本節では，和に関する保存性について，Barlow and Proschan[7] に沿って述べるが，IFRA については Block and Savits[16] を参照した．混合については，同様に Barlow and Proschan[7] およびその参考文献を参照してほしい．

寿命分布関数 F_i $(i = 1, 2)$ のたたみ込みを F とする．

$$F(t) = \int_0^\infty F_1(t - x) dF_2(x), \qquad \overline{F}(t) = \int_0^\infty \overline{F}_1(t - x) dF_2(x).$$

定理 3.16 F_i $(i = 1, 2)$ が IFR であるとき，F は IFR である．

【証明】 F_i が密度関数 f_i $(i = 1, 2)$ をもつとし，$t_1 < t_2$, $u_1 < u_2$ として，つぎの行列式が非負であることを示せばよい．

$$D = \begin{vmatrix} \overline{F}(t_1 - u_1) & \overline{F}(t_1 - u_2) \\ \overline{F}(t_2 - u_1) & \overline{F}(t_2 - u_2) \end{vmatrix}.$$

変数変換をして，$\overline{F}(t-u) = \int \overline{F}_1(t-x)f_2(x-u)dx$ であるから，Karlin[46], p.17 の BCF（basic composition formula）を用いると，

$$D = \begin{vmatrix} \int \overline{F}_1(t_1-x)f_2(x-u_1)dx & \int \overline{F}_1(t_1-x)f_2(x-u_2)dx \\ \int \overline{F}_1(t_2-x)f_2(x-u_1)dx & \int \overline{F}_1(t_2-x)f_2(x-u_2)dx \end{vmatrix}$$

$$= \int_{x_1}\int_{x_1<x_2} \begin{vmatrix} \overline{F}_1(t_1-x_1) & \overline{F}_1(t_1-x_2) \\ \overline{F}_1(t_2-x_1) & \overline{F}_1(t_2-x_2) \end{vmatrix} \times \begin{vmatrix} f_2(x_1-u_1) & f_2(x_1-u_2) \\ f_2(x_2-u_1) & f_2(x_2-u_2) \end{vmatrix} dx_2dx_1 \tag{3.18}$$

$$= \int_{x_1}\int_{x_1<x_2} \begin{vmatrix} \overline{F}_1(t_1-x_1) & f_1(t_1-x_2) \\ \overline{F}_1(t_2-x_1) & f_1(t_2-x_2) \end{vmatrix} \times \begin{vmatrix} f_2(x_1-u_1) & f_2(x_1-u_2) \\ \overline{F}_2(x_2-u_1) & \overline{F}_2(x_2-u_2) \end{vmatrix} dx_2dx_1. \tag{3.19}$$

三つ目の等式は，x_2 に関する内側の積分を部分積分することで得られる．被積分関数の最初の行列式の符号は，$x_1 < x_2$ のときの

$$\frac{f_1(t_2-x_2)}{\overline{F}_1(t_2-x_1)} - \frac{f_1(t_1-x_2)}{\overline{F}_1(t_1-x_1)} = \frac{f_1(t_2-x_2)}{\overline{F}_1(t_2-x_2)} \times \frac{\overline{F}_1(t_2-x_2)}{\overline{F}_1(t_2-x_1)} - \frac{f_1(t_1-x_2)}{\overline{F}_1(t_1-x_2)} \times \frac{\overline{F}_1(t_1-x_2)}{\overline{F}_1(t_1-x_1)}$$

の符号と同じである．F_1 が IFR であり，$t_1 < t_2$，$x_1 < x_2$ であるから，

$$\frac{f_1(t_2-x_2)}{\overline{F}_1(t_2-x_2)} \geqq \frac{f_1(t_1-x_2)}{\overline{F}_1(t_1-x_2)}, \qquad \frac{\overline{F}_1(t_2-x_2)}{\overline{F}_1(t_2-x_1)} \geqq \frac{\overline{F}_1(t_1-x_2)}{\overline{F}_1(t_1-x_1)}$$

であり，上記の符号は非負である．二つ目の行列式も同様に，F_2 が IFR であることから，非負である．

台 (support) の右端でジャンプするときは, 微分可能な関数で近似すればよい．□

定理 3.17　F_i $(i = 1, 2)$ が IFRA であるとき，F は IFRA である．

【証明】　IFRA の同値な条件である式 (3.12) を用いる．g を非負単調増加，$0 < \alpha < 1$ として，

$$\begin{aligned}\int g(t)dF(t) &= \int\int g(x+y)dF_1(x)dF_2(y)\\ &\leqq \int\left[\left\{\int g^\alpha\left(\frac{x}{\alpha}+y\right)dF_1(x)\right\}^{1/\alpha}\right]dF_2(y)\\ &\leqq \left\{\int\int g^\alpha\left(\frac{x}{\alpha}+\frac{y}{\alpha}\right)dF_1(x)dF_2(y)\right\}^{1/\alpha}\\ &= \left\{\int g^\alpha\left(\frac{t}{\alpha}\right)dF(t)\right\}^{1/\alpha}.\end{aligned}$$

最初の不等号関係は F_1 が IFRA であることから, 2 番目の不等号関係は F_2 が IFRA であることから成立する. □

定理 3.18　F_i $(i=1,2)$ が NBU であるとき, F は NBU である.

【証明】　変数変換を行って,

$$\overline{F}(t+u) = \int_0^t \overline{F}_1(t+u-x)dF_2(x) + \int_0^\infty \overline{F}_1(u-x)d_xF_2(t+x).$$

F_1 が NBU であることから, 上記の第 1 項は

$$\int_0^t \overline{F}_1(t+u-x)dF_2(x) \leqq \overline{F}_1(u)\int_0^t \overline{F}_1(t-x)dF_2(x) = \overline{F}_1(u)\left\{\overline{F}(t)-\overline{F}_2(t)\right\}.$$

第 2 項は部分積分を行って,

$$\begin{aligned}\int_0^\infty \overline{F}_1(u-x)\left(-d_x\overline{F}_2(t+x)\right) &= \left[\overline{F}_1(u-x)\left\{-\overline{F}_2(t+x)\right\}\right]_{x=0}^\infty\\ &\quad + \int_0^\infty \overline{F}_2(t+x)(-d_xF_1(u-x))\\ &\leqq \overline{F}_1(u)\overline{F}_2(t) + \overline{F}_2(t)\int_0^\infty \overline{F}_2(x)(-d_xF_1(u-x))\\ &= \overline{F}_1(u)\overline{F}_2(t) + \overline{F}_2(t)\left\{\overline{F}(u)-\overline{F}_1(u)\right\}\\ &= \overline{F}_2(t)\overline{F}(u).\end{aligned}$$

以上の二つの不等号関係をまとめて,

$$\begin{aligned}\overline{F}(t+u) &\leqq \overline{F}_1(u)\left\{\overline{F}(t)-\overline{F}_2(t)\right\} + \overline{F}_2(t)\overline{F}(u)\\ &= \overline{F}(u)\overline{F}(t) - \left\{\overline{F}(u)-\overline{F}_1(u)\right\}\left\{\overline{F}(t)-\overline{F}_2(t)\right\}\\ &\leqq \overline{F}(u)\overline{F}(t).\end{aligned}$$

T_i を F_i $(i=1,2)$ を分布関数とする確率変数とすると，$\{T_1+T_2>t\} \supseteqq \{T_i>t\}$ $(i=1,2)$ であるから，$\overline{F}(t) \geqq \overline{F}_i(t)$ である．　□

定理 3.19　F_i $(i=1,2)$ が NBUE であるとき，F は NBUE である．

【証明】　F_i の期待値を μ_i $(i=1,2)$ とする．$\overline{F}(t+x)=\int_0^\infty \overline{F}_1(t+x-u)dF_2(u)$ を x について積分して

$$\int_0^\infty \overline{F}(t+x)dx = \int_0^\infty \left[\int_0^t \overline{F}_1(t+x-u)dF_2(u)\right]dx + \int_0^\infty \left[\int_t^\infty \overline{F}_1(t+x-u)dF_2(u)\right]dx. \tag{3.20}$$

$u \leqq t$ と $u>t$ の二つの場合に分けて，

$$\int_0^\infty \overline{F}_1(t+x-u)dx \begin{cases} \leqq \mu_1\overline{F}_1(t-u), & u \leqq t, \\ = u-t+\mu_1, & u>t. \end{cases}$$

不等号関係は F_1 が NBUE であることから成立する．よって，式 (3.20) の第 1 項は

$$\text{式 (3.20) の第 1 項} \leqq \mu_1 \int_0^t \overline{F}_1(t-u)dF_2(u) = \mu_1\left[\overline{F}(t)-\overline{F}_2(t)\right].$$

式 (3.20) の第 2 項は

$$\begin{aligned}\text{式 (3.20) の第 2 項} &= \int_t^\infty (u-t+\mu_1)dF_2(u) = \mu_1\overline{F}_2(t) + \int_0^\infty v dF_2(v+t) \\ &= \mu_1\overline{F}_2(t) + \int_0^\infty \overline{F}_2(v+t)dv \\ &\leqq \mu_1\overline{F}_2(t) + \mu_2\overline{F}_2(t) = (\mu_1+\mu_2)\overline{F}_2(t).\end{aligned}$$

不等号関係は，F_2 が NBUE であることから成立する．よって式 (3.20) に関してつぎの不等号関係を得る．

$$\begin{aligned}\int_0^\infty \overline{F}(t+x)dx &\leqq \mu_1\left[\overline{F}(t)-\overline{F}_2(t)\right] + (\mu_1+\mu_2)\overline{F}_2(t) \\ &= \mu_1\overline{F}(t) + \mu_2\overline{F}_2(t) \leqq (\mu_1+\mu_2)\overline{F}(t).\end{aligned} \tag{3.21}$$

$\overline{F}_2(t) \leqq \overline{F}(t)$ であることに注意する．　□

3.6 再　生　過　程

一つのシステムにおいて，故障時点で修理または取替えなどの保全により機能を回復させ，引き続きミッションを遂行させるような状況を考える．これまでのエージングの議論を用いて，再生回数の分布や平均再生回数などに対する上界と下界を紹介する．保全時間を無視できる場合は再生過程で，無視できない場合は交替再生過程で定式化される．後者については，6 章の 6.10 節でふれる．本節のエージングに関わる主張の証明は，Marshall and Proschan[63], Barlow and Proschan[7] を参照した．

3.6.1 定義と再生回数の分布

定義 3.6（再生過程の定義）　$T_1, T_2, \cdots$ を独立で同一の寿命分布 F に従う確率変数とする．

$$S_0 = 0, \quad S_n = T_1 + \cdots + T_n, \quad n = 1, 2, \cdots$$

で定義される確率変数列 $S_0, S_1, \cdots, S_n, \cdots$ を**再生過程** (renewal process) または**更新過程**と呼ぶ．

本書では，煩雑な議論を避けるために，F は原点および無限遠点で質量をもたないとし，さらに連続であり有限な期待値 μ をもつとする．

T_n は $n-1$ 回目の再生点から n 回目の再生点までの時間長を意味し，n 回目の故障時間間隔である．S_n は n 回目の再生時点であり，その分布は

$$Pr\{S_n \leqq t\} = Pr\{T_1 + \cdots + T_n \leqq t\} = F^{(n)}(t), \quad n = 1, 2, \cdots$$

である．$F^{(n)}$ は F の n 次のたたみ込みである．$F^{(0)}$ は原点で退化している分布であると約束する．時刻 t までの再生回数 $N(t)$ は

$$N(t) = \sup\{\ n : S_n \leqq t\ \}, \quad t \geqq 0$$

で定義され，したがってつぎの事象間の関係が成立する．

$$\{N(t) \geqq n\} = \{S_n \leqq t\}, \qquad \{N(t) = n\} = \{S_n \leqq t < S_{n+1}\}.$$

これから，$N(t)$ の分布がつぎのように得られる．

$$Pr\{N(t) \geqq n\} = Pr\{S_n \leqq t\} = F^{(n)}(t),$$
$$Pr\{N(t) = n\} = Pr\{S_n \leqq t < S_{n+1}\} = F^{(n)}(t) - F^{(n+1)}(t).$$

F が指数分布であるとき，$\{N(t),\ t \geqq 0\}$ はポアソン過程である．このことは，たたみ込みの計算を行うことによって確かめられる．

F のハザード関数を $H(t) = -\log \overline{F}(t)$ とし，H の逆関数を

$$H^{-1}(a) = \inf\{\ t : H(t) = a\ \}$$

と定義する．F が連続であることから $H\left(H^{-1}(a)\right) = a$ である．Y を指数分布 $G(t) = 1 - \exp\{-t\}$ に従う確率変数とすると，$T = H^{-1}(Y)$ の分布は以下のように F である．

$$\begin{aligned} Pr\{T \leqq t\} &= Pr\{H^{-1}(Y) \leqq t\} = Pr\{Y \leqq H(t)\} \\ &= 1 - \exp\{-H(t)\} = F(t). \end{aligned} \tag{3.22}$$

Z を $[0,1]$ 上の一様分布に従う確率変数としたとき，寿命分布関数 F の逆関数を用いて，$F^{-1}(Z)$ の分布関数は F であることはよく知られている．式 (3.22) は，ハザード関数の逆関数によって，パラメーター 1 の指数分布関数と寿命分布関数とが相互に変換できることを示している．

Z : $[0,1]$ 上の一様分布に従う確率変数 $\Longrightarrow$ $F^{-1}(Z)$ の分布関数は F,

Y : パラメーター 1 の指数分布に従う確率変数 $\Longrightarrow$ $H^{-1}(Y)$ の分布関数は F.

定理 3.20　　F のハザード関数を $H(t) = -\log \overline{F}(t)$ とする．

(1) F が NBU であるとき，

$$Pr\{N(t) < n\} \geqq \sum_{j=0}^{n-1} \frac{[H(t)]^j}{j!} \exp\{-H(t)\},$$
$$t \geqq 0,\ n = 1, 2, \cdots.$$

つまり，NBU であるとき，再生過程とポアソン過程がハザード関数 $H(t)$ による時間スケールの変換によって比較可能になる．

(2) F が IFR であるとき，

$$Pr\{N(t) < n\} \leqq \sum_{j=0}^{n-1} \frac{[nH(t/n)]^j}{j!} \exp\{-nH(t/n)\},$$
$$t \geqq 0,\ n = 1, 2, \cdots.$$

【証明】

(1) F が NBU であることから，$x = H^{-1}(a)$, $y = H^{-1}(b)$ とすれば，$H(x+y) \geqq H(x) + H(y) = a + b$ である．よって，H^{-1} の定義より

$$a,\ b \geqq 0,\ H^{-1}(a+b) \leqq H^{-1}(a) + H^{-1}(b)$$

である．Y_i $(i = 1, 2, \cdots)$ を独立で同一の指数分布 $G(t) = 1 - \exp\{-t\}$ に従う確率変数とする．$H^{-1}(Y_j)$ $(j = 1, 2, \cdots)$ は独立で同一の分布 F に従い，さらに上の不等号関係を用いて，

$$\sum_{j=1}^{n} H^{-1}(Y_j) \geqq H^{-1}\left(\sum_{j=1}^{n} Y_j\right)$$

である．T_j と $H^{-1}(Y_j)$ は同じ分布に従うので，

$$\begin{aligned} Pr\{N(t) < n\} &= Pr\left\{\sum_{j=1}^{n} T_j > t\right\} = Pr\left\{\sum_{j=1}^{n} H^{-1}(Y_j) > t\right\} \\ &\geqq Pr\left\{H^{-1}\left(\sum_{j=1}^{n} Y_j\right) > t\right\} = Pr\left\{\sum_{j=1}^{n} Y_j > H(t)\right\} \\ &= \sum_{j=0}^{n-1} \frac{[H(t)]^j}{j!} \exp\{-H(t)\}. \end{aligned}$$

(2)　F が IFR であるとき，

$$F^{(n)}(t) \geqq G^{(n)}\left[nH(t/n)\right], \quad t \geqq 0,\ n = 1, 2, \cdots$$

であることを示せばよい．n に関する帰納法で証明する．G はパラメーター 1 の指数分布関数である．

$n = 1$ のとき，$F(t) = 1 - \exp\{-H(t)\} = G[H(t)]$ であるから明らかに成立する．$n-1$ 以下の場合に成立するとすると，

$$\begin{aligned} F^{(n)}(t) &= \int_0^\infty F^{(n-1)}(t-x)dF(x) \\ &\geqq \int_0^\infty G^{(n-1)}\left[(n-1)H\left(\frac{t-x}{n-1}\right)\right] dG[H(x)]. \end{aligned} \tag{3.23}$$

$$\frac{t}{n} = \left(1 - \frac{1}{n}\right) \cdot \frac{t-x}{n-1} + \frac{1}{n} \cdot x$$

であるから，H が下に凸であることから

$$\left(1 - \frac{1}{n}\right) H\left(\frac{t-x}{n-1}\right) + \frac{1}{n}H(x) \geqq H(t/n).$$

式 (3.23) に代入して，$u = H(x)$ の変数変換をして

$$\begin{aligned} F^{(n)}(t) &\geqq \int_0^\infty G^{(n-1)}\left[nH(t/n) - H(x)\right] dG[H(x)] \\ &= \int_0^\infty G^{(n-1)}\left[nH(t/n) - u\right] dG(u) \\ &= G^{(n)}\left[nH(t/n)\right]. \end{aligned}$$

□

例 3.7　F が IFR であるとき，系 3.1 より，$t \leqq \mu$ で $H(t) \leqq t/\mu$ である．よって，定理 3.20 (1) より，再生回数の分布についてつぎの不等号関係を得る．

$$\begin{aligned} Pr\{N(t) < n\} &\geqq \sum_{j=0}^{n-1} \frac{[H(t)]^j}{j!} \exp\{-H(t)\} \\ &\geqq \sum_{j=0}^{n-1} \frac{(t/\mu)^j}{j!} \exp\left\{-\frac{t}{\mu}\right\}, \quad t \leqq \mu. \end{aligned}$$

3.6.2 再生関数 $M(t) = \mathbf{E}[N(t)]$

$[0,t]$ における再生回数の期待値 $M(t) = \mathbf{E}[N(t)]$ を**再生関数**と呼ぶ．$M(t)$ は寿命分布関数 F を用いてつぎのように得られる．

$$M(t) = \sum_{n=1}^{\infty} F^{(n)}(t).$$

これを用いて，$M(t)$ はつぎの再生方程式を満たすことがわかる．

$$M(t) = F(t) + \sum_{n=1}^{\infty} \int_0^{\infty} F^{(n)}(t-x)dF(x) = F(t) + \int_0^{\infty} M(t-x)dF(x).$$

F が密度関数 f をもつ場合は，再生密度関数 $m(t) = \dfrac{dM(t)}{dt}$ について，つぎの方程式が得られる．

$$m(t) = f(t) + \int_0^{\infty} m(t-x)f(x)dx.$$

確率 1 で，$N(t) \to \infty$，$t \to \infty$ であることから，大数の強法則により

$$\frac{S_{N(t)}}{N(t)} \to \mu, \qquad \frac{N(t)}{t} \to \frac{1}{\mu}$$

が確率 1 で成立する．

$M(t)$ の計算には F のたたみ込みの計算が求められ，指数分布などの場合を除き，一般的に容易ではない．つぎの二つの定理 3.21，定理 3.22 は再生過程の理論では基本的である．証明はここでは省略するが直感的に理解でき，いずれも十分に時間がたったときの $M(t)$ の漸近的な振舞いを教えてくれる．詳細は，例えば小和田[49)]，Ross[99)] を参照してほしい．

定理 3.21（基本再生定理）　つぎの極限が成立する．

$$\lim_{t \to \infty} \frac{M(t)}{t} = \frac{1}{\mu}.$$

定理 3.22（ブラックウェル（Blackwell）の再生定理）　$h > 0$ に対して以下の極限が成立する．

$$\lim_{t \to \infty} \{M(t+h) - M(t)\} = \frac{h}{\mu}.$$

F が NBU であるとき，有限時間 t での $\dfrac{M(t)}{t}$ と $\dfrac{1}{\mu}$ との違いが高々 1 であることが，定理 3.24 で示される．

時刻 t からつぎの再生時点までの時間は時刻 t での**残存寿命**と呼ばれ，

$$\gamma(t) = S_{N(t)+1} - t$$

で定義される確率変数である．分布はつぎのようである．

$$\begin{aligned} Pr\{\gamma(t) > u\} &= \overline{F}(t+u) + \sum_{k=1}^{\infty} \int_0^t \overline{F}(t-x+u) dF^{(k)}(x) \\ &= \overline{F}(t+u) + \int_0^t \overline{F}(t-x+u) dM(x). \end{aligned} \tag{3.24}$$

寿命分布関数 F が NBU であるとき，以下の不等号関係が成立する．

補題 3.3　　F が NBU であるとき，$Pr\{\gamma(t) > u\} \leqq \overline{F}(u)$ が成立する．

【証明】　式 (3.24) 式より，F が NBU であることを使って，

$$\begin{aligned} Pr\{\gamma(t) > u\} &\leqq \overline{F}(t)\overline{F}(u) + \int_0^t \overline{F}(u)\overline{F}(t-x) dM(x) \\ &= \overline{F}(u) \left\{ \overline{F}(t) + \int_0^t \overline{F}(t-x) dM(x) \right\} \\ &= \overline{F}(u) Pr\{\gamma(t) \geqq 0\} = \overline{F}(u). \end{aligned}$$

□

定理 3.23　　F が NBU であるとき，$h > 0$, $t > 0$ に対して

$$M(h) \leqq M(t+h) - M(t).$$

【証明】　$\gamma(t)$ の分布を $F_{\gamma(t)}(u) = Pr\{\gamma(t) \leqq u\}$ と書くと，補題 3.3 を用いて，

$$\begin{aligned} M(t+h) - M(t) &= \int_0^h \sum_{k=0}^{\infty} F^{(k)}(h-u) dF_{\gamma(t)}(u) \\ &\geqq \int_0^h \sum_{k=0}^{\infty} F^{(k)}(h-u) dF(u) \\ &= M(h). \end{aligned}$$

□

定理 3.24

(1)　一般につぎの不等号関係が成立する．

$$M(t) \geqq \frac{t}{\mu} - 1, \quad t \geqq 0.$$

(2)　F が NBU であれば，つぎの不等号関係が成立する．

$$M(t) \leqq \frac{t}{\mu}, \quad t \geqq 0.$$

【証明】

(1)　ワルド（Wald）の等式を使って，

$$0 \leqq \mathbf{E}[\gamma(t)] = \mathbf{E}[S_{N(t)+1}] - t = \mu\{\mathbf{E}[N(t)] + 1\} - t.$$

(2)　F が NBU であるとき，定理 3.23 と定理 3.22 を用いて

$$M(h) \leqq \lim_{t\to\infty} \{M(t+h) - M(t)\} = \frac{h}{\mu}.$$

□

したがって，定理 3.24 より，F が NBU であるとき，$t \geqq 0$ に対して，

$$\frac{t}{\mu} - 1 \leqq M(t) \leqq \frac{t}{\mu}$$

であり，時刻 t までの再生回数の期待値 $M(t)$ と $\dfrac{t}{\mu}$ との差は高々 1 であり，$\dfrac{t}{\mu}$ がよい近似になる．

定常な再生過程と比較することで，F が NBUE のときにも定理 3.24 (2) が成立することが証明できる．Barlow and Proschan[7] を参照してほしい．

つぎの定理 3.25 は，再生過程において一般的に成立する．証明は Ross[99] を参照してほしい．

定理 3.25　F が有限な 2 次モーメント μ_2 をもつとき，分散を σ^2 と書けば，

$$\lim_{t\to\infty} \mathbf{E}[\gamma(t)] = \frac{\sigma^2+\mu^2}{2\mu}, \qquad \lim_{t\to\infty} \left\{ M(t) - \frac{t}{\mu} \right\} = \frac{\sigma^2-\mu^2}{2\mu^2}.$$

F が NBU であるとき，定理 3.24 (2) より，$M(t) - \dfrac{t}{\mu} \leqq 0$ が任意の t について成立することから，$t \to \infty$ として，定理 3.25 を用いれば，$\sigma^2 \leqq \mu^2$ であり，よって $\mu_2 \leqq 2\mu^2$ が成立する．系として掲げておく．

系 3.6　F が NBU であるとき，二次モーメント μ_2 と期待値との間に $\mu_2 \leqq 2\mu^2$ が成立する．

3.7 ショックモデル

ショックモデルは，ショックが時間推移に従って発生してくるような環境に置かれたシステムの寿命分布のモデルである．$\{N(t),\ t \geqq 0\}$ を時刻 t までに発生したショックの回数を意味する計数過程とし，右連続単調増加であるとする．N を何回目のショックで故障するかを意味する非負整数値確率変数とする．$\{N=k\}$ は，k 回目のショックでシステムが故障する事象である．N の意味から $Pr\{N=0\}=0$ であるとする．システムの寿命を意味する確率変数を T として，その分布関数 F をつぎのように与える．

$$\overline{F}(t) = Pr\{T > t\} = \sum_{k=0}^{\infty} Pr\{N > k,\ N(t) = k\}. \tag{3.25}$$

この形の寿命分布関数を**一変量ショックモデル**と呼ぶ．図 **3.6** を参照してほしい．この N と $\{N(t),\ t \geqq 0\}$ に関する設定によって，さまざまなショックモデルが構成される．これについては，後にふれる．本節では，最も基本的なショックモデルについて紹介する．

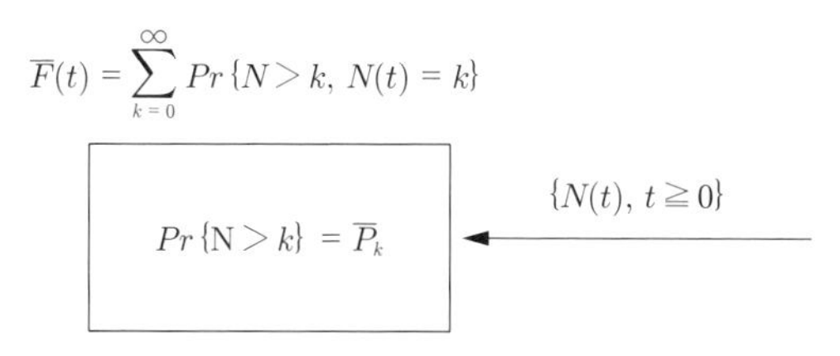

図 **3.6**　一変量ショックモデルの概念図

N と $\{N(t),\ t \geq 0\}$ が確率的に独立であり，計数過程がパラメーター λ のポアソン過程であるとき，ショックモデルは，

$$\overline{F}(t) = \sum_{k=0}^{\infty} \overline{P}_k \cdot \frac{(\lambda t)^k}{k!} \exp\{-\lambda t\} \tag{3.26}$$

である．これを**ポアソンショックモデル**と呼ぶが，本節ではこれについて Esary, Marshall and Proschan[31)] に沿って議論する．ここで N の分布と質量分布はそれぞれ以下のようであるが，ショックに対するシステムの内部的な耐性を意味する．

$$P_k = 1 - \overline{P}_k = Pr\{N \leq k\}, \quad p_k = P_k - P_{k-1} = Pr\{N = k\},$$
$$k = 0, 1, 2, \cdots.$$

ここで，$P_{-1} = 0$ と約束する．また，$P_0 = Pr\{N \leq 0\} = 0$ とされているため，$\overline{P}_0 = 1$ であり，$p_0 = 0$ でもある．3.7.1 項では，この離散分布のエージング性が F のエージング性に反映されることを示す．

F の密度関数 f はつぎのようである.

$$f(t) = -\frac{d}{dt}\overline{F}(t) = \lambda \sum_{k=1}^{\infty} p_k \cdot \frac{(\lambda t)^{k-1}}{(k-1)!} \exp\{-\lambda t\}.$$

例 3.8　ポアソンショックモデルは指数分布やアーラン分布などを含む.

(1) $\overline{P}_k = 0\ (k = 1, 2, \cdots)$ であるとき, $\overline{F}(t) = \exp\{-\lambda t\}$ である.

(2) アーラン分布はつぎの場合である.

$$\overline{P}_i = \begin{cases} 1, & i \leqq k-1, \\ 0, & i \geqq k. \end{cases}$$

3.7.1　ポアソンショックモデルのエージング性

定理 3.26　ポアソンショックモデルについて, 以下の関係が成立する.

(1) P_k が離散的な PF_2 であるとき, $F(t)$ は PF_2 密度をもつ.

(2) P_k が離散的な IFR であるとき, $F(t)$ は IFR である.

(3) P_k が離散的な DMRL であるとき, $F(t)$ は DMRL である.

(4) P_k が離散的な IFRA であるとき, $F(t)$ は IFRA である.

(5) P_k が離散的な NBU であるとき, $F(t)$ は NBU である.

(6) P_k が離散的な NBUE であるとき, $F(t)$ は NBUE である.

【証明】

(1) $\dfrac{p_{k+1}}{p_k}$ は k に関して単調減少であり, よって $\log p_k$ は k に関して上に凸である. $\log p_k - (a + bk)$ は多くとも 2 回符号を変え, 変える場合は, $-, +, -$ の順である. したがって, 同様に, $p_k - e^a \left(e^b\right)^k$ は多くとも 2 回符号を変え, 変える場合は $-, +, -$ の順である. $\alpha = e^a$, $\beta = e^b$ とおいて,

$$f(t) - \lambda\alpha\beta e^{-(1-\beta)\lambda t} = \lambda \sum_{k=0}^{\infty} \left(p_{k+1} - \alpha\beta^{k+1}\right) \frac{(\lambda t)^k}{k!} \exp\{-\lambda t\}.$$

$(\lambda t)^k \dfrac{\exp\{-\lambda t\}}{k!}$ が k, t について TP_2 関数であることから, VDP (variation diminishing property)[7),46)] により，$f(t)-\lambda\alpha\beta e^{-(1-\beta)\lambda t}$ は，高々 2 回符号を変え，変える場合は $-,+,-$ の順である．$\alpha=e^a>0$, $\beta=e^b>0$ であることに注意すれば，以上から，任意の $c>0$ と任意の $\delta<\lambda$ に対して，$f(t)-ce^{-\delta t}$ は高々 2 回符号を変え，変えるときは $-,+,-$ の順である．

$\delta \geqq \lambda$ の場合，

$$\frac{d}{dt}f(t)=\lambda^2\sum_{k=2}^{\infty}p_k\frac{(\lambda t)^{k-2}}{(k-2)!}\exp\{-\lambda t\}-\lambda^2\sum_{k=1}^{\infty}p_k\frac{(\lambda t)^{k-1}}{(k-1)!}\exp\{-\lambda t\}$$
$$\geqq -\lambda^2\sum_{k=1}^{\infty}p_k\frac{(\lambda t)^{k-1}}{(k-1)!}\exp\{-\lambda t\}=-\lambda f(t).$$

よって，ある t_0 で $f(t_0)=c\exp\{-\delta t_0\}$ であるとすると，

$$\left.\frac{d}{dt}f(t)\right|_{t=t_0}\geqq -\lambda f(t_0)=-\lambda c\exp\{-\delta t_0\}$$
$$\geqq -\delta c\exp\{-\delta t_0\}=\left.\frac{d}{dt}c\exp\{-\delta t\}\right|_{t=t_0}.$$

したがって，t_0 での傾きの大小関係から $f(t)$ が $c\exp\{-\delta t\}$ と交叉するときは，下から上であり，よって交叉回数は高々 1 回である．

以上より，任意の $c>0$, $\delta>0$ に対して，$f(t)-c\exp\{-\delta t\}$ に高々 2 回符号を変え，変える場合は $-,+,-$ の順である．したがって，$\log f(t)$ は上に凸であり，F は PF_2 密度をもつ．

(2) p_k の代わりに $\overline{P}_k$ を用いて，証明は (1) と同様である．

(3) $\sum_{i=k}^{\infty}\overline{P}_i/\overline{P}_k$ が単調減少であるから，任意の $c>0$ に対して，$\sum_{i=k}^{\infty}\overline{P}_i/\overline{P}_k-c$ は高々 1 回符号を変え，変えるときは $+,-$ の順であり，よって $\sum_{i=k}^{\infty}\overline{P}_i-c\overline{P}_k$ も同様に符号を変える．

$$\int_t^{\infty}\overline{F}(x)dx-c\overline{F}(t)=\frac{1}{\lambda}\sum_{k=0}^{\infty}\left(\sum_{i=k}^{\infty}\overline{P}_i-\lambda c\overline{P}_k\right)\frac{(\lambda t)^k}{k!}\exp\{-\lambda t\}$$

であるから，VDP より $\int_t^{\infty}\overline{F}(x)dx/\overline{F}(t)$ は t について単調減少である．

(4) $\left[\overline{P}_k\right]^{1/k}$ が k について単調減少であることから，任意の $0\leqq\delta\leqq1$ に対して，高々 1 回上から下に交叉する．よって，$\overline{P}_k-\delta^k$ は高々 1 回 $+,-$ の順で符号を変える．VDP より

$$\overline{F}(t)-\exp\{-(1-\delta)\lambda t\}=\sum_{k=1}^{\infty}\left(\overline{P}_k-\delta^k\right)\frac{(\lambda t)^k}{k!}\exp\{-\lambda t\}$$

は符号を高々1回 $+, -$ の順で変え，したがって，$0 \leqq (1-\delta)\lambda \leqq \lambda$ に注意して，$\overline{F}(t) - \exp\{-ct\}$ は $0 \leqq c \leqq \lambda$ に対して高々1回 $+, -$ の順で符号を変える．

$c > \lambda$ の場合は，$\overline{F}(t) \geqq \exp\{-\lambda t\} > \exp\{-ct\}$ から，符号変化はない．

以上より，$\left[\overline{F}(t)\right]^{1/t}$ は t に関して単調減少である．

(5) $\overline{P}_k$ が離散的 NBU であることから，

$$\begin{aligned}
\overline{F}(x)\overline{F}(y) &= \sum_{k=0}^{\infty} \overline{P}_k \frac{(\lambda x)^k}{k!} \exp\{-\lambda x\} \sum_{l=0}^{\infty} \overline{P}_l \frac{(\lambda y)^l}{l!} \exp\{-\lambda y\} \\
&= \sum_{k=0}^{\infty} \sum_{l=0}^{k} \overline{P}_l \overline{P}_{k-l} \frac{(\lambda x)^l}{l!} \exp\{-\lambda x\} \frac{(\lambda y)^{k-l}}{(k-l)!} \exp\{-\lambda y\} \\
&\geqq \sum_{k=0}^{\infty} \overline{P}_k \frac{1}{k!} \exp\{-\lambda(x+y)\} \sum_{l=0}^{k} \frac{k!}{l!(k-l)!} (\lambda x)^l (\lambda y)^{k-1} \\
&= \sum_{k=0}^{\infty} \overline{P}_k \frac{(\lambda(x+y))^k}{k!} \exp\{-\lambda(x+y)\}.
\end{aligned}$$

(6) つぎのことに注意する．

$$\int_t^{\infty} \overline{F}(x)dx = \frac{1}{\lambda} \sum_{k=0}^{\infty} \left(\sum_{i=k}^{\infty} \overline{P}_i \right) \frac{(\lambda t)^k}{k!} \exp\{-\lambda t\},$$

$$\int_0^{\infty} \overline{F}(x)dx = \frac{1}{\lambda} \sum_{i=0}^{\infty} \overline{P}_i.$$

$\overline{P}_k$ が離散的 NBUE であることから

$$\sum_{k=0}^{\infty} \left[\overline{P}_k \sum_{j=0}^{\infty} \overline{P}_j - \sum_{j=k}^{\infty} \overline{P}_j \right] \frac{(\lambda t)^k}{k!} \geqq 0$$

であり，よって $\overline{F}(t) \int_0^{\infty} \overline{F}(x)dx \geqq \int_t^{\infty} \overline{F}(x)dx$ は明らかである． □

3.7.2 累積損傷臨界モデル

〔1〕 損傷が離散的に累積する場合　本項では，前項の確率変数 N に対する**累積損傷臨界モデル**（cumulative damage threshold model）について述べる．X_k を k 回目のショックによるシステムへのダメージ量を意味する確率変数とし，システムが受けたダメージの累積量（累積損傷量）が，あらかじめ定められた臨界量 x より大であればシステムは故障するとすれば，

$$\overline{P}_k = Pr\{\ X_1 + \cdots X_k \leqq x\ \} \tag{3.27}$$

である．さらに

$$X_0 \ = \ 0, \quad W_0 \ = \ 0, \quad W_k \ = \ X_1 + \cdots + X_k, \quad k = 1, 2, \cdots,$$

とおき，$k = 1, 2, \cdots$, $x \geqq 0$, $u \geqq 0$ に対して

$$Pr\{\ X_k \leqq x \mid W_{k-1} = u\ \} \text{ は } u, k \text{ について単調減少である} \tag{3.28}$$

とする．u についての単調減少性はすでに蓄積されているダメージ量が大であるほどつぎのダメージ量が確率的に大であることを意味する．k についての単調減少性は後に発生するショックほどダメージ量が確率的に大であることを，つまり年齢が高いほどショックのダメージが大きいことを意味する．

定理 3.27　式 (3.28) の条件下で，任意の x に対して

$$[Pr\{X_1 + \cdots + X_k \leqq x\}]^{1/k}$$

は k に関して単調減少である．

【証明】　k に関する帰納法で証明する．

(1)　$k = 2$ と 1 の場合の比較．

$$\begin{aligned} Pr\{W_2 \leqq x\} &= \int_0^x Pr\{X_2 \leqq x - u | X_1 = u\} dPr\{X_1 \leqq u\} \\ &\leqq \int_0^x Pr\{X_2 \leqq x - u | X_1 = 0\} dPr\{X_1 \leqq u\} \\ &\leqq \int_0^x Pr\{X_1 \leqq x - u\} dPr\{X_1 \leqq u\} \\ &\leqq [Pr\{X_1 \leqq x\}]^2 . \end{aligned}$$

(2)　$[Pr\{W_k \leqq x\}]^{1/k} \leqq [Pr\{W_{k-1} \leqq x\}]^{1/(k-1)}$ が成立するとする．$u \leqq x$ に対して，

$$Pr\{W_k \leqq u\} = [Pr\{W_k \leqq u\}]^{1/k} [Pr\{W_k \leqq u\}]^{(k-1)/k}$$

$$\leqq [Pr\{W_k \leqq x\}]^{1/k} Pr\{W_{k-1} \leqq u\} \tag{3.29}$$

であり，よって，

$$\begin{aligned}
[Pr\{W_{k+1} \leqq x\}]^k &= \left[\int_0^x Pr\{X_{k+1} \leqq x-u|W_k=u\}dPr\{W_k \leqq u\}\right]^k \\
&\leqq \left[\int_0^x Pr\{X_{k+1} \leqq x-u|W_k=u\}dPr\{W_{k-1} \leqq u\}\right]^k \cdot Pr\{W_k \leqq x\} \\
&\leqq \left[\int_0^x Pr\{X_k \leqq x-u|W_{k-1}=u\}dPr\{W_{k-1} \leqq u\}\right]^k \cdot Pr\{W_k \leqq x\} \\
&= [Pr\{W_k \leqq x\}]^{k+1}.
\end{aligned}$$

である．1番目の不等号関係は，条件 (3.28) の u に関する減少性より $Pr\{X_{k+1} \leqq x-u|W_k=u\}$ が u について減少であることと式 (3.29) とから成立する．2番目の不等号関係は，条件 (3.28) の k に関する減少性より成立する． □

定理 3.27 は式 (3.28) の条件下で $\overline{P}_k$ が離散的な IFRA であることを示している．したがって，定理 3.26 (4) より，つぎの系が得られる．

系 3.7　$\{X_k\}_{k\geq 1}$ が $\{N(t),\ t \geqq 0\}$ と独立であるとき，式 (3.28) の条件下で，ポアソンショックモデル F は IFRA である．

$\{X_k\}_{k\geq 1}$ が独立であるときは $Pr\{X_k \leqq x\} \geqq Pr\{X_{k+1} \leqq x\}$ $(k=1,2,\cdots)$ であれば，つまり X_{k+1} が X_k より確率的に大であれば，式 (3.28) は成立する．したがって，同一分布に従えば，明らかに式 (3.28) は成立する．

$\{W_k,\ k \geqq 0\}$ は離散時間での累積損傷量の推移を意味する確率過程である．x への**初期通過時間**（first hitting time）T_x を

$$T_x = \inf\{k : W_k > x\}$$

と定義すると，これは非負整数値をとる確率変数で $Pr\{T_x > k\} = Pr\{W_k \leqq x\}$ であり，定理 3.27 は任意の x について T_x が離散的な IFRA であることを示している．

さらに，$\{N(t),\ t \geqq 0\}$ は時刻 t までのショックの回数を表す確率過程であ

るから，時刻 t までの累積ダメージ量を $\{W(t),\ t \geqq 0\}$ と書けば，

$$W(t) = X_1 + \cdots + X_{N(t)}$$

と表され，これの x への初期通過時間の分布関数 $F(t) = Pr\{W(t) > x\}$ が累積損傷モデルの場合の一変量ショックモデルであり，$\{N(t),\ t \geqq 0\}$ がポアソン過程であるとき，式 (3.28) の条件下で IFRA である．

〔2〕 ダメージが必ずしも離散的に累積しない場合　〔1〕では，ショックが来た時点でダメージが累積していく場合について述べたが，ここではより一般的な場合にも同じような結論が得られることを示す．

$\{W(t),\ t \geqq 0\}$ はダメージの累積過程を意味する確率過程で右連続であり，つぎの条件を満たすとする．

(1) 確率 1 で $W(0) = 0,\ W(t+\Delta) - W(t) \geqq 0 \quad (t \geqq 0,\ \Delta \geqq 0)$,

(2) $Pr\{\ W(t+\Delta) - W(t) \leqq x \mid W(t) = u\ \}$ は任意の $x,\ \Delta > 0$ において $u,\ t$ に関して単調減少である．

条件 (1) は，ダメージは累積することを意味し，条件 (2) は，先の条件 (3.28) に対応する．

累積ダメージ量 x への初期通過時間 T_x を $T_x = \inf\{t : W(t) > x\}$ と定義すると，上の条件 (1), (2) の下でつぎの定理が成立する．

定理 3.28　任意の x について上の条件 (1), (2) の下で，初期通過時間 T_x の分布は IFRA である．

【証明】　$\Delta > 0$ に対して

$$X_k = W(k\Delta) - W((k-1)\Delta), \quad k = 1, 2, \cdots$$

とおくと，$\{X_k\}_{k \geq 1}$ は式 (3.28) の条件を満たす．よって，定理 3.27 より

$$[Pr\{X_1 + \cdots + X_k \leqq x\}]^{1/k} = [Pr\{W(k\Delta) \leqq x\}]^{1/k}$$

は k について単調減少であり，$[Pr\{W(k\Delta) \leqq x\}]^{1/k\Delta}$ も k に関して単調減少である．したがって，$s,\ t$ を $\dfrac{s}{t}$ が有理数で $s \leqq t$ であるとすると，たがいに素な整数値

p, q に対して,

$$\frac{s}{t}=\frac{p}{q}\Longrightarrow\frac{s}{p}=\frac{t}{q}\equiv\varDelta \text{ とおいて}\Longrightarrow s=p\varDelta,\ t=q\varDelta$$

であるから,

$$[Pr\{W(s)\leqq x\}]^{1/s}\geqq[Pr\{W(t)\leqq x\}]^{1/t}$$

となる．したがって,

$$[Pr\{T_x>s\}]^{1/s}\geqq[Pr\{T_x>t\}]^{1/t}. \tag{3.30}$$

任意の $s<t$ に対して，$\{p_n\}$ を $p_n\downarrow s$, $s<p_n<t$ であるような有理数列，$\{r_n\}$ を $r_n\downarrow t$ であるような有理数列とすると，明らかに $\dfrac{p_n}{r_n}$ は有理数列であり，$p_n<r_n$ でもあるから，式 (3.30) に p_n, r_n を代入し，$n\to\infty$ として,

$$[Pr\{T_x>s\}]^{1/s}\geqq[Pr\{T_x>t\}]^{1/t}.$$ □

累積損傷臨界モデルの拡張として，臨界値の x を確率変数としてランダムに変動させる場合の議論があるが，ここではふれない．興味ある読者は Esary, Marshall and Proschan[31] を参照してほしい．

例 3.9　　定義 3.3 の非定常ポアソン過程 $\{N(t),\ t\geqq 0\}$ について，強度関数 $\lambda(t)$ が単調増加であるとき，上記の (1), (2) の条件が満たされ，したがって $x>0$ への初期通過時間が IFRA であることを以下で示す．つまり，非定常ポアソン過程において，k 回目の事象発生までの時間分布が IFRA 性をもつ．

$\{N(t),\ t\geqq 0\}$ が (1) を満たすことは非定常ポアソン過程の定義より明らかである．独立増分をもつことから

$$\begin{aligned}&Pr\{N(t+h)-N(t)\leqq x\,|\,N(t)=u\}=Pr\{N(t+h)-N(t)\leqq x\}\\&\quad=\sum_{k=0}^{[x]}\frac{[\varLambda(t+h)-\varLambda(t)]^k}{k!}\exp\{-(\varLambda(t+h)-\varLambda(t))\}.\end{aligned}$$

ここで $[x]$ はガウス記号であり x 以下の最大整数である．$\lambda(t)$ が t につい

て単調増加であるから，

$$\Lambda(t+h)-\Lambda(t)=\int_t^{t+h}\lambda(u)du$$

は t について単調増加であり，したがって上式の条件付き確率は t について単調減少である．よって (2) が成立する．

ショックモデルは，ある構造をもつ確率過程の初期通過時間（または脱出時間）の分布であり，例 3.9 と条件 (1), (2) は，IFRA 性が広い範囲での初期通過時間において見出せることを示唆している．

3.7.3 一変量ショックモデルの拡張

ポアソンショックモデル (3.26) の拡張は，N と $\{N(t),\ t \geqq 0\}$ の構成の仕方によって多様であるが，議論自体は各エージング性が成立するための十分条件を見出すことが主となっている．一方，Gottlieb[35], Shanthikumar and Sumita[106], Sumita and Shanthikumar[111] のように極限定理についての議論もある．いくつかの場合を参考文献とともに紹介しておくが，これ以外にも多様な議論がなされている．

(1) N と $\{N(t),\ t \geqq 0\}$ は独立であり，計数過程が非定常ポアソン過程の場合．A–Hameed and Proschan[1], Ross[100] を参照してほしい．

(2) N と $\{N(t),\ t \geqq 0\}$ は独立であり，計数過程が純出生過程である場合．A–Hameed and Proschan[2], Klefsjo[47] を参照してほしい．

(3) T_n を $n-1$ 回目と n 回目のショックの時間間隔，D_n を n 回目のショックによるダメージ量とし，寿命分布がつぎのように与えられる場合．

$$\overline{F}(t)=Pr\{D_1+\cdots+D_{N(t)}\leqq x\},$$
$$N(t)=\inf\{k:T_1+\cdots+T_k\leqq t\}.$$

(T_n, D_n) $(n=1,2,\cdots)$ は必ずしも独立ではない．Shanthikumar and Sumita[105),106], Sumita and Shanthikumar[111] を参照してほしい．

3.7.4 二変量ショックモデル

二つのシステムを考える．システム i $(i=1,2)$ に加わるショックの発生プロセスを $\{N_i(t),\ t \geqq 0\}$，両方のシステムに同時に加わるショックの発生プロセスを $\{N_{12}(t),\ t \geqq 0\}$ とする．$\overline{P}(k_1,k_2)$ をシステム i が k_i $(i=1,2)$ 回までのショックで故障しない同時事象の確率であるとする．システム i が時刻 t_i $(i=1,2)$ までに故障しない同時事象の確率，つまりそれぞれのシステムの寿命を表す確率変数 T_i $(i=1,2)$ の同時分布をつぎのように定式化する．**図 3.7** を参照してほしい．

$$
\begin{aligned}
&Pr\{T_1 > t_1,\ T_2 > t_2\} = \overline{F}(t_1,t_2) \\
&\quad = \sum_{k_1 \geqq 0, k_2 \geqq 0} \overline{P}(k_1,k_2) Pr\{N_1(t_1)+N_{12}(t_1)=k_1, \\
&\qquad\qquad\qquad\qquad N_2(t_2)+N_{12}(t_2)=k_2\}, \qquad (3.31)
\end{aligned}
$$

ここで，$\overline{P}(0,0)=1$ であるとする．

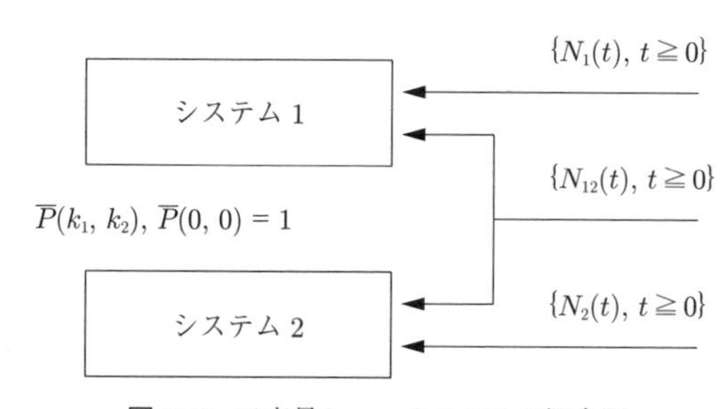

図 3.7 二変量ショックモデルの概念図

$\{N_i(t),\ t \geqq 0\}$ $(i=1,2)$，$\{N_{12}(t),\ t \geqq 0\}$ が独立なポアソン過程であるとき，式 (3.31) を**二変量ポアソンショックモデル**と呼ぶ．それぞれのパラメーターを λ_i $(i=1,2)$，λ_{12} とする．

〔1〕 二変量指数分布　　二変量ポアソンショックモデルで $\overline{P}(k_1,k_2)$ がつぎのように与えられるとき，$\overline{F}$ を **Marshall–Olkin の二変量指数分布関数**（Marshall–Olkin's bivariate exponential distribution function）と呼ぶ．Marshall and Olkin[62] を参照してほしい．

$$\overline{P}(k_1, k_2) = \begin{cases} 1, & k_1 = 0,\ k_2 = 0, \\ 0, & \text{その他}. \end{cases}$$

このとき $\overline{F}$ はつぎのようである．

$$\begin{aligned}\overline{F}(t_1, t_2) &= Pr\{T_1 > t_1,\ T_2 > t_2\} \\ &= Pr\{N_1(t_1) + N_{12}(t_1) = 0,\ N_2(t_2) + N_{12}(t_2) = 0\} \\ &= Pr\{N_1(t_1) = 0,\ N_2(t_2) = 0,\ N_{12}(\max\{t_1, t_2\}) = 0\} \\ &= \exp\{-\lambda_1 t_1 - \lambda_2 t_2 - \lambda_{12} \max\{t_1, t_2\}\}. \qquad (3.32)\end{aligned}$$

$\{N_i(t),\ t \geqq 0\}$ で最初のショックが発生するまでの時間を意味する確率変数を U_i，$\{N_{12}(t),\ t \geqq 0\}$ での同様の確率変数を U_{12} とすれば，T_1，T_2 は，

$$T_1 = \min\{U_1,\ U_{12}\}, \qquad T_2 = \min\{U_2,\ U_{12}\}.$$

のように書き表せる．したがって，$\{T_1 = T_2\}$ は正の確率をもち，T_1 と T_2 の同時分布は特異部分をもつ†．これは二つのシステムが同時に故障する確率が 0 でないことを意味し，同時故障確率は正である．

それぞれのシステムの寿命分布 F_i $(i = 1, 2)$ は以下のように指数分布である．

$$\overline{F}_1(t_1) = \exp\{-(\lambda_1 + \lambda_{12})t_1\}, \qquad \overline{F}_2(t_2) = \exp\{-(\lambda_2 + \lambda_{12})t_1\}.$$

さらに同時分布はつぎの無記憶性をもつ．

$$\overline{F}(t_1 + t, t_2 + t) = \overline{F}(t_1, t_2)\overline{F}(t, t), \quad t_1 \geqq 0, \quad t_2 \geqq 0, \quad t \geqq 0. \quad (3.33)$$

この無記憶性は，一変量指数分布の無記憶性に対応する．以下では，周辺分布が指数分布であるとき，Marshall–Olkin の二変量指数分布が式 (3.33) の無記憶性をもつ唯一の分布であることを証明する．

補題 3.4　　式 (3.33) より，つぎのことが成立する．

† 特異部分をもつとは，ルベーグ測度が 0 である部分が正の確率をもつことを意味し，ここでは 2 次元平面の対角線が正の確率をもち，したがって二変量同時分布関数が，対角線上でジャンプしていることを意味する．

$$\overline{F}(t_1,t_2)=\begin{cases}\overline{F}_1(t_1-t_2)\cdot\exp\{-\mu_{12}t_2\}, & t_1\geqq t_2,\\ \overline{F}_2(t_2-t_1)\cdot\exp\{-\mu_{12}t_1\}, & t_1\leqq t_2.\end{cases}$$

【証明】　式 (3.33) より $\overline{F}(s+t,s+t)=\overline{F}(s,s)\overline{F}(t,t)$ が成立する．よって，指数分布の場合と同様にして，あるパラメーター $\mu_{12}>0$ を用いて，

$$\overline{F}(t,t)=\exp\{-\mu_{12}t\}.$$

したがって，例えば $t_1\geqq t_2$ の場合，

$$\overline{F}(t_1,t_2)=\overline{F}(t_1-t_2+t_2,t_2)=\overline{F}(t_1-t_2,0)\overline{F}(t_2,t_2)=\overline{F}_1(t_1-t_2)\overline{F}(t_2,t_2)$$

であり，補題は明らかである．□

定理 3.29　周辺分布が指数分布であり，式 (3.33) の無記憶性を満たす二変量分布は Marshall–Olkin の二変量指数分布 (3.32) である．

【証明】　周辺分布が指数分布であることから，パラメーター $\mu_1>0$, $\mu_2>0$ が存在して，

$$\overline{F}_1(t_1)=\exp\{-\mu_1t_1\},\qquad \overline{F}_1(t_2)=\exp\{-\mu_2t_2\}.$$

よって，補題 3.4 を用いて，

$$\overline{F}(t_1,t_2)=\begin{cases}\exp\{-\mu_1t_1+\mu_1t_2-\mu_{12}t_2\}, & t_1\geqq t_2,\\ \exp\{-\mu_2t_2+\mu_2t_1-\mu_{12}t_1\}, & t_1\leqq t_2.\end{cases}\tag{3.34}$$

ここで，

$$\lambda_1=\mu_{12}-\mu_2,\qquad \lambda_2=\mu_{12}-\mu_1,\qquad \lambda_{12}=\mu_1+\mu_2-\mu_{12}$$

とおいて，つぎのようである．

$$\overline{F}(t_1,t_2)=\begin{cases}\exp\{-\lambda_1t_1-\lambda_2t_2-\lambda_{12}t_1\}, & t_1\geqq t_2,\\ \exp\{-\lambda_1t_1-\lambda_2t_2-\lambda_{12}t_2\}, & t_1\leqq t_2.\end{cases}$$

残る問題は $\lambda_1\geqq 0$, $\lambda_2\geqq 0$, $\lambda_{12}\geqq 0$ を示すことである．式 (3.34) で t_1 および t_2 について単調減少であることから，λ_1 と λ_2 は非負である．つぎに，

$$F(t,t) = 1 - \overline{F}(0,t) - \overline{F}(t,0) + \overline{F}(t,t)$$
$$= 1 - \exp\{-\mu_2 t\} - \exp\{-\mu_1 t\} + \exp\{-\mu_{12} t\}$$

は一変数の単調増加関数である．密度関数をもつことから

$$\frac{d}{dt}F(t,t) = \mu_1 \exp\{-\mu_1 t\} + \mu_2 \exp\{-\mu_2 t\} - \mu_{12} \exp\{-\mu_{12} t\} \geqq 0.$$

よって，$t \to 0$ として，$\lambda_{12} = \mu_1 + \mu_2 - \mu_{12} \geqq 0$ である．□

Marshall–Olkin の二変量指数分布は，特異部分をもつことから同時密度関数をもたない．この意味で，分布関数自体の直接的な取扱いは困難であるが，定義の物理的なメカニズムは明確であり，この点に依拠しての議論が可能である．

一方，特異部分をもたない二変量指数分布の例としては，Gumbel[39] によって定義されたものがある．

式 (3.33) はつぎのように書き直せる．

$$Pr\{T_1 > t_1 + t,\ T_2 > t_2 + t \mid T_1 > t_1,\ T_2 > t_2\} = Pr\{T_1 > t,\ T_2 > t\}.$$

年齢 t_1 と t_2 の二つの部品からなる直列システムの寿命が，新品からなるものと同じであることを意味している．Marshall–Olkin の二変量指数分布が直列システムを背景として定義されていることがわかる．

〔2〕 二変量アーラン分布　Marshall–Olkin の二変量指数分布を拡張したものとしてつぎのように**二変量アーラン分布**（bivariate Erlang distribution）が定義される．

$$Pr\{T_1 \leqq t_1,\ T_2 \leqq t_2\} = Pr\{N_1(t_1) + N_{12}(t_1) \geqq k_1,$$
$$N_2(t_2) + N_{12}(t_2) \geqq k_2\}. \quad (3.35)$$

$k_i\ (i = 1, 2)$ は一変量アーラン分布のパラメーターに対応する．$k_i = 1\ (i = 1, 2)$ のときが Marshall–Olkin の二変量指数分布である．二変量アーラン分布の詳細については Ohi and Nishida[72] を参照してほしい．エージング性は，次節の 3.8.3 項で述べる．

3.8 多変量エージングと正の相関

3.8.1 多変量エージング

m 変量寿命分布関数や寿命を表す確率変数は m 個の $\boldsymbol{R}_+ = [0, \to)$ の直積集合 $\boldsymbol{R}_+^m$ 上の確率測度を定義する．本節では，多変量のエージング性である IFRA と NBU をこのような確率測度の性質として定義し，若干の議論を示す．

$\boldsymbol{R}_+$ は，通常の実数値間の大小関係による全順序集合であり，$\boldsymbol{R}_+^m$ は直積順序集合である．また，$\boldsymbol{R}_+^m$ の要素間には，下記のように通常の演算が定義される．$\boldsymbol{x}, \boldsymbol{y} \in \boldsymbol{R}_+^m$，$A, B \subseteqq \boldsymbol{R}_+^m$，$a \in \boldsymbol{R}_+$ に対して，

$$a\boldsymbol{x} = a(x_1, \cdots, x_m) = (ax_1, \cdots, ax_m),$$

$$\boldsymbol{x} + \boldsymbol{y} = (x_1 + y_1, \cdots, x_m + y_m),$$

$$aA = \{a\boldsymbol{x} : \boldsymbol{x} \in A\}, \qquad A + B = \{\boldsymbol{x} + \boldsymbol{y} : \boldsymbol{x} \in A,\ \boldsymbol{y} \in B\}.$$

確率 $\boldsymbol{P}$ を $\left(\boldsymbol{R}_+^m, \mathfrak{B}_+^m\right)$ 上の確率とする．$\mathfrak{B}_+^m$ は $\boldsymbol{R}_+^m$ のボレル集合からなる σ–集合体である．

定義 3.7

(1) 確率 $\boldsymbol{P}$ はつぎの条件を満たすとき，IFRA であるという．任意の上側単調集合 $A \in \mathfrak{B}_+^m$ と任意の $0 < \alpha \leqq 1$ に対して，

$$\boldsymbol{P}(A) \leqq \{\boldsymbol{P}(\alpha A)\}^{1/\alpha}.$$

(2) 確率 $\boldsymbol{P}$ はつぎの条件を満たすとき，NBU であるという．任意の上側単調集合 $A \in \mathfrak{B}_+^m$ と任意の $0 < \alpha \leqq 1$ に対して，

$$\boldsymbol{P}((1+\alpha)A) \leqq \boldsymbol{P}(A) \cdot \boldsymbol{P}(\alpha A).$$

$m=1$ のとき，NBU は $\boldsymbol{P}(s+t,\rightarrow) \leqq \boldsymbol{P}(s,\rightarrow)\cdot\boldsymbol{P}(t,\rightarrow)$ $(\forall s>0,\ \forall t>0)$ と同値であり，一変量寿命分布関数 F を用いると $\overline{F}(s+t) \leqq \overline{F}(s)\overline{F}(t)$ である．

定義 3.7 より，つぎの定理は明らかである．

定理 3.30　確率 $\boldsymbol{P}$ は IFRA ならば NBU である．

【証明】　IFRA であることから，上側単調集合 $A \in \mathfrak{B}_+^m$ と $0<\alpha\leqq 1$ に対して，

$$\boldsymbol{P}(A) \geqq \{\boldsymbol{P}((1+\alpha)A)\}^{1/(1+\alpha)}, \qquad \boldsymbol{P}(\alpha A) \geqq \{\boldsymbol{P}((1+\alpha)A)\}^{\alpha/(1+\alpha)}$$

が成立する．よって，

$$\begin{aligned}\boldsymbol{P}((1+\alpha)A) &= \{\boldsymbol{P}((1+\alpha)A)\}^{\alpha/(1+\alpha)}\{\boldsymbol{P}((1+\alpha)A)\}^{1/(1+\alpha)} \\ &\leqq \boldsymbol{P}(A)\cdot\boldsymbol{P}(\alpha A).\end{aligned}$$

□

ここでは NBU 確率の性質について述べるが，まずそのための補題を示す．

補題 3.5

(1)　$u:\boldsymbol{R}_+^m \rightarrow \boldsymbol{R}_+^n$ が

$$\forall \boldsymbol{x} \in \boldsymbol{R}_+^m,\ 0<\forall\alpha\leqq 1,\ \alpha u(\boldsymbol{x}) \leqq u(\alpha\boldsymbol{x}) \tag{3.36}$$

を満たすならば，任意の上側単調集合 $A \subseteqq \boldsymbol{R}_+^n$ に対して，

$$\alpha u^{-1}(A) \subseteqq u^{-1}(\alpha A), \quad 0<\forall\alpha\leqq 1, \tag{3.37}$$

$$\beta u^{-1}(A) \supseteqq u^{-1}(\beta A), \quad 1\leqq\forall\beta. \tag{3.38}$$

(2)　$\boldsymbol{P}$ を $\left(\boldsymbol{R}_+^m, \mathfrak{B}_+^m\right)$ 上の NBU 確率とし，$u:\boldsymbol{R}_+^m \rightarrow \boldsymbol{R}_+^n$ は単調増加で条件 (3.36) を満たすとき，$\left(\boldsymbol{R}_+^n, \mathfrak{B}_+^n\right)$ 上の確率 $u\circ\boldsymbol{P}$ は NBU である．

【証明】

(1)　式 (3.37) と式 (3.38) は同値である．式 (3.37) を示す．

$$\boldsymbol{x} \in \alpha u^{-1}(A) \Longrightarrow \exists \boldsymbol{y} \in u^{-1}(A),\ \boldsymbol{x} = \alpha \boldsymbol{y} \Longrightarrow u(\boldsymbol{x}) = u(\alpha \boldsymbol{y}) \geqq \alpha u(\boldsymbol{y}).$$

上の不等号関係は式 (3.36) による．一方，

$$\boldsymbol{y} \in u^{-1}(A) \Longrightarrow u(\boldsymbol{y}) \in A \Longrightarrow \alpha u(\boldsymbol{y}) \in \alpha A.$$

A は上側単調集合であり，αA もそうである．よって $u(\boldsymbol{x}) = u(\alpha \boldsymbol{y}) \in \alpha A$.

(2)　$A \in \mathfrak{B}_+^n$ を上側単調集合，$0 < \alpha \leqq 1$ とすると，

$$\begin{aligned} u \circ \boldsymbol{P}((1+\alpha)A) &= \boldsymbol{P}\left(u^{-1}((1+\alpha)A)\right) \\ &\leqq \boldsymbol{P}\left((1+\alpha)u^{-1}(A)\right) \\ &\leqq \boldsymbol{P}\left(u^{-1}(A)\right)\boldsymbol{P}\left(\alpha u^{-1}(A)\right) \\ &\leqq \boldsymbol{P}\left(u^{-1}(A)\right)\boldsymbol{P}\left(u^{-1}(\alpha A)\right) \\ &= u \circ \boldsymbol{P}(A) \cdot u \circ \boldsymbol{P}(\alpha A). \end{aligned}$$

1番目の不等号関係は式 (3.38) より，2番目は u が単調増加であるため $u^{-1}(A)$ が上側単調集合であることと $\boldsymbol{P}$ が NBU であることから，3番目は式 (3.37) より成立する．したがって，$u \circ \boldsymbol{P}$ は NBU である．　□

定理 3.31　　確率 $\boldsymbol{P}$ を $\left(\boldsymbol{R}_+^m,\ \mathfrak{B}_+^m\right)$ 上の NBU 確率とする．

(1)　$\tau_i\ (i = 1, \cdots, n)$ を m 変数の寿命関数とする．$(\tau_1, \cdots, \tau_n)$ は $\boldsymbol{R}_+^m$ から $\boldsymbol{R}_+^n$ への単調増加で式 (3.36) を満たす関数である．したがって，$(\tau_1, \cdots, \tau_n) \circ \boldsymbol{P}$ は $\left(\boldsymbol{R}_+^n,\ \mathfrak{B}_+^n\right)$ 上の NBU 確率である．

(2)　$\boldsymbol{a}, \boldsymbol{b} \in \boldsymbol{R}_+^m$ に対して，$u_{\boldsymbol{a},\boldsymbol{b}} : \boldsymbol{R}_+^m \to \boldsymbol{R}_+^m$ を

$$\boldsymbol{x} \in \boldsymbol{R}_+^m,\ u_{\boldsymbol{a},\boldsymbol{b}}(\boldsymbol{x}) = (a_1 x_1 + b_1, \cdots, a_m x_m + b_m)$$

とすると，単調増加で式 (3.36) を満たす関数である．したがって，$u_{\boldsymbol{a},\boldsymbol{b}} \circ \boldsymbol{P}$ は $\left(\boldsymbol{R}_+^m,\ \mathfrak{B}_+^m\right)$ 上の NBU 確率である．

(3)　任意の $k \leqq m$ に対して，$\boldsymbol{P}$ の $\left(\boldsymbol{R}_+^k,\ \mathfrak{B}_+^k\right)$ への制限は NBU である．

(4)　$\boldsymbol{P}$, $\boldsymbol{Q}$ をそれぞれ $\left(\boldsymbol{R}_+^m,\ \mathfrak{B}_+^m\right)$ と $\left(\boldsymbol{R}_+^n,\ \mathfrak{B}_+^n\right)$ 上の NBU 確率とすると，$\left(\boldsymbol{R}_+^{m+n},\ \mathfrak{B}_+^{m+n}\right)$ 上の直積確率 $\boldsymbol{P} \times \boldsymbol{Q}$ は NBU である．

(5) $\boldsymbol{P}$, $\boldsymbol{Q}$ をそれぞれ $(\boldsymbol{R}_+^m, \mathfrak{B}_+^m)$ と $(\boldsymbol{R}_+^m, \mathfrak{B}_+^m)$ 上の NBU 確率とする．$u : \boldsymbol{R}_+^m \times \boldsymbol{R}_+^m \to \boldsymbol{R}_+^m$ を

$$(\boldsymbol{x}, \boldsymbol{y}) \in \boldsymbol{R}_+^m \times \boldsymbol{R}_+^m,\ u(\boldsymbol{x}, \boldsymbol{y}) = (x_1 + y_1, \cdots, x_m + y_m)$$

とすると，単調増加で式 (3.36) を満たす関数である．よって，上の (4) より $u \circ (\boldsymbol{P} \times \boldsymbol{Q})$ は $(\boldsymbol{R}_+^m, \mathfrak{B}_+^m)$ 上の NBU 確率である．

【証明】 (1), (2), (3), (5) は明らかである．(4) を証明する．上側単調集合 $A \in \mathfrak{B}_+^{m+n}$ と $0 < \alpha \leqq 1$ に対して，

$$\begin{aligned}
&\boldsymbol{P} \times \boldsymbol{Q}((1+\alpha)A) \\
&= \int I_A\left(\frac{1}{1+\alpha}\boldsymbol{x}, \frac{1}{1+\alpha}\boldsymbol{y}\right) d\boldsymbol{P}(\boldsymbol{x}) d\boldsymbol{Q}(\boldsymbol{y}) \\
&\leqq \int \left[\int I_A\left(\boldsymbol{x}, \frac{1}{1+\alpha}\boldsymbol{y}\right) d\boldsymbol{P}(\boldsymbol{x}) \cdot \int I_A\left(\frac{1}{\alpha}\boldsymbol{x}, \frac{1}{1+\alpha}\boldsymbol{y}\right) d\boldsymbol{P}(\boldsymbol{x})\right] d\boldsymbol{Q}(\boldsymbol{y}) \\
&= \int d\boldsymbol{P}(\boldsymbol{x}) \int d\boldsymbol{P}(\boldsymbol{z}) \int I_A\left(\boldsymbol{x}, \frac{1}{1+\alpha}\boldsymbol{y}\right) \cdot I_A\left(\frac{1}{\alpha}\boldsymbol{z}, \frac{1}{1+\alpha}\boldsymbol{y}\right) d\boldsymbol{Q}(\boldsymbol{y}) \\
&\leqq \int d\boldsymbol{P}(\boldsymbol{x}) \int d\boldsymbol{P}(\boldsymbol{z}) \left[\int I_A(\boldsymbol{x}, \boldsymbol{y}) \cdot I_A\left(\frac{1}{\alpha}\boldsymbol{z}, \boldsymbol{y}\right) d\boldsymbol{Q}(\boldsymbol{y})\right. \\
&\qquad\qquad \left. \cdot \int I_A\left(\boldsymbol{x}, \frac{1}{\alpha}\boldsymbol{y}\right) \cdot I_A\left(\frac{1}{\alpha}\boldsymbol{z}, \frac{1}{\alpha}\boldsymbol{y}\right) d\boldsymbol{Q}(\boldsymbol{y})\right] \\
&\leqq \int I_A(\boldsymbol{x}, \boldsymbol{y}) d\boldsymbol{P}(\boldsymbol{x}) d\boldsymbol{Q}(\boldsymbol{y}) \cdot \int I_A\left(\frac{1}{\alpha}\boldsymbol{x}, \frac{1}{\alpha}\boldsymbol{y}\right) d\boldsymbol{P}(\boldsymbol{x}) d\boldsymbol{Q}(\boldsymbol{y}) \\
&= \boldsymbol{P} \times \boldsymbol{Q}(A) \cdot \boldsymbol{P} \times \boldsymbol{Q}(\alpha A).
\end{aligned}$$

□

定理 3.31 (1) は NBU 性がコヒーレントシステムの構成において保存されることを意味し，部品が独立な場合の拡張である．(2) はスケール変換と位置変換に対して NBU 性が保存されることを意味する．(3) は任意の周辺分布が NBU であることを，(5) は NBU のたたみ込みが NBU であることを意味する．

IFRA の場合も定理 3.31 と同様の性質が成立する．また，式 (3.36) の条件下で補題 3.5 (2) での NBU を IFRA で置き換えた定理が成立する．Block and Savits[18] を参照してほしい．

NBU (IFRA) 確率の列が法則収束する場合，その極限確率はNBU (IFRA) である．その証明には定義の書換えが必要であり，若干煩雑である．ここでは省略するが，興味ある読者は，IFRA についてはBlock and Savits[18) を，NBU についてはOhi and Nishida[74) を参照してほしい．

3.8.2 境　界　分　布

本項では，NBU 確率の境界分布について述べておく．

$\left(\boldsymbol{R}_{+}^{m}, \mathfrak{B}_{+}^{m}\right)$ 上の確率 $\boldsymbol{P}$ が境界 NBU 確率であるとは，任意の上側単調集合 $A \in \mathfrak{B}_{+}^{m}$ と任意の α $(0 < \alpha \leqq 1)$ に対して，

$$\boldsymbol{P}((1+\alpha)A) = \boldsymbol{P}(A) \cdot \boldsymbol{P}(\alpha A)$$

が成立するときである．以降では，確率変数 $T_1, \cdots, T_m$ の分布を $\boldsymbol{P}$ とする．

$$Pr\{(T_1, \cdots, T_m) \in A\} = \boldsymbol{P}(A).$$

境界 NBU 確率の具体的な形は，つぎの定理で与えられる．証明は，ここでは省略するが，興味ある読者はOhi and Nishida[74) を参照してほしい．

定理 3.32　　$T_1, \cdots, T_m$ はNBU であり，$Pr\{T_i = 0\} = 0$ $(1 \leqq i \leqq m)$ である非負実数値確率変数とする．任意の上側単調集合 $A \in \mathcal{B}_{+}^{m}$ と $0 < \alpha \leqq 1$ に対して，

$$\begin{aligned} &Pr\{(T_1, \cdots, T_m) \in A\} \cdot Pr\{(T_1, \cdots, T_m) \in \alpha A\} \\ &\quad = Pr\{(T_1, \cdots, T_m) \in (1+\alpha)A\} \end{aligned} \tag{3.39}$$

が成立するための必要十分条件は，

$$\begin{aligned} &\exists\theta > 0,\ \exists a_i > 0\ (1 \leqq i \leqq m), \\ &Pr\{T_i \leqq t_i\ (1 \leqq i \leqq m)\} = 1 - \exp\left\{-\,\theta \min_{1 \leqq i \leqq m}\{a_i t_i\}\right\} \end{aligned}$$

が成立することである．

3.8.3 二変量アーラン分布の NBU 性と IFRA 性

二変量アーラン分布の定義 (3.35) の $\{N_i(t),\ t \geqq 0\}$ $(i=1,2)$, $\{N_{12}(t),\ t \geqq 0\}$ を独立な再生計数過程とし，それぞれの再生点の時間間隔を意味する独立な確率変数列を, $X_1, X_2, \cdots, Y_1, Y_2, \cdots, Z_1, Z_2, \cdots$ とし, $X_0=0,\ Y_0=0,\ Z_0=0$ と約束する．システム 1, 2 はそれぞれ k_1, k_2 回目のショックで故障する．したがって，それぞれの寿命を意味する確率変数 T_1, T_2 はつぎのように書き表せる．

$$T_1 = \min_{0 \leqq j \leqq k_1} \left\{ \max \left\{ \sum_{i=0}^{k_1-j} X_i,\ \sum_{i=0}^{j} Z_i \right\} \right\},$$
$$T_2 = \min_{0 \leqq j \leqq k_2} \left\{ \max \left\{ \sum_{i=0}^{k_2-j} Y_i,\ \sum_{i=0}^{j} Z_i \right\} \right\}.$$

u をつぎのように定義する．

$$u(x_0, x_1, \cdots, x_{k_1}, y_0, y_1, \cdots, y_{k_2}, z_0, z_1, \cdots, z_{\max\{k_1,k_2\}})$$
$$= \left(\min_{0 \leqq j \leqq k_1} \left\{ \max \left\{ \sum_{i=0}^{k_1-j} x_i,\ \sum_{i=0}^{j} z_i \right\} \right\},\ \min_{0 \leqq j \leqq k_2} \left\{ \max \left\{ \sum_{i=0}^{k_2-j} y_i,\ \sum_{i=0}^{j} z_i \right\} \right\} \right).$$

これは補題 3.5 (2) の条件を満たす．よって定理 3.31 (4) より定理を得る．

定理 3.33

(1) $X_1, X_2, \cdots$, $Y_1, Y_2, \cdots$, $Z_1, Z_2, \cdots$ のそれぞれがすべて NBU（IFRA）であれば, T_1, T_2 の同時分布は NBU（IFRA）である．

(2) 再生計数過程がポアソン過程であるとき，再生時間間隔は指数分布であるから，二変量アーラン分布は IFRA であり，よって NBU でもある．

(3) Marshall–Olkin の二変量指数分布は, $k_i = 1$ $(i=1,2)$ の場合のアーラン分布であるから，IFRA であり，よって NBU でもある．

3.8.4 多変量エージングの定義について

多変量でのエージングの定義は多様である．例えばNBU性については直列システムの寿命を考え，以下の条件が考えられる．$T_1, \cdots, T_m$ の同時分布関数を F，これによって定まる $\left(\boldsymbol{R}_+^m, \mathfrak{B}_+^m\right)$ 上の分布を $\boldsymbol{P}$ とする．

$$\forall t_1 > 0, \cdots, \forall t_m > 0,\ \forall t > 0,$$
$$\overline{F}(t_1 + t, \cdots,\ t_m + t) \leqq \overline{F}(t_1, \cdots, t_m) \cdot \overline{F}(t, \cdots, t)$$

で，周辺分布が同じ形のNBUである．この場合の境界分布はMarshall–Olkinの二変量指数分布であることはすでに述べた．これは，確率 $\boldsymbol{P}$ を使うと，$t_a = (t, \cdots, t)$ と約束して，

$$\forall \boldsymbol{t} \in \boldsymbol{R}_+^m,\ \forall t \in \boldsymbol{R}_+^1,\ \boldsymbol{P}(\boldsymbol{t} + t_a, \rightarrow) \leqq \boldsymbol{P}(\boldsymbol{t}, \rightarrow) \cdot \boldsymbol{P}(t_a, \rightarrow).$$

この条件は，定義3.7 (2) の条件に含まれない．しかし，条件を緩めて，直列システム自体の寿命を考えると，つぎの条件

$$\forall s \in \boldsymbol{R}_+^1,\ \forall t \in \boldsymbol{R}_+^1,\ \boldsymbol{P}(s_a + t_a, \rightarrow) \leqq \boldsymbol{P}(s_a, \rightarrow) \cdot \boldsymbol{P}(t_a, \rightarrow)$$

は，定義3.7 (2) の条件に含まれる．しかし，この条件では，「さまざまな中古部品からなる直列システム」の意味が薄まる．

本書では多変数IFRの定義について議論していない．よく見られるのは，F を m 変量寿命分布関数として，

$$\frac{\overline{F}(t_1 + t, \cdots, t_m + t)}{\overline{F}(t_1, \cdots, t_m)}$$

が任意の $t > 0$ に対して，$t_1, \cdots, t_m$ に関して単調減少であるとするものである．この定義は，明らかに直列システムの寿命をイメージしたものであり，本書で述べた定義と同様の文脈に含まれない．他方，例えば，つぎのような定義が考えられる．$\boldsymbol{P}$ を $\left(\boldsymbol{R}_+^m, \mathfrak{B}_+^m\right)$ 上の確率として，$A \subsetneqq B$ である任意の上側単調集合 $A, B \in \mathfrak{B}_+^m$ と任意の $\varDelta > 0$ に対して，

$$\frac{\boldsymbol{P}(A + \varDelta)}{\boldsymbol{P}(A)} \leqq \frac{\boldsymbol{P}(B + \varDelta)}{\boldsymbol{P}(B)}.$$

これについての議論は十分に成されていない.

いずれにしろ，どのような観点に立つかによって多変量でのエージングの定義は多様である.

3.8.5 正の相関性

従来は多くの場合，システムを構成する部品は確率的に独立であるとして，システムの信頼性特性が議論されてきた．しかし，これらの部品は一般的には，独立ではなく依存関係をもつと考えられ，依存関係のモデルが求められる．二変量およびその拡張としての多変量ショックモデルはこのようなモデルの一つであるが，一方でいくつかの依存関係自体の概念が提案されている．すでに本書で紹介されているアソシエイトはその一つである．二つの確率変数間の正の依存関係については Barlow and Proschan[7], Ohi and Nishida[72] にまとめられている．アソシエイトの一般的な順序集合上への拡張の詳細な議論は Ohi and Nishida[79] に見られる.

4 多状態システム

本章では，2 状態システムの議論を拡張する立場で，状態空間が全順序集合であるときの多状態システムの順序構造についての議論を紹介する．

4.1 多状態システムの定義

定義 4.1　多状態システム (multi–state system) とは，以下の条件を満たす組 (Ω_C, S, φ) である．

(1) C は空でない有限集合であり，部品の集合を意味する．部品の個数が n であるとき，$C = \{1, \cdots, n\}$ とし，n 次のシステムと呼ぶ．

(2) Ω_i $(i \in C)$, S は有限な全順序集合である．一般性を失うことなく，$\Omega_i = \{0, 1, \cdots, N_i\}$, $S = \{0, 1, \cdots, N\}$ と書く．Ω_i は部品 i の状態空間を，0 は故障状態を，N_i は正常状態を，他の状態は劣化状態を意味する．これらの状態の間には, $0 < 1 < \cdots < N_i$ の順序関係を仮定する．S はシステムの状態空間を意味し, 順序は $0 < 1 < \cdots < N$ であるとする．

(3) Ω_C は Ω_i $(i \in C)$ の直積順序集合である．$\boldsymbol{x} = (x_1, \cdots, x_n) \in \Omega_C$ は状態ベクトルと呼ばれ，$x_i \in \Omega_i$ は部品 i の状態である．

(4) φ は Ω_C から S への全射で，構造関数と呼ばれる．

特に混乱がない場合，システム (Ω_C, S, φ) を簡単にシステム φ と呼ぶ．

1 章で述べた 2 状態システムでは，状態空間の濃度はすべて同じで 2 であるとしたが，多状態システムでは濃度は必ずしも同一ではない．また，同じ記号で表してはいるが，例えば，部品 1 の状態 4 と部品 2 の状態 4 とは比較できず，2 状態で用いた $\min_{1\leqq i\leqq n} x_i$ などの形式は通常用いることができない．したがって，直列システムや並列システムは，2 状態の場合のように min や max の演算を用いて定義できない．しかし，後に述べる限定された状況では便宜的な表現として用いることができる．

システムの構造関数 φ は全射であると仮定されているが，制約にはならない．$S\backslash\varphi(\Omega_C) \neq \phi$ であれば，システムの状態 $s \in S\backslash\varphi(\Omega_C)$ は，どの状態ベクトルからも φ を介して出現しない．したがって，システムの状態空間を改めて $\varphi(\Omega_C)$ とすることで，構造関数を全射にできる．

定義 4.2（**単調システム**）　システム (Ω_C, S, φ) は，構造関数が単調増加であるとき，単調システムという．

構造関数 φ が単調であるとき，全射であることから，$\varphi(0, \cdots, 0) = 0$ かつ $\varphi(N_1, \cdots, N_n) = N$ である．

定義 4.3（**レリバント性**）　システム (Ω_C, S, φ) において，

(1) 部品 i はつぎの条件を満たすとき，レリバントであるという．

$$\forall k,\ \forall l \in \Omega_i\ (k \neq l),\ \exists(\cdot_i, \boldsymbol{x}) \in \Omega_{C\backslash\{i\}},\ \varphi(k_i, \boldsymbol{x}) \neq \varphi(l_i, \boldsymbol{x}).$$

(2) すべての部品がレリバントであるとき，システム φ はレリバントであるという．

定義 4.3 は，2 状態の場合のレリバント性と同様にダミーの状態が含まれないことを意味する．つまり，部品 i の異なる状態 k と l が任意の $(\cdot_i, \boldsymbol{x}) \in \Omega_{C\backslash\{i\}}$

に対して $\varphi(k_i, \boldsymbol{x}) = \varphi(l_i, \boldsymbol{x})$ であるとき，これらの二つの状態を一つの状態にまとめて，システムをレリバントであるようにできる．したがって，定義 4.1 の意味でのシステムが与えられたとき，それをレリバントであるとしてよい．このレリバント性に対して，他のレリバント性がつぎのように定義される．

定義 4.4（**狭義レリバント性**）　システム (Ω_C, S, φ) において，

(1) 部品 i はつぎの条件を満たすとき，**狭義レリバント**（strictly relevant）であるという．

$$\forall r,\ \forall s \in S\ (s \neq t),\ \exists k,\ \exists l \in \Omega_i,\ \exists(\cdot_i, \boldsymbol{x}) \in \Omega_{C\setminus\{i\}},$$
$$\varphi(k_i, \boldsymbol{x}) = r,\ \varphi(l_i, \boldsymbol{x}) = s.$$

(2) すべての部品が狭義レリバントであるとき，システムは狭義レリバントであるという．

定義 4.3 のレリバントは，部品 i の任意の状態変化が，システムの状態変化を引き起こし得ることを意味する．これに対して，定義 4.4 の狭義レリバント性は，システムの任意の状態変化を引き起こす部品の状態変化が存在することを意味する†．2 状態システムでは，両者のレリバント性は同等である．本書では，定義 4.3 のレリバント性を標準的に採用する．

定義 4.5（**コヒーレントシステム**）　システム (Ω_C, S, φ) はレリバントで単調であるとき，**コヒーレント**であるという．また，狭義レリバントで単調であるとき，**狭義コヒーレント**であるという．

定理 4.1　コヒーレントシステム (Ω_C, S, φ) の任意の部品 $i \in C$ に対してつぎが成立する．

† 「狭義」の言葉を使っているが，両者の概念の間に包含関係は一般的に存在しない．

(1)　$\forall k \in \Omega_i,\ \exists s \in S,\ \exists \boldsymbol{x} \in MI\left(\varphi^{-1}(s)\right),\ x_i = k,$

(2)　$\forall k \in \Omega_i,\ \exists s \in S,\ \exists \boldsymbol{x} \in MA\left(\varphi^{-1}(s)\right),\ x_i = k.$

【証明】　(1), (2) の証明は双対的であるため，(1) を示す．$k \in \Omega_i \backslash \{0\}$ であるとし，

$$\forall s \in S,\ \forall \boldsymbol{x} \in MI\left(\varphi^{-1}(s)\right),\ x_i \neq k$$

であるとする．$(\cdot_i, \boldsymbol{x}) \in \Omega_{C\backslash\{i\}}$ に対して，$\varphi(k_i, \boldsymbol{x}) = s$ とすると，

$$\exists \boldsymbol{y} \in MI\left(\varphi^{-1}(s)\right),\ \boldsymbol{y} \leqq (k_i, \boldsymbol{x})$$

である．仮定より $y_i < k$ であるから，$y_i \leqq k-1 < k$ であり，よって $\boldsymbol{y} \leqq ((k-1)_i, \boldsymbol{x}) < (k_i, \boldsymbol{x})$ となり，$s = \varphi(\boldsymbol{y}) \leqq \varphi((k-1_i, \boldsymbol{x}) \leqq \varphi(k_i, \boldsymbol{x}) = s$ となる．したがって，$\varphi((k-1)_i, \boldsymbol{x}) = \varphi(k_i, \boldsymbol{x})$ が任意の $(\cdot_i, \boldsymbol{x})$ に対して成立し，レリバント性に反する．　□

つぎの定理 4.2 は $\varphi^{-1}[s, \rightarrow)$ $(s \in S)$ が有限集合であることから明らかであるが，2 状態の場合の定理 2.3 に対応し，後の確率的な議論の出発点になる．

定理 4.2　コヒーレントシステム (Ω_C, S, φ) において，任意の $s \in S$ に対して以下の関係が成立する．

$$\varphi^{-1}[s, \rightarrow) = \bigcup_{\boldsymbol{x} \in MI(\varphi^{-1}[s, \rightarrow))} [\boldsymbol{x}, \rightarrow), \quad \varphi^{-1}(\leftarrow, s] = \bigcup_{\boldsymbol{x} \in MA(\varphi^{-1}(\leftarrow, s])} (\leftarrow, \boldsymbol{x}].$$

---

2 状態システムにおける極小パスベクトルは，$MI\left(\varphi^{-1}(1)\right)$ の元のことであったが，多状態では，各 $s \in S$ ごとに $MI\left(\varphi^{-1}[s, \rightarrow)\right)$ の元が対応する．また，多状態システムの構造関数 φ は，極小元の集合の族 $\left\{MI\left(\varphi^{-1}[s, \rightarrow)\right)\right\}_{s \in S}$ または極大元の集合の族 $\left\{MA\left(\varphi^{-1}(\leftarrow, s]\right)\right\}_{s \in S}$ によって決まる．

コヒーレントシステム φ に対して不等号関係

$$\forall \boldsymbol{x},\ \forall \boldsymbol{y} \in \Omega_C, \quad \varphi(\boldsymbol{x} \wedge \boldsymbol{y}) \leqq \varphi(\boldsymbol{x}) \wedge \varphi(\boldsymbol{y}) \leqq \varphi(\boldsymbol{x}) \vee \varphi(\boldsymbol{y}) \leqq \varphi(\boldsymbol{x} \vee \boldsymbol{y}).$$

が，単調性から明らかに成立する．1 番目と 3 番目のそれぞれの不等号関係に

おいて，等号が成立するための必要十分条件は，それぞれ直列システムであることと並列システムであることであるが，これは次節で直列および並列システムを定義した後に証明する．

定義 4.6（**ノーマル性**）　コヒーレントシステム (Ω_C, S, φ) はつぎの二つの条件を満たすとき**ノーマル**（normal）であるという．

$$\forall s \in S,\ \forall \boldsymbol{x} \in MI\left(\varphi^{-1}[s, \rightarrow)\right),\ \varphi(\boldsymbol{x}) = s, \tag{4.1}$$

$$\forall s \in S,\ \forall \boldsymbol{x} \in MA\left(\varphi^{-1}(\leftarrow, s]\right),\ \varphi(\boldsymbol{x}) = s. \tag{4.2}$$

式 (4.1) を満たすとき，**極小ノーマル**（minimal normal），式 (4.2) を満たすとき，**極大ノーマル**（maximal normal）と呼ぶ．

式 (4.1) と式 (4.2) はそれぞれ以下に同値である．

$$(4.1) \iff \forall s \in S,\ MI\left(\varphi^{-1}[s, \rightarrow)\right) = MI\left(\varphi^{-1}(s)\right),$$

$$(4.2) \iff \forall s \in S,\ MA\left(\varphi^{-1}(\leftarrow, s]\right) = MA\left(\varphi^{-1}(s)\right).$$

ノーマル性は多状態特有の概念であり，モジュール分解の議論で有効な働きを成す．単調な 2 状態システムはつねにノーマルである．つぎの定理 4.3 は，ノーマル性の意味を明示する．

定理 4.3　ノーマルでないコヒーレントシステム (Ω_C, S, φ) に対して，つぎのいずれかが成立する．

$$\exists \boldsymbol{a} \in \Omega_C,\ \exists i \in C,\ \varphi((a_i - 1)_i, \boldsymbol{a}) \leqq \varphi(\boldsymbol{a}) - 2,$$

$$\exists \boldsymbol{b} \in \Omega_C,\ \exists j \in C,\ \varphi(\boldsymbol{b}) + 2 \leqq \varphi((b_j + 1)_j, \boldsymbol{b}).$$

【証明】　$|S| = 2$ であるとき，システムはノーマルである．したがって，$|S| \geqq 3$ である．最初の不等号関係を証明する．2 番目は双対的である．

φ はノーマルでないとすると，$MI\left(\varphi^{-1}(s)\right) \subsetneqq MI\left(\varphi^{-1}[s, \rightarrow)\right)$ となる $s \in S$

が存在する．この $s \in S$ に対して，$\boldsymbol{a} \in MI\left(\varphi^{-1}[s, \rightarrow)\right)$，$\boldsymbol{a} \notin MI\left(\varphi^{-1}(s)\right)$ となる $\boldsymbol{a} \in \Omega_C$ が存在する．この $\boldsymbol{a}$ に対して $\varphi(\boldsymbol{a}) > s$ であるから，$\varphi(\boldsymbol{a}) = t$ として，$\boldsymbol{a} \in MI\left(\varphi^{-1}(t)\right)$ である．ある $i \in C$ に対して，$a_i \neq 0$ であるから，$\varphi((a_i - 1)_i, \boldsymbol{a}) \leqq s - 1$ である．なぜなら，もし，$\varphi((a_i - 1)_i, \boldsymbol{a}) = r$, $s \leqq r < t$ であるとすると，

$$\exists \boldsymbol{x} \in MI\left(\varphi^{-1}(r)\right),\ \boldsymbol{x} \leqq ((a_i - 1)_i, \boldsymbol{a}) < \boldsymbol{a},\ \varphi(\boldsymbol{x}) = r \geqq s$$

となり，$\boldsymbol{a} \in MI\left(\varphi^{-1}[s, \rightarrow)\right)$ に矛盾する．よって，

$$\varphi((a_i - 1)_i, \boldsymbol{a}) \leqq s - 1 < s < \varphi(\boldsymbol{a})$$

である．□

例えば，極小ノーマルでない場合，極小状態ベクトル中のある部品の状態が1変化しただけで，システムの状態が2以上変化し得ることを意味する．

4.2 直列システムと並列システム

本節では，直列システムと並列システムについて述べる．

定義 4.7（直列システムと並列システム）　単調システム (Ω_C, S, φ) は，

(1) 任意の $s \in S$ に対して $\varphi^{-1}[s, \rightarrow)$ が最小元をもつとき，直列システムであると呼ぶ．

(2) 任意の $s \in S$ に対して $\varphi^{-1}(\leftarrow, s]$ が最大元をもつとき，並列システムであると呼ぶ．

直列および並列システムは，ノーマルである．なぜなら，例えば直列の場合，$\varphi\left(\min \varphi^{-1}[s, \rightarrow)\right) > s$ であれば，$\varphi^{-1}(s) = \phi$ となり，φ が全射であることに反する．よって，つぎの定理が成立する．

定理 4.4

(1) 直列システム φ において，任意の s, $t \in S$ に対して，$\min \varphi^{-1}(s) =$

$\min \varphi^{-1}[s, \rightarrow)$ であり，$s < t$ であれば $\min \varphi^{-1}(s) < \min \varphi^{-1}(t)$ である．

(2) 並列システム φ において，任意の $s, t \in S$ に対して，$\max \varphi^{-1}(s) = \max \varphi^{-1}(\leftarrow, s]$ であり，$s < t$ であれば $\max \varphi^{-1}(s) < \max \varphi^{-1}(t)$ である．

直列システムと並列システムはたがいに双対の関係にある．つぎの定理は，順序集合上で定義された単調増加な関数についての定理 1.3 を，直列システムと並列システムの言葉で言い換えたものである．

定理 4.5　　単調システム (Ω_C, S, φ) においてつぎの同値関係が成立する．

(1) システム φ が直列システムであるための必要十分条件は，

$$\forall \boldsymbol{x}, \forall \boldsymbol{y} \in \Omega_C,\ \varphi(\boldsymbol{x} \wedge \boldsymbol{y}) = \varphi(\boldsymbol{x}) \wedge \varphi(\boldsymbol{y}). \tag{4.3}$$

(2) システム φ が並列システムであるための必要十分条件は，

$$\forall \boldsymbol{x}, \forall \boldsymbol{y} \in \Omega_C,\ \varphi(\boldsymbol{x} \vee \boldsymbol{y}) = \varphi(\boldsymbol{x}) \vee \varphi(\boldsymbol{y}). \tag{4.4}$$

式 (4.3) は，部品レベルでの直列化とシステムレベルでの直列化とが同値であることを意味し，2 状態システムでは直列システムを特徴づける性質であったが，多状態においても同様の性質が成立する．式 (4.4) は並列化（冗長化）が部品レベルとシステムレベルで同等であることを意味する．

定理 4.6　　(Ω_C, S, φ) をコヒーレントシステムとする．システム φ が直列システムおよび並列システムのいずれの場合も，状態空間の濃度間につぎの不等号関係が成立する．

$$\max_{i \in C} N_i \leqq N \leqq \sum_{i=1}^{n} N_i.$$

【証明】 直列システムの場合を証明する．直列システムはノーマルであることと定理 4.1 から，任意の部品 $i \in C$ に対して，

$$\forall k \in \Omega_i,\ \exists s \in S,\ k = \left(\min \varphi^{-1}(s)\right)_i$$

である．各 $k \in \Omega_i$ に対応する上記の性質を満たす $s \in S$ を s_k と書くと，$\Omega_i = \{0, \cdots, N_i\}$ であることから，$s_0 < s_1 < \cdots < s_{N_i}$ であり，よって，$|\Omega_i| \leqq |S|$.

直列システムでは最小元の間に

$$\min \varphi^{-1}(0) < \min \varphi^{-1}(1) < \cdots < \min \varphi^{-1}(N)$$

の不等号関係が成立し，このような大小関係を満たす状態ベクトルの最大個数は，$1 + \sum_{i=1}^{n} N_i$ である．したがって，$1 + N \leqq 1 + \sum_{i=1}^{n} N_i$ である． □

定理 4.6 より，直列システムや並列システムを考え得るためには，状態空間の濃度間に一定の条件が満たされなければならない．定理 4.6 の条件は必要十分条件であるが，十分性の証明は煩雑であるため，ここでは省略する．

定理 4.6 の証明から，状態空間の濃度が同一で $|\Omega_i| = |S|$ $(i \in C)$ であるときの直列および並列コヒーレントシステムの構造関数を，それぞれ min, max 形式で書き表せることがわかる．

定理 4.7 (Ω_C, S, φ) をコヒーレントシステムとし，状態空間の濃度は同一で，$\Omega_i = S = \{0, 1, \cdots, N\}$ であるとする．

(1) システム φ が直列システムであるとき，つぎのように書いてよい．

$$\boldsymbol{x} \in \Omega_C,\ \varphi(\boldsymbol{x}) = \min_{i \in C} x_i.$$

(2) システム φ が並列システムであるとき，つぎのように書いてよい．

$$\boldsymbol{x} \in \Omega_C,\ \varphi(\boldsymbol{x}) = \max_{i \in C} x_i.$$

【証明】 定理 4.6 の証明の s_k $(k \in \Omega_i)$ は状態空間の濃度が同一であることから，$s_k = k$ でなければならない．したがって，

$$s \in S,\ \min \varphi^{-1}(s) = (s, \cdots, s).$$

よって，$\varphi(\boldsymbol{x}) = \min_{i \in C} x_i$ と書いてよい．並列システムの場合も同様である． □

狭義コヒーレントシステムの場合はつぎのような濃度間の関係が成立する．

補題 4.1　(Ω_C, S, φ) を狭義コヒーレントシステムとする．

(1)　φ が直列システムであるとき，$s < t$ である任意の $s, t \in S$ に対して

$$\min \varphi^{-1}(s) \ll \min \varphi^{-1}(t).$$

(2)　φ が並列システムであるとき，$s < t$ である任意の $s, t \in S$ に対して

$$\max \varphi^{-1}(s) \ll \max \varphi^{-1}(t).$$

【証明】　(2) の証明は双対的であるため．(1) のみを示す．$s, t \in S$, $s < t$ とする．直列システムであることから，$\min \varphi^{-1}(s) \leqq \min \varphi^{-1}(t)$ である．狭義レリバントであることから，任意の部品 $i \in C$ に対して，

$$\exists (k_i, \boldsymbol{x}),\ \exists (l_i, \boldsymbol{x}),\ \varphi(k_i, \boldsymbol{x}) = s,\ \varphi(l_i, \boldsymbol{x}) = t,$$
$$\min \varphi^{-1}(s) \leqq (k_i, \boldsymbol{x}), \quad \min \varphi^{-1}(t) \leqq (l_i, \boldsymbol{x})$$

である．もし，$\left(\min \varphi^{-1}(s)\right)_i = \left(\min \varphi^{-1}(t)\right)_i$ であれば，$\min \varphi^{-1}(t) \leqq (k_i, \boldsymbol{x})$ となり，$\varphi(k_i, \boldsymbol{x}) = s$ に反する．よって，

$$\forall i \in C,\ \left(\min \varphi^{-1}(s)\right)_i < \left(\min \varphi^{-1}(t)\right)_i$$

である．□

定理 4.8　Ω_i $(i \in C)$, S を有限全順序集合とする．直列狭義コヒーレントシステムが存在するための必要十分条件は，状態空間の濃度に関してつぎの大小関係が成立することである．

$$|S| \leqq \min_{i \in C} |\Omega_i|.$$

並列狭義コヒーレントシステムの場合も，同じ大小関係が成立することが必要十分条件である．

【証明】 必要条件は，補題 4.1 より明らかである．十分条件は，直列システムを構成することで証明する．

$\min\varphi^{-1}(s)$, $\varphi^{-1}(s)$ $(s \in S)$ をつぎのように定義する．

$$\min\varphi^{-1}(s) = (s, \cdots, s),$$
$$\varphi^{-1}(s) = \{\boldsymbol{x} : \min\varphi^{-1}(s) \leqq \boldsymbol{x},\ \min\varphi^{-1}(t) \nleqq \boldsymbol{x}\ (\forall t > s),\ \boldsymbol{x} \in \Omega_C\}.$$

このようにして構成された $\varphi : \Omega_C \to S$ は直列狭義コヒーレントである．

並列システムはつぎのように構成すればよい．

$s < N$ に対して

$$\max\varphi^{-1}(s) = (s, \cdots, s), \quad \max\varphi^{-1}(N) = (N_1, \cdots, N_n),$$
$$\varphi^{-1}(s) = \{\boldsymbol{x} : \boldsymbol{x} \leqq \max\varphi^{-1}(s),\ \boldsymbol{x} \nleqq \max\varphi^{-1}(r)\ (r < s),\ \boldsymbol{x} \in \Omega_C\}.$$ □

定理 4.8 は，直列狭義コヒーレントシステムや並列狭義コヒーレントシステムを考える際には，状態空間の濃度に一定の大小関係が成立しなければならないことを意味する．それはこれらの特定のシステムの存在を保証するが，一意性は保証しない．同じ状態空間上に複数個の直列，並列システムを考えることができる．つぎの定理は，そのような中で，最大，最小の直列狭義コヒーレントシステムや並列狭義コヒーレントシステムが存在することを示している．

定理 4.9 状態空間に対して $|S| \leqq \min_{i \in C} |\Omega_i|$ の大小関係が成立するとする．

(1) 最小の直列狭義コヒーレントシステム $(\Omega_C, S, \varphi_{smin})$ と最大の直列狭義コヒーレントシステム $(\Omega_C, S, \varphi_{smax})$ が存在して，任意の直列狭義コヒーレントシステム (Ω_C, S, φ) に対して，

$$\forall \boldsymbol{x} \in \Omega_C, \quad \varphi_{smin}(\boldsymbol{x}) \leqq \varphi(\boldsymbol{x}) \leqq \varphi_{smax}(\boldsymbol{x}).$$

(2) 最小の並列狭義コヒーレントシステム $(\Omega_C, S, \varphi_{pmin})$ と最大の並列狭義コヒーレントシステム $(\Omega_C, S, \varphi_{pmax})$ が存在して，任意の並列狭義コヒーレントシステム (Ω_C, S, φ) に対して，

$$\forall \boldsymbol{x} \in \Omega_C, \quad \varphi_{pmin}(\boldsymbol{x}) \leqq \varphi(\boldsymbol{x}) \leqq \varphi_{pmax}(\boldsymbol{x}).$$

【証明】

(1) 定理 4.8 で構成された直列狭義コヒーレントシステムを φ_{smax} と書き，それが最大であることを示す．

φ を直列狭義コヒーレントシステムとし，ある $\boldsymbol{x} \in \Omega_C$ に対して $\varphi_{smax}(\boldsymbol{x}) = s < \varphi(\boldsymbol{x}) = t$ であるとする．φ_{smax} の構成から，ある $i \in C$ に対して，$x_i = s$ でなければならない．一方 $\min \varphi^{-1}(t) \leqq \boldsymbol{x}$ であるから，$\left(\min \varphi^{-1}(t)\right)_i \leqq s < t$ である．さらに補題 4.1 より，任意の $p \leqq t$ に対して，$\left(\min \varphi^{-1}(p)\right)_i < p$ であり，よって $\left(\min \varphi^{-1}(0)\right)_i < 0$ となる．これは，$\left(\min \varphi^{-1}(0)\right)_i = 0$ に反する．したがって，任意の $\boldsymbol{x} \in \Omega_C$ に対して，$\varphi_{smax}(\boldsymbol{x}) \geqq \varphi(\boldsymbol{x})$ である．

φ_{smin} はつぎのようにして構成される．

$$\min \varphi_{smin}^{-1}(s) = (N_1 - (N-s), \cdots, N_n - (N-s)), \quad s \in S \backslash \{0\},$$
$$\min \varphi_{smin}^{-1}(0) = (0, \cdots, 0),$$
$$\varphi_{smin}^{-1}(s) = \{\boldsymbol{x} : \min \varphi_{smin}^{-1}(s) \leqq \boldsymbol{x},\ \min \varphi_{smin}^{-1}(r) \nleqq \boldsymbol{x}\ (r < s),$$
$$\boldsymbol{x} \in \Omega_C\}.$$

(2) 並列の場合は，以下のように φ_{pmin}, φ_{pmax} を構成すればよい．

φ_{pmax} の構成

$$\max \varphi_{snax}^{-1}(s) = (s, \cdots, s), \quad s \in S,$$
$$\varphi_{smax}^{-1}(s) = \{\boldsymbol{x} : \boldsymbol{x} \leqq \max \varphi_{smax}^{-1}(s),\ \boldsymbol{x} \nleqq \max \varphi_{smax}^{-1}(r)\ (r < s),$$
$$\boldsymbol{x} \in \Omega_C\}.$$

φ_{pmin} の構成

$$\max \varphi_{pmin}^{-1}(s) = (N_1 - (N-s), \cdots, N_n - (N-s)), \quad s \in S,$$
$$\varphi_{smin}^{-1}(s) = \{\boldsymbol{x} : \boldsymbol{x} \leqq \max \varphi_{smin}^{-1}(s),\ \boldsymbol{x} \nleqq \max \varphi_{smin}^{-1}(r)\ (r < s),$$
$$\boldsymbol{x} \in \Omega_C\}.$$

□

定理 4.9 より，$|S| = |\Omega_i|$ $(i \in C)$ であるとき，$\varphi_{smin} = \varphi_{smax}$，$\varphi_{pmin} = \varphi_{pmax}$ であり，直列および並列狭義コヒーレントシステムはそれぞれ一意に定

まり，以下のように書き表してよい．

$$\varphi_{smin}(\boldsymbol{x}) = \varphi_{smax}(\boldsymbol{x}) = \min\{x_1, \cdots, x_n\} \tag{4.5}$$

$$\varphi_{pmin}(\boldsymbol{x}) = \varphi_{pmax}(\boldsymbol{x}) = \max\{x_1, \cdots, x_n\} \tag{4.6}$$

定理 4.6 と定理 4.8 より，システム (Ω_C, S, φ) がコヒーレントで狭義コヒーレントでもあるときに直列システムを考えようとすると，状態空間の濃度は

$$|S| = |\Omega_i|, \qquad i \in C$$

でなければならず，したがって，このときの直列および並列システムの構造関数はそれぞれ一意であり，式 (4.5), (4.6) のように書き表せる．

例 4.1　**表 4.1**～**表 4.7** は φ_{smax}, φ_{smin}, φ_{pmax}, φ_{pmin}, コヒーレントシステムおよび狭義コヒーレントシステムの例である．

φ_1 はコヒーレントであり狭義コヒーレントでもある．φ_{21} は狭義コヒーレントであるが，$\varphi_{21}(x_1, 2) = \varphi_{21}(x_1, 3)$ が任意の x_1 に対して成立することから，コヒーレントではない，しかし，部品 2 の状態 2 と 3 を統合して新たな状態とすることで，表 4.7 の φ_{22} のようにコヒーレントにできる．同様に φ_{pmax} はコヒーレントではないが，部品 2 の状態 2 と 3 を統合してコヒーレントにできる．

表 4.1　φ_{smin} の例

		Ω_2			
		0	1	2	3
Ω_1	0	0	0	0	0
	1	0	0	1	1
	2	0	0	1	2

表 4.2　φ_{smax} の例

		Ω_2			
		0	1	2	3
Ω_1	0	0	0	0	0
	1	0	1	1	1
	2	0	1	2	2

表 4.3　φ_{pmin} の例

		Ω_2			
		0	1	2	3
Ω_1	0	0	0	1	2
	1	1	1	1	2
	2	2	2	2	2

表 4.4　φ_{pmax} の例

		Ω_2			
		0	1	2	3
Ω_1	0	0	1	2	2
	1	1	1	2	2
	2	2	2	2	2

表 4.5　φ_1 の例

		Ω_2			
		0	1	2	3
Ω_1	0	0	0	0	1
	1	0	0	1	1
	2	0	1	2	2

表 4.6　φ_{21} の例

		Ω_2			
		0	1	2	3
Ω_1	0	0	1	2	2
	1	1	2	2	2
	2	2	2	2	2

表 4.7　φ_{22} の例

		Ω_2		
		0	1	2
Ω_1	0	0	1	2
	1	1	2	2
	2	2	2	2

これらの例において，$\varphi_1(\boldsymbol{x})$ と $\varphi_{smax}(\boldsymbol{x})$ との大小関係は一意ではなく，$\boldsymbol{x}$ によって変わる．また $\varphi_{pmax}(\boldsymbol{x}) \leqq \varphi_{21}(\boldsymbol{x})$ が任意の $\boldsymbol{x} \in \Omega_C$ に対して成立していることに注意する．

---

2 状態の場合，任意のコヒーレントシステムに対して直列システムが下界に並列システムが上界になるが，多状態における状況は，さほど簡単でないことがわかる．本書ではつぎの定理を掲げるにとどめる．

定理 4.10　状態空間の濃度は $|S| \leqq \min_{i \in C} \Omega_i$ の不等号関係を満たすとする．(Ω_C, S, φ) を狭義コヒーレントシステムとし，各 $s \in S$ に対して $(s, \cdots, s) \in \varphi^{-1}(s)$ であるとする．定理 4.9 の $(\Omega_C, S, \varphi_{smax})$ と $(\Omega_C, S, \varphi_{pmax})$ を用いて，

$$\forall \boldsymbol{x} \in \Omega_C, \quad \varphi_{smax}(\boldsymbol{x}) \leqq \varphi(\boldsymbol{x}) \leqq \varphi_{pmax}(\boldsymbol{x}).$$

【証明】　ある $\boldsymbol{x} \in \Omega_C$ に対して，$\varphi(\boldsymbol{x}) < \varphi_{smax}(\boldsymbol{x})$ であるとし，$\varphi_{smax}(\boldsymbol{x}) = t$ とする．φ_{smax} の構成から，$\boldsymbol{x} \geqq \boldsymbol{t} = (t, \cdots, t)$．よって，$\varphi(\boldsymbol{t}) \leqq \varphi(\boldsymbol{x}) < \varphi_{smax}(\boldsymbol{x}) = t$ かつ $\varphi(\boldsymbol{t}) \neq t$ となり，$\boldsymbol{t} \in \varphi^{-1}(t)$ の仮定に反する．同様の議論によって，$\boldsymbol{x} \in \Omega_C$

に対して $\varphi(\boldsymbol{x}) \leqq \varphi_{pmax}(\boldsymbol{x})$. □

φ_{smin}, φ_{pmin} をそれぞれ下界と上界にするためには，定理 4.10 の φ に関する条件をつぎのように変えればよい．

$$s \in S\backslash\{0\},\ (N_1 - (N - s), \cdots, N_n - (N - s)) \in \varphi^{-1}(s),$$

$$s = 0, \qquad \min \varphi^{-1}(0) = (0, \cdots, 0).$$

φ の構造によって，上界となる並列システムと下界となる直列システムが変わることが示唆される．

4.3 k–out–of–n:G システム

4.3.1 内包されるシステム

コヒーレントシステム (Ω_C, S, φ) と部分集合 $A \subsetneqq C$ に対して，単調な写像 $\varphi_A : \Omega_A \to S$ を

$$\boldsymbol{x} \in \Omega_A,\ \varphi_A(\boldsymbol{x}) = \varphi(\boldsymbol{x}, \mathbf{0}^{C\backslash A})$$

と定義して，単調システム (Ω_A, S, φ_A) を得る．φ は部品の状態の組それぞれに対するシステムの状態の決まり方を定義するが，その決まり方は写像 φ の枠組みの中で多様である．φ_A はこの多様性の中から，A 以外の部品の状態を $\mathbf{0}^{C\backslash A}$ として A の部品の状態の組によってのみ定まる部分を取り出したものである．φ_A は全射とはかぎらないが，システムの定義で構造関数の全射性は本質的でなかったことを思い起こす．

4.3.2 k–out–of–n:G システムの定義と性質

定義 4.8　n 次のコヒーレントシステム (Ω_C, S, φ) を考える．

(1) コヒーレントシステム φ はつぎの二つの条件を満たすとき，k–out–of–n:G システムと呼ばれる．

(1-i)　$|A| = k$ であるような任意の $A \subset C$ に対して，(Ω_A, S, φ_A) は直列システムである．

(1-ii)　$\forall \boldsymbol{x} \in \Omega_C,\ \varphi(\boldsymbol{x}) = \max_{A:A \subset C,\ |A|=k} \varphi_A(\boldsymbol{x}^A)$.

(2)　コヒーレントシステム φ はつぎの二つの条件を満たすとき，k–out–of–n:F システムと呼ばれる．

(2-i)　$|A| = k$ であるような任意の $A \subset C$ に対して，(Ω_A, S, φ_A) は並列システムである．

(2-ii)　$\forall \boldsymbol{x} \in \Omega_C,\ \varphi(\boldsymbol{x}) = \min_{A:A \subset C,\ |A|=k} \varphi_A(\boldsymbol{x}^A)$.

定理 4.11

(1)　コヒーレントシステム (Ω_C, S, φ) についてつぎの三つは同値である．

(1-i)　システム φ は直列システムである．

(1-ii)　システム φ は n–out–of–n:G システムである．

(1-iii)　システム φ は 1–out–of–n:F システムである．

(2)　コヒーレントシステム (Ω_C, S, φ) についてつぎの三つは同値である．

(2-i)　システム φ は並列システムである．

(2-ii)　システム φ は 1–out–of–n:G システムである．

(2-iii)　システム φ は n–out–of–n:F システムである．

【証明】　(1-i) と (1-ii) との同値性，(2-i) と (2-iii) との同値性は，それぞれ直列システムおよび並列システムの定義より明らかである．(2-i) と (2-ii) との同値性を示す．(1-i) と (1-iii) との同値性の証明は同様である．

1–out–of–n:G システム φ について定義 4.8 (2) より，任意の $\boldsymbol{x}, \boldsymbol{y} \in \Omega_C$ に対して，

$$\begin{aligned}\varphi(\boldsymbol{x} \vee \boldsymbol{y}) &= \max_{1 \leqq i \leqq n} \varphi\left(x_i \vee y_i, \mathbf{0}^{C \setminus \{i\}}\right) \\ &= \max_{1 \leqq i \leqq n} \left(\varphi\left(x_i, \mathbf{0}^{C \setminus \{i\}}\right) \vee \varphi\left(y_i, \mathbf{0}^{C \setminus \{i\}}\right)\right)\end{aligned}$$

$$= \max_{1 \leqq i \leqq n} \varphi\left(x_i, \mathbf{0}^{C \setminus \{i\}}\right) \vee \max_{1 \leqq i \leqq n} \varphi\left(y_i, \mathbf{0}^{C \setminus \{i\}}\right)$$

$$= \varphi(\boldsymbol{x}) \vee \varphi(\boldsymbol{y}).$$

二つ目の等号は，$\varphi\left(\cdot_i, \mathbf{0}^{C \setminus \{i\}}\right)$ が Ω_i から S への単調増加な関数で，Ω_i, S 共に全順序集合であるから成立する．よって定理 4.5 (2) より φ は並列である．

φ をコヒーレント並列システムとし，$\varphi(\boldsymbol{x}) = s$ とすると，

$$\boldsymbol{x} \leqq \max \varphi^{-1}(s) \text{ であるから } \forall j \in C,\ x_j \leqq \left(\max \varphi^{-1}(s)\right)_j,$$

$$\boldsymbol{x} \not\leqq \max \varphi^{-1}(s-1) \text{ であるから } \exists i \in C,\ \left(\max \varphi^{-1}(s-1)\right)_i < x_i.$$

このことから

$$\left(x_i, \mathbf{0}^{C \setminus \{i\}}\right) \leqq \max \varphi^{-1}(s), \qquad \left(x_i, \mathbf{0}^{C \setminus \{i\}}\right) \not\leqq \max \varphi^{-1}(s-1)$$

であり，よって $\varphi\left(x_i, \mathbf{0}^{C \setminus \{i\}}\right) = s$ である．一方，$j \neq i$ に対しては $\left(x_j, \mathbf{0}^{C \setminus \{j\}}\right) \leqq \max \varphi^{-1}(s)$ であるから，$\varphi\left(x_j, \mathbf{0}^{C \setminus \{j\}}\right) \leqq s$. 以上から

$$\varphi(\boldsymbol{x}) = \max_{j \in C} \varphi\left(x_j, \mathbf{0}^{C \setminus \{j\}}\right).$$

任意の $j \in C$ について，$\varphi\left(\cdot_j, \mathbf{0}^{C \setminus j}\right)$ は明らかに単調な直列構造である．したがって，並列システムは 1–out–of–n:G システムである．　□

定理 4.12（k–out–of–n:G システムの極小元）　(Ω_C, S, φ) をコヒーレントな k–out–of–n:G システムとする．$\varphi^{-1}(s)$ の極小元はつぎのようである．

$$MI\left(\varphi^{-1}(s)\right) \subseteqq \bigcup_{A: A \subset C,\ |A| = k} \left\{\left(\boldsymbol{x}^A, \mathbf{0}^{C \setminus A}\right) : \boldsymbol{x}^A \in MI\left(\varphi_A^{-1}(s)\right)\right\}. \tag{4.7}$$

φ_A が直列システムであるから，$MI\left(\varphi_A^{-1}(s)\right)$ は $\varphi_A^{-1}(s)$ の最小元からなる．よって式 (4.7) はつぎのようにも書ける．

$$MI\left(\varphi^{-1}(s)\right) \subseteqq \left\{\left(\min \varphi_A^{-1}(s), \mathbf{0}^{C \setminus A}\right) : A \subset C,\ |A| = k\right\}.$$

【証明】　$\boldsymbol{x} \in MI\left(\varphi^{-1}(s)\right)$ $(s \neq 0)$ に対して，

$$|A| = k,\ \boldsymbol{x}^A > \boldsymbol{0}^A,\ \boldsymbol{x}^A \in MI\left(\varphi_A^{-1}(s)\right)$$

である部分集合 $A \subsetneqq C$ が存在する．なぜなら，定義 4.8 の条件 (1-ii) より，

$$|A| = k,\ \boldsymbol{x}^A > \boldsymbol{0}^A,\ \varphi_A(\boldsymbol{x}^A) = s$$

となる A が存在し，さらに $\boldsymbol{x} \in MI\left(\varphi^{-1}(s)\right)$ $(s \neq 0)$ であることから，$\boldsymbol{x}^A \in MI\left(\varphi_A^{-1}(s)\right)$ である．また，この A に対して，極小性より $\boldsymbol{x} = \left(\boldsymbol{x}^A, \boldsymbol{0}^{C\setminus A}\right)$ である．よって，式 (4.7) の包含関係が成立する．　□

この定理から，k–out–of–n:G システムの極小状態ベクトルの形が $(\boldsymbol{x}^A, \boldsymbol{0}^{C\setminus A})$，$|A| = k$，$\boldsymbol{x}^A \in \Omega_A$ に限定されることがわかる．

多状態の場合，2 状態の場合と同様のことは一般的には成立せず，例えば k–out–of–n:G の双対システムが，必ずしも $n-k+1$–out–of–n:G でないことが容易に例示される．

例 4.2　　状態空間を $\Omega_i = \{0,1,2,3\}$ $(i = 1,2,3)$，$S = \{0,1,2\}$ とし，2–out–of–3:G システム φ をつぎのように定める．

$$MI\left(\varphi^{-1}(0)\right) = \{(0,0,0)\},$$
$$MI\left(\varphi^{-1}(1)\right) = \{(1,2,0),(2,0,1),(0,1,2)\},$$
$$MI\left(\varphi^{-1}(2)\right) = \{(2,3,0),(3,0,2),(0,2,3)\}.$$

$(2,2,2)$ は $\varphi^{-1}(1)$ の極大元であり，よって，双対システム φ^D は 2–out–of–3:G システムではない．

4.4 モジュール分解

本節では，多状態システムのモジュール分解について述べる．

定義 4.9　　(Ω_C, S, φ) を極小ノーマルコヒーレントシステムとする．C

の有限分割 $\mathcal{M} = \{M_1, \cdots, M_m\}$ はつぎの条件を満たすとき，モジュール分解といい，それぞれの M_i $(i = 1, \cdots, m)$ をモジュールと呼ぶ．極小ノーマルコヒーレントシステム $(\Omega_{A_j}, S_j, \chi_j)$ $(1 \leqq j \leqq m)$ と $(\prod_{j=1}^{m} S_j, S, \psi)$ が存在して，

$$\forall \boldsymbol{x} \in \Omega_C, \quad \varphi(\boldsymbol{x}) = \psi\left(\chi_1\left(\boldsymbol{x}^{A_1}\right), \cdots, \chi_m\left(\boldsymbol{x}^{A_m}\right)\right). \tag{4.8}$$

極大ノーマルコヒーレントシステム φ に対してモジュール分解を考えるときは，χ_i $(i = 1, \cdots, m)$ と ψ は極大ノーマルコヒーレントであるとする．

2 状態の場合と同様に，χ_i $(i = 1, \cdots, m)$ のそれぞれをモジュールシステム（モジュール構造関数），ψ を統合システム（統合構造関数）と呼ぶ．

---

2 状態の場合，モジュール分解に現れるすべてのシステムは 2 状態であると仮定された．多状態システムでは，状態空間の濃度に関してこのような条件は設けられていない．このため，モジュール分解を式 (4.8) が成立することのみで定義すると，つぎの例 4.3 に示されているように部品の任意の部分集合がモジュールになり，不自然である．定義の中にノーマルの制限を設けた意図は，このような極端な場合を避けるためである．

例 4.3　状態空間が

$$\Omega_1 = \{0, 1\},\ \Omega_2 = \Omega_3 = \{0, 1, 2\},\ \Omega_4 = \{0, 1, 2, 3\},\ S = \{0, 1, 2\}$$

である四つの部品からなるコヒーレントシステムを，極小状態ベクトルの族が以下のように与えられるものとして定義する．

$$MI\left(\varphi^{-1}(0)\right) = \{(0, 0, 0, 0)\},$$
$$MI\left(\varphi^{-1}(1)\right) = \{(0, 1, 1, 1), (0, 0, 2, 2), (1, 0, 1, 2)\},$$
$$MI\left(\varphi^{-1}(2)\right) = \{(1, 1, 2, 2), (1, 2, 1, 2)\}.$$

$C = \{1, 2, 3, 4\}$ の分割 $\{\{1, 2\}, \{3, 4\}\}$ に対して，

$$\chi_1 : \Omega_1 \times \Omega_2 \ \rightarrow \ S_1 = \{0,1,2,3,4,5\},$$

$$(0,0) \rightarrow 0,\ (0,1) \rightarrow 1,\ (0,2) \rightarrow 2,$$

$$(1,0) \rightarrow 3,\ (1,1) \rightarrow 4,\ (1,2) \rightarrow 5,$$

$$\chi_2 : \Omega_3 \times \Omega_4 \ \rightarrow \ S_2 = \{0,1,2,3,4,5,6,7,8,9,10,11\},$$

$$(0,0) \rightarrow 0,\ (0,1) \rightarrow 1,\ (0,2) \rightarrow 2,\ (0,3) \rightarrow 3,$$

$$(1,0) \rightarrow 4,\ (1,1) \rightarrow 5,\ (1,2) \rightarrow 6,\ (1,3) \rightarrow 7,$$

$$(2,0) \rightarrow 8,\ (2,1) \rightarrow 9,\ (2,2) \rightarrow 10,\ (2,3) \rightarrow 11,$$

とする．これらは全単射であり，逆関数を考えることができる．ψ を

$$(i,j) \in S_1 \times S_2,\ \psi(i,j) = \varphi\left(\chi_1^{-1}(i), \chi_2^{-1}(j)\right)$$

と定義する．これらの $\varphi, \psi, \chi_1, \chi_2$ において，

$$\boldsymbol{x} \in \Omega_1 \times \Omega_2,\ \varphi(\boldsymbol{x}) = \psi(\chi_1(x_1,x_2), \chi_2(x_3,x_4))$$

が成立する．したがって式 (4.8) が成立することのみでモジュール分解を定義すると，$\{\{1,2\},\{3,4\}\}$ はモジュール分解になる．同様の全単射を考えることで，C の任意の分割はモジュール分解となる．

このことは一般化でき，コヒーレントシステム (Ω_C, S, φ) に対して，C の任意の分割 $\{A_1, \cdots, A_m\}$ は，下記のように考えることでモジュール分解になる．$S_i = \{0,1,\cdots,|\Omega_{A_i}|-1\}$ として，$\psi : \prod_{i=1}^{m} S_i \rightarrow S,\ \chi_i : \Omega_{A_i} \rightarrow S_i\ (1 \leqq i \leqq m)$ を上の例にならい定めればよい．

---

2 状態システムのモジュールの定義では，φ がコヒーレントであれば，$\chi_i\ (i = 1,\cdots,m)$ と ψ は特に仮定することなくコヒーレントであるとしてよかった．多状態システムでは同様のことは一般的に成立しない．このため，議論の煩雑さを避けるため，本書では，構造関数 φ，モジュール構造関数 $\chi_i\ (1 = 1,\cdots,m)$，統合構造関数 ψ のすべてを同時に極小または極大ノーマルコヒーレント，ある

いはノーマルコヒーレントであると仮定する†.

例 4.4 状態空間が

$$\Omega_1 = \{0,1\},\ \Omega_2 = \Omega_3 = \{0,1,2\},\ \Omega_4 = \{0,1,2,3\},\ S = \{0,1,2,3\}$$

である四つの部品からなる極小ノーマルコヒーレントシステム φ を，極小状態ベクトルの族を以下のように与えることで定義する．

$$\begin{aligned}
MI\left(\varphi^{-1}[0,\rightarrow)\right) &= \{(0,0,0,0)\},\\
MI\left(\varphi^{-1}[1,\rightarrow)\right) &= \{(0,0,2,1),(0,0,1,3),\\
&\qquad (0,1,1,1),(0,1,0,2),(1,0,1,1),(1,0,0,2)\},\\
MI\left(\varphi^{-1}[2,\rightarrow)\right) &= \{(0,1,2,1),(0,1,1,3),(1,0,2,1),(1,0,1,3),\\
&\qquad (0,2,1,1),(0,2,0,2),(1,1,1,1),(1,1,0,2)\},\\
MI\left(\varphi^{-1}[3,\rightarrow)\right) &= \{(0,1,2,2),(1,0,2,2),\\
&\qquad (0,2,2,1),(0,2,1,3),(1,1,2,1),(1,1,1,3)\}.
\end{aligned}$$

$\psi,\ \chi_1,\ \chi_2$ も同様に下記のように極小状態ベクトルの族によって定める．

$$\chi_1 : \Omega_1 \times \Omega_2 \rightarrow S_1 = \{0,1,2\},$$

$$MI\left(\chi_1^{-1}[0,\rightarrow)\right) = \{(0,0)\},$$

---

† 式 (4.8) が成立することのみでモジュール分解を定義し，議論の対象になっているシステムにノーマル性やコヒーレント性を仮定しないとすると，

$\varphi,\ \chi_i\ (i=1,\cdots,m),\ \psi$ の単調性の関係，
$\varphi,\ \chi_i\ (1=1,\cdots,m),\ \psi$ のレリバント性の関係，
$\varphi,\ \chi_i\ (i=1,\cdots,m),\ \psi$ の狭義レリバント性の関係，
$\varphi,\ \chi_i\ (i=1,\cdots,m),\ \psi$ のノーマル性の関係

などの問題が残される．$\chi_i\ (i=1,\cdots,m),\ \psi$ がそれぞれの性質をもつとき，φ が該当する性質をもつことは明らかである．問題は，逆が成立するかどうかであるが，少なくともつぎの二つは証明できる．

φ が狭義コヒーレントであるとき，ψ は狭義コヒーレントである．
φ がコヒーレントであるとき，$\chi_i\ (i=1,\cdots,m)$ はコヒーレントである．

単調性については，2 状態の場合のような調整が可能なのかどうかは不明である．2 状態で可能であるのは，多分に状態空間の濃度が 2 であることが，場合の多様性を限定するのに有効に働いていると推察できる．

$$MI\left(\chi_1^{-1}[1,\rightarrow)\right) = \{(0,1),(1,0)\},$$

$$MI\left(\chi_1^{-1}[2,\rightarrow)\right) = \{(0,2),(1,1)\},$$

$$\chi_2 : \Omega_3 \times \Omega_4 \rightarrow S_2 = \{0,1,2,3\},$$

$$MI\left(\chi_2^{-1}[0,\rightarrow)\right) = \{(0,0)\},$$

$$MI\left(\chi_2^{-1}[1,\rightarrow)\right) = \{(1,1),(0,2)\},$$

$$MI\left(\chi_2^{-1}[2,\rightarrow)\right) = \{(2,1),(1,3)\},$$

$$MI\left(\chi_2^{-1}[3,\rightarrow)\right) = \{(2,2)\},$$

$$\psi\ : S_1 \times S_2 \rightarrow S = \{0,1,2,3\},$$

$$MI\left(\psi^{-1}[0,\rightarrow)\right) = \{(0,0)\},$$

$$MI\left(\psi^{-1}[1,\rightarrow)\right) = \{(0,2),(1,1)\},$$

$$MI\left(\psi^{-1}[2,\rightarrow)\right) = \{(1,2),(2,1)\},$$

$$MI\left(\psi^{-1}[3,\rightarrow)\right) = \{(1,3),(2,2)\}.$$

式 (4.8) の関係が成立することが確かめられ，さらにこれらのシステムは極小ノーマルコヒーレントシステムである．したがって，C の分割 $\{\{1,2\},\{3,4\}\}$ は，システム φ のモジュール分解である．さらに，極小状態ベクトルに対して，つぎの関係が成立する．

$$MI\left(\varphi^{-1}[s,\rightarrow)\right) = \bigcup_{(s_1,s_2)\in MI(\psi^{-1}[s,\rightarrow))} MI\left(\chi_1^{-1}[s_1,\rightarrow)\right) \times MI\left(\chi_2^{-1}[s_2,\rightarrow)\right). \tag{4.9}$$

上記の φ, χ_2, ψ が極大ノーマルでないことが，下記の極大状態ベクトルの族からわかる．

$$MA\left(\varphi^{-1}(\leftarrow,0]\right) = \{(0,0,0,3),(0,0,1,2),(1,2,0,1),(1,2,2,0)\},$$

$$MA\left(\varphi^{-1}(\leftarrow 1]\right) = \{(1,2,0,1),(1,2,2,0),(0,0,2,3),(0,1,0,3),$$

$$\begin{aligned}
&\qquad\qquad (0,1,1,2),(1,0,0,3),(1,0,1,2)\},\\
MA\left(\varphi^{-1}(\leftarrow 2]\right) &= \{(1,2,2,0),(0,0,2,3),(0,1,1,3),(0,1,2,1),\\
&\qquad\qquad (1,0,1,3),(1,0,2,1),(1,2,0,3),(1,2,1,2)\},\\
MA\left(\varphi^{-1}(\leftarrow 3]\right) &= \{(1,2,2,3)\},\\
MA\left(\chi_1^{-1}(\leftarrow 0]\right) &= \{(0,0)\},\\
MA\left(\chi_1^{-1}(\leftarrow 1]\right) &= \{(0,1),(1,0)\},\\
MA\left(\chi_1^{-1}(\leftarrow 2]\right) &= \{(1,2)\},\\
MA\left(\chi_2^{-1}(\leftarrow 0]\right) &= \{(0,1),(2,0)\},\\
MA\left(\chi_2^{-1}(\leftarrow 1]\right) &= \{(0,3),(1,2),(2,0)\},\\
MA\left(\chi_2^{-1}(\leftarrow 2]\right) &= \{(1,3),(2,1)\},\\
MA\left(\chi_2^{-1}(\leftarrow 3]\right) &= \{(2,3)\},\\
MA\left(\psi^{-1} \leftarrow 0]\right) &= \{(0,1),(2,0)\},\\
MA\left(\psi^{-1}(\leftarrow 1]\right) &= \{(0,3),(1,1),(2,0)\},\\
MA\left(\psi^{-1}(\leftarrow 2]\right) &= \{(1,2),(2,1),(0,3)\},\\
MA\left(\psi^{-1}(\leftarrow 3]\right) &= \{(2,3)\}.
\end{aligned}$$

以下では式 (4.9) が，ノーマルの条件下で成立することを証明する．これは2状態システムでの定理 2.11 に対応し，次章でモジュール分解を用いたシステムの確率的評価を与える際に用いられる．

定理 4.13

(1) 極小ノーマルコヒーレントシステム (Ω_C, S, φ) がモジュール分解 $\{M_1, \cdots, M_m\}$, $(\Omega_{A_i}, S_i, \chi_i)$ $(i = 1, \cdots, m)$, $\left(\prod_{1\leqq i\leqq m} S_i, S, \psi\right)$ をもつとき，極小状態ベクトルについてつぎの関係が成立する．

$$MI\left(\varphi^{-1}[s,\rightarrow)\right)=\bigcup_{\boldsymbol{y}\in MI(\psi^{-1}[s,\rightarrow))}\prod_{i=1}^{m}MI\left(\chi_i^{-1}[y_i,\rightarrow)\right). \tag{4.10}$$

(2)　極大ノーマルコヒーレントシステム (Ω_C, S, φ) がモジュール分解 $\{M_1,\cdots,M_m\}$, $(\Omega_{A_i}, S_i, \chi_i)$ $(i=1,\cdots,m)$, $\left(\prod_{1\leqq i\leqq m}S_i, S, \psi\right)$ をもつとき，極大状態ベクトルについてつぎの関係が成立する.

$$MA\left(\varphi^{-1}(\leftarrow,s]\right)=\bigcup_{\boldsymbol{y}\in MA(\psi^{-1}(\leftarrow,s])}\prod_{i=1}^{m}MA\left(\chi_i^{-1}(\leftarrow,y_i]\right). \tag{4.11}$$

【証明】　式 (4.11) の証明は式 (4.10) と同様である. 下記の一連の等号関係を証明する.

$$MI\left(\varphi^{-1}[s,\rightarrow)\right)=MI\left(\bigcup_{\boldsymbol{y}\in MI\left(\psi^{-1}[s,\rightarrow)\right)}\{\boldsymbol{x}:\boldsymbol{\chi}(\boldsymbol{x})\geqq\boldsymbol{y}\}\right) \tag{4.12}$$

$$=MI\left(\bigcup_{\boldsymbol{y}\in MI\left(\psi^{-1}[s,\rightarrow)\right)}MI\{\boldsymbol{x}:\boldsymbol{\chi}(\boldsymbol{x})\geqq\boldsymbol{y}\}\right) \tag{4.13}$$

$$=\bigcup_{\boldsymbol{y}\in MI\left(\psi^{-1}[s,\rightarrow)\right)}MI\{\boldsymbol{x}:\boldsymbol{\chi}(\boldsymbol{x})\geqq\boldsymbol{y}\} \tag{4.14}$$

$$=\bigcup_{\boldsymbol{y}\in MI\left(\psi^{-1}[s,\rightarrow)\right)}\prod_{i=1}^{m}MI\{\boldsymbol{x}^{A_i}:\chi_i(\boldsymbol{x}^{A_i})\geqq y_i\}. \tag{4.15}$$

ここで，$\boldsymbol{x}=\left(\boldsymbol{x}^{M_1},\cdots,\boldsymbol{x}^{M_n}\right)\in\Omega_C$ に対して

$$\boldsymbol{\chi}(\boldsymbol{x})=\left(\chi_1(\boldsymbol{x}^{M_1}),\cdots,\chi_m(\boldsymbol{x}^{M_m})\right)\in\prod_{1\leqq i\leqq m}S_i.$$

<u>式 (4.15) の証明</u>　以下に注意して，式 (4.15) は補題 1.2 (1) より成立する.

$$\{\boldsymbol{x}:\boldsymbol{\chi}(\boldsymbol{x})\geqq\boldsymbol{y}\}=\prod_{i=1}^{m}\{\boldsymbol{x}^{A_i}:\chi_i(\boldsymbol{x}^{A_i})\geqq y_i\}.$$

<u>式 (4.12) と式 (4.13) の証明</u>　つぎの等号関係

$$\varphi^{-1}[s,\rightarrow) = \{\boldsymbol{x} : \psi(\boldsymbol{\chi}(\boldsymbol{x})) \geqq s\} = \bigcup_{\boldsymbol{y} \in MI\left(\psi^{-1}[s,\rightarrow)\right)} \{\boldsymbol{x} : \boldsymbol{\chi}(\boldsymbol{x}) \geqq \boldsymbol{y}\}$$

と補題 1.2 (2) より式 (4.12) と式 (4.13) が成立する.

<u>式 (4.14) の証明</u>　式 (4.14) の等号関係を改めて取り出しておく.

$$\begin{aligned} & MI\left(\bigcup_{\boldsymbol{y} \in MI\left(\psi^{-1}[s,\rightarrow)\right)} MI\{\boldsymbol{x} : \boldsymbol{\chi}(\boldsymbol{x}) \geqq \boldsymbol{y}\} \right) \\ & \quad = \bigcup_{\boldsymbol{y} \in MI\left(\psi^{-1}[s,\rightarrow)\right)} MI\{\boldsymbol{x} : \boldsymbol{\chi}(\boldsymbol{x}) \geqq \boldsymbol{y}\}. \end{aligned} \tag{4.16}$$

この等号関係を証明するためには，式 (4.16) の右辺の異なる任意の二つの元の間に順序関係が成立しないことを示せば，補題 1.1 (3) によって，式 (4.16) の等号関係が示される．このためには，$\boldsymbol{y}, \boldsymbol{y}' \in MI\left(\psi^{-1}[s,\rightarrow)\right)$ を異なる二つの元としたとき，任意の $\boldsymbol{x} \in MI\{\boldsymbol{x} : \boldsymbol{\chi}(\boldsymbol{x}) \geqq \boldsymbol{y}\}$ と任意の $\boldsymbol{x}' \in MI\{\boldsymbol{x}' : \boldsymbol{\chi}(\boldsymbol{x}') \geqq \boldsymbol{y}'\}$ の間に順序関係が成立しないことを示せばよい.

$\boldsymbol{y}$ と $\boldsymbol{y}'$ との間には順序関係が成立しないことに注意する．$\boldsymbol{\chi} = (\chi_1, \cdots, \chi_m)$ であるから, χ_i $(i = 1, \cdots, m)$ の極小ノーマル性から $MI\left(\boldsymbol{\chi}^{-1}[\boldsymbol{y},\rightarrow)\right) = MI\left(\boldsymbol{\chi}^{-1}(\boldsymbol{y})\right)$ である．$\boldsymbol{y}'$ についても同様である．したがって，$\boldsymbol{\chi}(\boldsymbol{x}) = \boldsymbol{y}$, $\boldsymbol{\chi}(\boldsymbol{x}') = \boldsymbol{y}'$ である．もし $\boldsymbol{x}$ と $\boldsymbol{x}'$ の間に順序関係がつけば，$\boldsymbol{\chi}$ の単調性より $\boldsymbol{y}$ と $\boldsymbol{y}'$ との間にも順序がつき矛盾である. □

5 多状態システムの確率的評価と劣化過程

本章では，多状態システムの信頼性評価方法とエージング性について述べる．

5.1 多状態システムの確率的評価

(Ω_C, S, φ) をコヒーレントシステムとし，確率 $\boldsymbol{P}$ が Ω_C 上に与えられているとする．本節では，システムの状態が s 以上である確率 $\boldsymbol{P}\left(\varphi^{-1}[s,\rightarrow)\right)$ の計算方法および，上界と下界について議論する．議論の出発点は，定理 4.2 の関係であり，これより任意の $s \in S$ に対してつぎの確率に関する関係を得る．

$$\boldsymbol{P}(\varphi \geqq s) = \boldsymbol{P}\left(\varphi^{-1}[s,\rightarrow)\right) = \boldsymbol{P}\left(\bigcup_{\boldsymbol{x} \in MI(\varphi^{-1}[s,\rightarrow))} [\boldsymbol{x},\rightarrow)\right), \quad (5.1)$$

$$\boldsymbol{P}(\varphi \leqq s) = \boldsymbol{P}\left(\varphi^{-1}(\leftarrow,s]\right) = \boldsymbol{P}\left(\bigcup_{\boldsymbol{x} \in MA(\varphi^{-1}(\leftarrow,s])} (\leftarrow,\boldsymbol{x}]\right). \quad (5.2)$$

包除原理や排反積和法によって，式 (5.1) と式 (5.2) の確率が計算でき，さらに上界と下界も得られるが，容易であるためここでは省略する．

5.1.1 多状態システムの信頼性評価方法

定理 2.13 で与えられている 2 状態システムでの上界と下界に対応する不等号関係は，つぎの定理によって与えられる．

定理 5.1　式 (5.1), (5.2) より，以下の不等号関係が成立する．

$$\max_{\boldsymbol{x} \in MI(\varphi^{-1}[s,\rightarrow))} \boldsymbol{P}([\boldsymbol{x},\rightarrow)) \leqq \boldsymbol{P}(\varphi \geqq s), \tag{5.3}$$

$$\max_{\boldsymbol{x} \in MA(\varphi^{-1}(\leftarrow,s])} \boldsymbol{P}((\leftarrow,\boldsymbol{x}]) \leqq \boldsymbol{P}(\varphi \leqq s). \tag{5.4}$$

2 状態システムの定理 2.14 に対応するものとして，つぎの定理が得られる．

定理 5.2 Ω_C 上の確率 $\boldsymbol{P}$ がアソシエイトであるとき，式 (5.1), (5.2) より，つぎの不等号関係が成立する．

$$\boldsymbol{P}(\varphi \geqq s) \leqq \coprod_{\boldsymbol{x} \in MI(\varphi^{-1}[s,\rightarrow))} \boldsymbol{P}[\boldsymbol{x},\rightarrow), \tag{5.5}$$

$$\boldsymbol{P}(\varphi \leqq s) \leqq \coprod_{\boldsymbol{x} \in MA(\varphi^{-1}(\leftarrow,s])} \boldsymbol{P}(\leftarrow,\boldsymbol{x}]. \tag{5.6}$$

定理 5.1 と定理 5.2 を統合して，つぎの不等号関係を得る．これは 2 状態での系 2.3 に対応する．

系 5.1 Ω_C 上の確率 $\boldsymbol{P}$ がアソシエイトであるとき，つぎの不等号関係が成立する．

$$\max\left\{\coprod_{\boldsymbol{x} \in MA(\varphi^{-1}(\leftarrow,s-1])} (1-\boldsymbol{P}(\leftarrow,\boldsymbol{x}]),\ \max_{\boldsymbol{x} \in MI(\varphi^{-1}[s,\rightarrow))} \boldsymbol{P}[\boldsymbol{x},\rightarrow)\right\}$$
$$\leqq \boldsymbol{P}(\varphi \geqq s)$$
$$\leqq \min\left\{\coprod_{\boldsymbol{x} \in MI(\varphi^{-1}[s,\rightarrow))} \boldsymbol{P}[\boldsymbol{x},\rightarrow),\ \min_{\boldsymbol{x} \in MA(\varphi^{-1}(\leftarrow,s-1])} (1-\boldsymbol{P}(\leftarrow,\boldsymbol{x}])\right\}.$$

本項の定理は容易であるため，証明は省略する．

5.1.2 モジュール分解によるシステムの信頼性評価

定理 5.2 をモジュール分解に適用し，2 状態の場合の式 (2.27), (2.28) を多状態に拡張したものが定理 5.3 で与えられる．証明のためにつぎの補題 5.1 を準備する．

補題 5.1 $D_i = \{(i,1),\cdots,(i,n_i)\}$ $(i=1,\cdots,m)$ とし，各要素 $(i,j) \in D_i$ に $0 \leqq p^i_j \leqq 1$ である p^i_j が付与されているとする．つぎの不等号関係 (5.7) が成立する．

$$\prod_{i=1}^{m}\left(1-\prod_{j=1}^{n_i}(1-p^i_j)\right) \leqq 1-\prod_{\substack{(j_1,\cdots,j_m) \\ 1\leqq j_i \leqq n_i, i=1,\cdots,m}}\left(1-\prod_{i=1}^{m}p^i_{j_i}\right). \quad (5.7)$$

【証明】 図 **5.1** で与えられる 2 状態直・並列システムの信頼度と極小パス集合による上界を考える．それぞれの部品は二重添字で区別され，i 番目の並列サブシステムは，$D_i = \{(i,1),(i,2),\cdots,(i,n_i)\}$ の部品によって構成される．部品は確率的に独立であり，その信頼度は p^i_j であるとする．

このシステムの信頼度は，式 (5.7) の左辺で与えられる．極小パス集合は

$$\{(1,j_1),\cdots,(m,j_m)\}, \quad j_i=1,\cdots,n_i, \ i=1,\cdots,m.$$

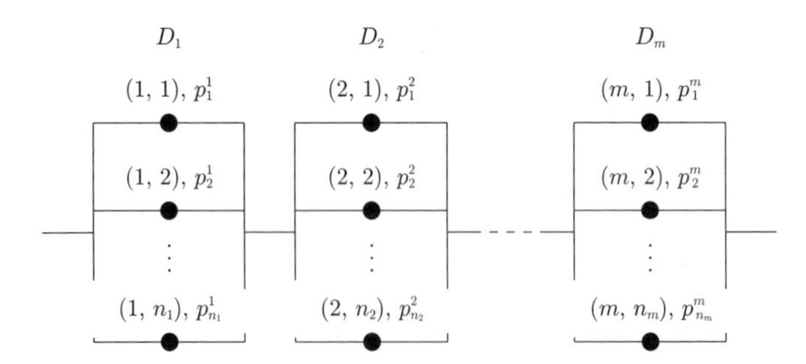

部品は二重添字で区別され，i 番目の並列サブシステムは部品 $(i,1)$ から (i,n_i) で構成され，部品 (i,j) の信頼度は p^i_j である（Ohi[86] からの引用）

図 5.1 2 状態直・並列システム

よってシステムの信頼度の上界は定理 2.14 より式 (5.7) の右辺で与えられる． □

定理 5.3 ノーマルコヒーレントシステム (Ω_C, S, φ) はモジュール分解 $\{M_1, \cdots, M_m\}$ をもち，モジュールシステムと統合システムをそれぞれ $(\Omega_{M_i}, \chi_i, S_i)$ $(i = 1, \cdots, m)$，$\left(\prod_{i=1}^m S_i, S, \psi\right)$ とする．確率 $\boldsymbol{P}$ は，Ω_{M_j} 上の確率 $\boldsymbol{P}_{M_j}$ $(j = 1, \cdots, m)$ の直積でアソシエイトであるとし，$\boldsymbol{P} = \prod_{j=1}^m \boldsymbol{P}_{M_j}$ である．任意の $s \in S$ に対して以下の不等号関係が成立する．

$$\boldsymbol{P}(\varphi \geqq s) \leqq \coprod_{\boldsymbol{y} \in MI(\psi^{-1}[s, \rightarrow))} \prod_{i=1}^m \boldsymbol{P}_{M_i}\left(\chi_i^{-1}[y_i, \rightarrow)\right) \tag{5.8}$$

$$\leqq \coprod_{\boldsymbol{y} \in MI(\psi^{-1}[s, \rightarrow))} \prod_{i=1}^m \coprod_{\boldsymbol{a}_i \in MI\left(\chi_i^{-1}[y_i, \rightarrow)\right)} \boldsymbol{P}_{M_i}[\boldsymbol{a}_i, \rightarrow) \tag{5.9}$$

$$\leqq \coprod_{\boldsymbol{a} \in MI(\varphi^{-1}[s, \rightarrow))} \boldsymbol{P}[\boldsymbol{a}, \rightarrow), \tag{5.10}$$

$$\boldsymbol{P}(\varphi \leqq s) \leqq \coprod_{\boldsymbol{z} \in MA(\psi^{-1}(\leftarrow, s])} \prod_{i=1}^m \boldsymbol{P}_{M_i}\left(\chi_i^{-1}(\leftarrow, z_i]\right) \tag{5.11}$$

$$\leqq \coprod_{\boldsymbol{z} \in MA(\psi^{-1}(\leftarrow, s])} \prod_{i=1}^m \coprod_{\boldsymbol{b}_i \in MA\left(\chi_i^{-1}(\leftarrow, z_i]\right)} \boldsymbol{P}_{M_i}(\leftarrow, \boldsymbol{b}_i] \tag{5.12}$$

$$\leqq \coprod_{\boldsymbol{b} \in MA(\varphi^{-1}(\leftarrow, s])} \boldsymbol{P}(\leftarrow, \boldsymbol{b}]. \tag{5.13}$$

各システムはノーマルであるため，例えば，$MI\left(\varphi^{-1}[s, \rightarrow)\right)$ は $MI\left(\varphi^{-1}(s)\right)$ で置き換えられる．

【証明】 式 (5.11), (5.12), (5.13) の証明は同様であるため，ここでは式 (5.8), (5.9), (5.10) を証明する．

$\boldsymbol{P}$ はアソシエイトであり $\boldsymbol{P}_{M_i}$ $(i = 1, \cdots, m)$ の直積であるから，$s \in S$ に対して，

$$\boldsymbol{P}(\varphi \geqq s) = \boldsymbol{P}\left\{ \bigcup_{\boldsymbol{y} \in MI\left(\psi^{-1}[s,\to)\right)} \prod_{i=1}^{m} \chi_i^{-1}[y_i,\to) \right\}$$
$$\leqq \coprod_{\boldsymbol{y} \in MI\left(\psi^{-1}[s,\to)\right)} \prod_{i=1}^{m} \boldsymbol{P}_{M_i}\left(\chi_i^{-1}[y_i,\to)\right). \tag{5.14}$$

各 $\boldsymbol{P}_{M_i}$ $(1 \leqq i \leqq m)$ はアソシエイトであるから，

$$\boldsymbol{P}_{M_i}\left(\chi_i^{-1}[y_i,\to)\right) = \boldsymbol{P}_{M_i}\left\{ \bigcup_{\boldsymbol{a}_i \in MI\left(\chi_i^{-1}[y_i,\to)\right)} [\boldsymbol{a}_i,\to) \right\}$$
$$\leqq \coprod_{\boldsymbol{a}_i \in MI\left(\chi_i^{-1}[y_i,\to)\right)} \boldsymbol{P}_{M_i}[\boldsymbol{a}_i,\to). \tag{5.15}$$

式 (5.14) と式 (5.15) を合わせて，

$$\boldsymbol{P}(\varphi \geqq s) \leqq \coprod_{\boldsymbol{y} \in MI\left(\psi^{-1}[s,\to)\right)} \prod_{i=1}^{m} \boldsymbol{P}_{M_i}\left(\chi_i^{-1}[y_i,\to)\right)$$
$$\leqq \coprod_{\boldsymbol{y} \in MI\left(\psi^{-1}[s,\to)\right)} \prod_{i=1}^{m} \coprod_{\boldsymbol{a}_i \in MI\left(\chi_i^{-1}[y_i,\to)\right)} \boldsymbol{P}_{M_i}[\boldsymbol{a}_i,\to). \tag{5.16}$$

さらに補題 5.1 と $\boldsymbol{P}$ が $\boldsymbol{P}_{M_i}$ $(1 \leqq i \leqq m)$ の直積であることを式 (5.16) の右辺に適用して，

$$\boldsymbol{P}(\varphi \geqq s)$$
$$\leqq \coprod_{\boldsymbol{y} \in MI\left(\psi^{-1}[s,\to)\right)} \left[1 - \prod_{\substack{(\boldsymbol{a}_1,\cdots,\boldsymbol{a}_m), \\ \boldsymbol{a}_i \in MI\left(\chi_i^{-1}[y_i,\to)\right),\ i=1,\cdots,m}} (1 - \boldsymbol{P}[(\boldsymbol{a}_1,\cdots,\boldsymbol{a}_m),\to)) \right].$$

記号 $\coprod$ の定義を思い起こして，上式の右辺はつぎのように書き換えられる．

$$1 - \prod_{\boldsymbol{y} \in MI\left(\psi^{-1}[s,\to)\right)} \prod_{\substack{(\boldsymbol{a}_1,\cdots,\boldsymbol{a}_m), \\ \boldsymbol{a}_i \in MI\left(\chi_i^{-1}[y_i,\to)\right),\ i=1,\cdots,m}} (1 - \boldsymbol{P}[(\boldsymbol{a}_1,\cdots,\boldsymbol{a}_m),\to))$$
$$= \coprod_{\substack{\boldsymbol{y} \in MI\left(\psi^{-1}[s,\to)\right), \\ (\boldsymbol{a}_1,\cdots,\boldsymbol{a}_m), \\ \boldsymbol{a}_i \in MI\left(\chi_i^{-1}[y_i,\to)\right),\ i=1,\cdots,m}} \boldsymbol{P}[(\boldsymbol{a}_1,\cdots,\boldsymbol{a}_m),\to)$$

$$= \coprod_{\boldsymbol{a} \in MI\left(\varphi^{-1}[s, \rightarrow)\right)} \boldsymbol{P}[\boldsymbol{a}, \rightarrow).$$

最後の等式は，定理 4.13 (1) から成立する．よって，式 (5.8), (5.9), (5.10) を得る． □

5.1.3 モジュール分解による上界と下界の計算

状態空間 S が全順序集合であることから，任意の $s \in S$ に対して

$$\boldsymbol{P}(\varphi \geqq s) = 1 - \boldsymbol{P}(\varphi \leqq s - 1).$$

よって，定理 5.3 は $\boldsymbol{P}(\varphi \geqq s)$ の上界と下界を与える．本項ではこれらの上界と下界の数値的な計算方法を，次項では数値例を示す．

システムの状態 $s \in S$ に対して $h_\varphi(s \leqq)$, $u_\varphi(s \leqq)$, $l_\varphi(\leqq s)$ の三つの確率を定義する．

$$h_\varphi(s \leqq) = \boldsymbol{P}\left(\bigcup_{\boldsymbol{y} \in MI(\varphi^{-1}[s, \rightarrow))} [\boldsymbol{y}, \rightarrow) \right),$$

$$u_\varphi(s \leqq) = \coprod_{\boldsymbol{y} \in MI(\varphi^{-1}[s, \rightarrow))} \boldsymbol{P}[\boldsymbol{y}, \rightarrow),$$

$$l_\varphi(\leqq s) = \coprod_{\boldsymbol{y} \in MA(\varphi^{-1}(\leftarrow s])} \boldsymbol{P}(\leftarrow, \boldsymbol{y}].$$

モジュールシステム χ_i についても同様に状態 $s_i \in S_i$ $(i = 1, \cdots, m)$ に対して三つの確率を定義する．

$$h_{\chi_i}(s_i \leqq) = \boldsymbol{P}_{M_i}\left(\bigcup_{\boldsymbol{m}_i \in MI\left(\chi_i^{-1}[s_i, \rightarrow)\right)} [\boldsymbol{m}_i, \rightarrow) \right),$$

$$u_{\chi_i}(s_i \leqq) = \coprod_{\boldsymbol{m}_i \in MI\left(\chi_i^{-1}[s_i, \rightarrow)\right)} \boldsymbol{P}_{M_i}[\boldsymbol{m}_i, \rightarrow),$$

$$l_{\chi_i}(\leqq s_i) = \coprod_{\boldsymbol{m}_i \in MA\left(\chi_i^{-1}(\leftarrow s_i]\right)} \boldsymbol{P}_{M_i}(\leftarrow, \boldsymbol{m}_i].$$

さらに，統合構造関数 ψ と状態 $s \in S$ に対して，

$$u_\psi\left(h_{\chi_1}, \cdots, h_{\chi_m}\right)(s \leqq) = \coprod_{(s_1,\cdots,s_m)\in MI(\psi^{-1}[s,\rightarrow))} \prod_{i=1}^{m} h_{\chi_i}(s_i \leqq),$$

$$u_\psi\left(u_{\chi_1}, \cdots, u_{\chi_m}\right)(s \leqq) = \coprod_{(s_1,\cdots,s_m)\in MI(\psi^{-1}[s,\rightarrow))} \prod_{i=1}^{m} u_{\chi_i}(s_i \leqq),$$

$$l_\psi\left(h_{\chi_1}, \cdots, h_{\chi_m}\right)(\leqq s) = \coprod_{(s_1,\cdots,s_m)\in MA(\psi^{-1}(\leftarrow s])} \prod_{i=1}^{m} h_{\chi_i}(\leqq s_i),$$

$$l_\psi\left(l_{\chi_1}, \cdots, l_{\chi_m}\right)(\leqq s) = \coprod_{(s_1,\cdots,s_m)\in MA(\psi^{-1}(\leftarrow s])} \prod_{i=1}^{m} l_{\chi_i}(\leqq s_i).$$

よって定理 5.3 で与えられている不等号関係はつぎのように書き表せる．$s \in S$ に対して，

$$\begin{aligned}
&1 - l_\varphi(\leqq s-1) \\
&\quad \leqq 1 - l_\psi\left(l_{\chi_1}, \cdots, l_{\chi_1}\right)(\leqq s-1) \\
&\quad \leqq 1 - l_\psi\left(h_{\chi_1}, \cdots, h_{\chi_m}\right)(\leqq s-1) \\
&\quad \leqq h_\varphi(s \leqq) \\
&\quad \leqq u_\psi\left(h_{\chi_1}, \cdots, h_{\chi_m}\right)(s \leqq) \\
&\quad \leqq u_\psi(u_{\chi_1}, \cdots, u_{\chi_m})(s \leqq) \\
&\quad \leqq u_\varphi(s \leqq).
\end{aligned} \tag{5.17}$$

これらの不等号関係の意味は，2 状態の場合と同様であり，モジュールの階層構造に沿って上界と下界それぞれを積み上げることで，全システム φ に対して直接的に計算されたものよりも精度のよいものが得られることを意味している．

5.1.4 数　　値　　例

つぎのことに注意する．式 (5.8), (5.9), (5.10) は極小ノーマルであれば成立し，また，式 (5.11), (5.12), (5.13) は極大ノーマルであれば成立する．例 4.4 のシス

テムは極小ノーマルであるが，極大ノーマルではない．この例を用いて，定理5.3の不等号関係が成立する場合と成立しない場合の数値例を計算手順とともに示す．

例 5.1 $\boldsymbol{P}_i$ を Ω_i $(i=1,2,3,4)$ 上の確率とし，部品は独立であるとする．$Q_j^i = \boldsymbol{P}_i(\{j, j+1, \cdots, N_i\})$ と書く．部品 i の状態が j 以上である確率である．Ω_C 上の確率 $\boldsymbol{P}$ は，$\boldsymbol{P}_1 \times \boldsymbol{P}_2 \times \boldsymbol{P}_3 \times \boldsymbol{P}_4$ の直積確率である．例4.4のシステムは，部品1と2からなるモジュールと，部品3と4からなるモジュールをもち，$M_1 = \{1,2\}$, $M_2 = \{3,4\}$ である．Ω_{M_1} と Ω_{M_2} 上の確率はそれぞれ $\boldsymbol{P}_{M_1} = \boldsymbol{P}_1 \times \boldsymbol{P}_2$ と $\boldsymbol{P}_{M_2} = \boldsymbol{P}_3 \times \boldsymbol{P}_4$ である．

$\boldsymbol{P}(\varphi \geqq 3)$ に対する直接的な上界 $u_\varphi(3 \leqq)$ は，式 (5.5) より

$$
\begin{aligned}
&u_\varphi(3 \leqq) \\
&\quad = 1 - [\,1 - Q_1^2 Q_2^3 Q_2^4\,] \cdot [\,1 - Q_1^1 Q_2^3 Q_2^4\,] \cdot [\,1 - Q_2^2 Q_2^3 Q_1^4\,] \\
&\qquad \cdot [\,1 - Q_2^2 Q_1^3 Q_3^4\,] \cdot [\,1 - Q_1^1 Q_1^2 Q_2^3 Q_1^4\,] \cdot [\,1 - Q_1^1 Q_1^2 Q_1^3 Q_3^4\,].
\end{aligned}
\tag{5.18}
$$

ここでは $\boldsymbol{P}(\varphi \geqq 3)$ のみを扱うが，$\boldsymbol{P}(\varphi \geqq 2)$ と $\boldsymbol{P}(\varphi \geqq 1)$ に対しても同様である．

χ_i $(i=1,2)$ と ψ に対して以下のように確率が得られる．

$$
\begin{aligned}
h_{\chi_1}(1 \leqq) &= Q_1^1 + Q_1^2 - Q_1^1 Q_1^2, \\
u_{\chi_1}(1 \leqq) &= 1 - [\,1 - Q_1^1\,] \cdot [\,1 - Q_1^2\,], \\
h_{\chi_1}(2 \leqq) &= Q_2^2 + Q_1^1 Q_1^2 - Q_1^1 Q_2^2, \\
u_{\chi_1}(2 \leqq) &= 1 - [\,1 - Q_2^2\,] \cdot [\,1 - Q_1^1 Q_1^2\,], \\
h_{\chi_2}(1 \leqq) &= Q_1^3 Q_1^4 + Q_2^4 - Q_1^3 Q_2^4, \\
u_{\chi_2}(1 \leqq) &= 1 - [\,1 - Q_1^3 Q_1^4\,] \cdot [\,1 - Q_2^4\,], \\
h_{\chi_2}(2 \leqq) &= Q_2^3 Q_1^4 + Q_1^3 Q_3^4 - Q_2^3 Q_3^4, \\
u_{\chi_2}(2 \leqq) &= 1 - [\,1 - Q_2^3 Q_1^4\,] \cdot [\,1 - Q_1^3 Q_3^4\,], \\
h_{\chi_2}(3 \leqq) &= Q_2^3 Q_2^4,
\end{aligned}
$$

$$u_{\chi_2}(3 \leqq) = Q_2^3 Q_2^4.$$

よって $h_\varphi(3 \leqq) = \boldsymbol{P}(\varphi \geqq 3)$ の確率と上界はつぎのようになる．

$$h_\varphi(3 \leqq) = h_{\chi_1}(1 \leqq) h_{\chi_2}(3 \leqq) + h_{\chi_1}(2 \leqq) h_{\chi_2}(2 \leqq) \\ - h_{\chi_1}(2 \leqq) h_{\chi_2}(3 \leqq), \tag{5.19}$$

$$u_\psi(h_{\chi_1}, h_{\chi_2})(3 \leqq) = 1 - [\ 1 - h_{\chi_1}(1 \leqq) h_{\chi_2}(3 \leqq)\ ] \\ \cdot [\ 1 - h_{\chi_1}(2 \leqq) h_{\chi_2}(2 \leqq)\ ], \tag{5.20}$$

$$u_\psi(u_{\chi_1}, u_{\chi_2})(3 \leqq) = 1 - [\ 1 - u_{\chi_1}(1 \leqq) u_{\chi_2}(3 \leqq)\ ] \\ \cdot [\ 1 - u_{\chi_1}(2 \leqq) u_{\chi_2}(2 \leqq)\ ]. \tag{5.21}$$

定理 5.3 は (5.19) $\leqq$ (5.20) $\leqq$ (5.21) $\leqq$ (5.18) が成立することを示している．図 **5.2** は，

$$(Q_1^1, Q_1^2, Q_2^2, Q_1^3, Q_2^3, Q_1^4, Q_2^4) = (0.9, 0.9, 0.8, 0.9, 0.8, 0.9, 0.8)$$

の場合に Q_3^4 の値を 0 から $Q_2^4 = 0.8$ まで変化させたときの各確率の値を

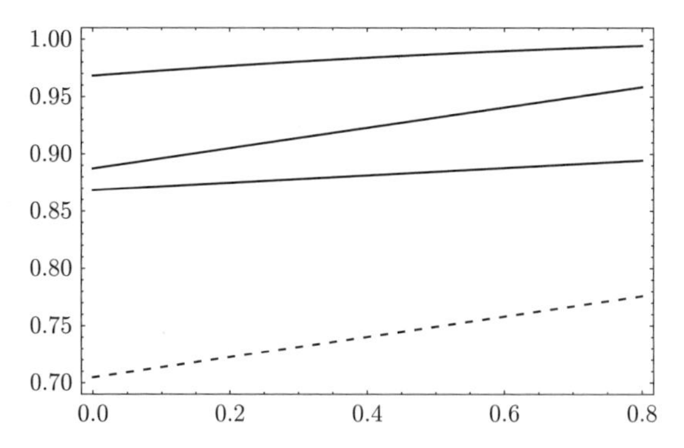

横軸は Q_3^4 で 0 から $Q_2^4 = 0.8$ まで変化する．点線が $\boldsymbol{P}\{\varphi \geqq 3\}$ である．1 番上の実線は $u_\varphi(3 \leqq)$, 2 番目の実線は $u_\psi(u_{\chi_1}, u_{\chi_2})(3 \leqq)$, 3 番目の実線は $u_\psi(h_{\chi_1}, h_{\chi_2})(3 \leqq)$ である（Ohi[86] からの引用）

図 5.2　例 4.4 のシステムにおける $(Q_1^1, Q_1^2, Q_2^2, Q_1^3, Q_2^3, Q_1^4, Q_2^4) = (0.9, 0.9, 0.8, 0.9, 0.8, 0.9, 0.8)$ の場合の上界

プロットしたものである．

例 5.2 例 4.4 のシステムは極大ノーマルでなく，各 $s \in S$ に対して $l_\varphi(\leqq s) \geqq l_\psi(l_{\chi_1}, l_{\chi_2})\ (\leqq s)$ の不等号関係は必ずしも成立しない．ここでは，このことを例示する．

$P_j^i = \boldsymbol{P}_i(\{0, \cdots, j\})\ (j \in \Omega_i,\ i \in C)$ と書くと，システム φ についてつぎのように確率が定まる．

$$\begin{aligned}
l_\varphi(\leqq 0) &= 1 - \left[1 - P_0^1 P_0^2 P_0^3\right]\left[1 - P_0^1 P_0^2 P_1^3 P_2^4\right]\left[1 - P_0^3 P_1^4\right] \\
&\qquad \cdot \left[1 - P_0^4\right], \\
l_\varphi(\leqq 1) &= 1 - \left[1 - P_0^3 P_1^4\right]\left[1 - P_0^4\right]\left[1 - P_0^1 P_0^2\right]\left[1 - P_0^1 P_1^2 P_0^3\right] \\
&\qquad \cdot \left[1 - P_0^1 P_1^2 P_1^3 P_2^4\right]\left[1 - P_0^2 P_0^3\right]\left[1 - P_0^2 P_1^3 P_2^4\right], \\
l_\varphi(\leqq 2) &= 1 - \left[1 - P_0^4\right]\left[1 - P_0^1 P_0^2\right]\left[1 - P_0^1 P_1^2 P_1^3\right]\left[1 - P_0^1 P_1^2 P_1^4\right] \\
&\qquad \cdot \left[1 - P_0^2 P_1^3\right]\left[1 - P_0^2 P_1^4\right]\left[1 - P_0^3\right]\left[1 - P_1^3 P_2^4\right].
\end{aligned}$$

モジュール χ_1, χ_2 と統合構造関数 ψ については以下のようになる．

$$\begin{aligned}
&l_{\chi_1}(\leqq 0) = P_0^1 P_0^2, \qquad l_{\chi_1}(\leqq 1) \ = \ 1 - \left[1 - P_0^1 P_1^2\right]\left[1 - P_0^2\right], \\
&l_{\chi_2}(\leqq 0) = 1 - \left[1 - P_0^3 P_1^4\right]\left[1 - P_0^4\right], \\
&l_{\chi_2}(\leqq 1) = 1 - \left[1 - P_0^3\right]\left[1 - P_1^3 P_2^4\right]\left[1 - P_0^4\right], \\
&l_{\chi_2}(\leqq 2) = 1 - \left[1 - P_1^3\right]\left[1 - P_1^4\right], \\
&l_\psi(l_{\chi_1}, l_{\chi_2})(\leqq 0) = 1 - [1 - l_{\chi_1}(\leqq 0) l_{\chi_2}(\leqq 1)]\,[1 - l_{\chi_2}(\leqq 0)], \\
&l_\psi(l_{\chi_1}, l_{\chi_2})(\leqq 1) = 1 - [1 - l_{\chi_1}(\leqq 0)]\,[1 - l_{\chi_1}(\leqq 1) l_{\chi_2}(\leqq 1)] \\
&\qquad\qquad \cdot [1 - l_{\chi_2}(\leqq 0)], \\
&l_\psi(l_{\chi_1}, l_{\chi_2})(\leqq 2) = 1 - [1 - l_{\chi_1}(\leqq 1) l_{\chi_2}(\leqq 2)]\,[1 - l_{\chi_2}(\leqq 1)] \\
&\qquad\qquad \cdot [1 - l_{\chi_1}(\leqq 0)].
\end{aligned}$$

図 5.3 は

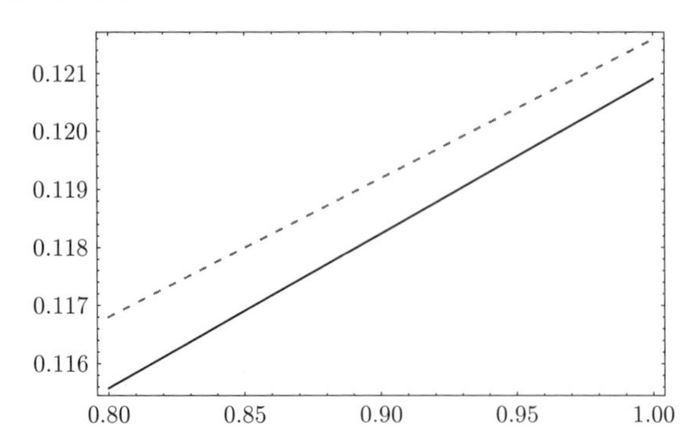

$(P_0^1, P_0^2, P_1^2, P_0^3, P_1^3, P_0^4, P_1^4) = (0.05, 0.05, 0.7, 0.05, 0.35, 0.05, 0.8)$ の場合，P_2^4 を $P_1^4 = 0.8$ から 1 まで変化させたとき $l_\psi(l_{\chi_1}, l_{\chi_2})(\leqq 2) \leqq l_\varphi(\leqq 2)$ は成立しない．実線は $l_\varphi(\leqq 2)$，点線は $l_\psi(l_{\chi_1}, l_{\chi_2})(\leqq 2)$ である．横軸は P_2^4 である（Ohi[86] からの引用）

図 **5.3**　例 4.4 のシステムにおける上界

$$(P_0^1, P_0^2, P_1^2, P_0^3, P_1^3, P_0^4, P_1^4) = (0.05, 0.05, 0.7, 0.05, 0.35, 0.05, 0.8)$$

の場合に，P_2^4 を $P_1^4 = 0.8$ から 1 まで変化させたとき，$l_\psi(l_{\chi_1}, l_{\chi_2})(\leqq 2) \leqq l_\varphi(2 \leqq)$ の不等号関係が成立しないことを例示している．

5.2 多状態システムの劣化過程

本節では，多状態システム (Ω_C, S, φ) における確率的な劣化過程について IFRA および NBU 閉包定理を証明する．さらに，IFR 閉包定理の成立がシステムの構造を直列に限定することを示す．

5.2.1 IFRA 閉包定理と NBU 閉包定理

まず IFRA 閉包および NBU 閉包定理を証明するために必要となる補題を証明する．以降では特に σ–集合体は明記しないが，状態空間は有限集合であるから，巾集合族が想定される．

補題 5.2 $\boldsymbol{P}_i, \boldsymbol{Q}_i, \boldsymbol{U}_i$ を Ω_i 上の確率とする.

(1) 任意の上側単調集合 W_i と α $(0 < \alpha < 1)$ に対して $\boldsymbol{P}_i(W_i) \geqq [\boldsymbol{Q}_i(W_i)]^\alpha$ であれば,

$$\int_{\Omega_i} f^\alpha \, d\boldsymbol{P}_i \geqq \left[\int_{\Omega_i} f \, d\boldsymbol{Q}_i\right]^\alpha$$

が任意の α $(0 < \alpha < 1)$ と Ω_i から $\mathbf{R}_+$ への任意の単調増加な関数 f に対して成立する.

(2) 任意の上側単調集合 W_i に対して $\boldsymbol{U}_i(W_i) \leqq \boldsymbol{P}_i(W_i)\boldsymbol{Q}_i(W_i)$ であれば,

$$\int_{\Omega_i} f \cdot g \, d\boldsymbol{U}_i \leqq \int_{\Omega_i} f \, d\boldsymbol{P}_i \int_{\Omega_i} g \, d\boldsymbol{Q}_i$$

が Ω_i から $\mathbf{R}_+$ への任意の単調増加な関数 f と g に対して成立する.

【証明】

(1) 仮定より f は $\sum_{j=1}^{m} x_j I_{S_j}$ の形の階段関数によって近似できる. ここで S_j は上側単調集合であり, $S_1 \supset \cdots \supset S_m$, $x_j \geqq 0$ で I_{S_j} は S_j $(1 \leqq j \leqq m)$ の指示関数である. よって, Ross[98] の Lemma 1 と同様にして (1) が示される.

(2) 仮定より f と g はそれぞれ $\sum_{j=1}^{m} x_j I_{S_j}$ と $\sum_{k=1}^{n} y_k I_{V_k}$ の階段関数によって近似できる. ここで, S_j, V_k は上側単調集合であり $S_1 \supset \cdots \supset S_m$, $V_1 \supset \cdots \supset V_n$, $x_j \geqq 0$, $y_k \geqq 0$ $(1 \leqq j \leqq m,\ 1 \leqq k \leqq n)$ である. よって, 上側単調集合の積集合は上側単調集合であることに注意して, 仮定より

$$\int_{\Omega_i} \left(\sum_{j=1}^{m} x_j I_{S_j}\right)\left(\sum_{k=1}^{n} y_k I_{V_k}\right) d\boldsymbol{U}_i$$
$$\leqq \int_{\Omega_i} \left(\sum_{j=1}^{m} x_j I_{S_j}\right) d\boldsymbol{P}_i \int_{\Omega_i} \left(\sum_{k=1}^{n} y_k I_{V_k}\right) d\boldsymbol{Q}_i.$$

よって, 極限をとって (2) が成立する. □

定理 5.4 $\boldsymbol{P}_i, \boldsymbol{Q}_i, \boldsymbol{U}_i$ を Ω_i $(1 \leqq i \leqq n)$ 上の確率とする.

(1) 任意の上側単調集合 $W_i \subseteqq \Omega_i$ と α $(0 < \alpha < 1)$ に対して $\boldsymbol{P}_i(W_i) \geqq [\boldsymbol{Q}_i(W_i)]^\alpha$ であれば，

$$\left(\prod_{i=1}^{n} \boldsymbol{P}_i\right)(W) \geqq \left[\left(\prod_{i=1}^{n} \boldsymbol{Q}_i\right)(W)\right]^\alpha$$

が任意の α $(0 < \alpha < 1)$ と上側単調集合 $W \subseteqq \prod_{i=1}^{n} \Omega_i$ に対して成立する．

(2) 任意の上側単調集合 $W_i \subseteqq \Omega_i$ $(1 \leqq i \leqq n)$ に対して $\boldsymbol{U}_i(W_i) \leqq \boldsymbol{P}_i(W_i)\boldsymbol{Q}_i(W_i)$ が成立すれば，

$$\left(\prod_{i=1}^{n} \boldsymbol{U}_i\right)(W) \leqq \left[\left(\prod_{i=1}^{n} \boldsymbol{P}_i\right)(W)\right]\left[\left(\prod_{i=1}^{n} \boldsymbol{Q}_i\right)(W)\right]$$

が任意の上側単調集合 $W \subseteqq \prod_{i=1}^{n} \Omega_i$ に対して成立する．

【証明】　n に関する帰納法で証明する．

(1) $n = 1$ のとき，(1) は仮定より明らかである．$n = n$ のとき (1) が成立するとする．I_W を W の指示関数として，フビニ（Fubini）の定理より，

$$\left(\prod_{i=1}^{n+1} \boldsymbol{P}_i\right)(W) = \int_{\prod_{i=1}^{n+1} \Omega_i} I_W d \prod_{i=1}^{n+1} \boldsymbol{P}_i$$
$$= \int_{\Omega_{n+1}} \left(\int_{\prod_{i=1}^{n} \Omega_i} (I_W)_{x_{n+1}} d \prod_{i=1}^{n} \boldsymbol{P}_i\right) d\boldsymbol{P}_{n+1}.$$

$x_{n+1} \in \Omega_{n+1}$ における切り口 $(I_W)_{x_{n+1}}$ は単調な二値関数であり $\prod_{i=1}^{n} \Omega_i$ の上側単調部分集合を意味する†．よって，帰納法の仮定，補題 5.2 (1) とフビニの定理を用いて

$$\left(\prod_{i=1}^{n+1} \boldsymbol{P}_i\right)(W) \geqq \int_{\Omega_{n+1}} \left[\int_{\prod_{i=1}^{n} \Omega_i} (I_W)_{x_{n+1}} \ d \prod_{i=1}^{n} \boldsymbol{Q}_i\right]^\alpha d\boldsymbol{P}_{n+1}$$
$$\geqq \left[\int_{\prod_{i=1}^{n+1} \Omega_i} I_W \ d \prod_{i=1}^{n+1} \boldsymbol{Q}_i\right]^\alpha$$

---

† 例えば，二変数の関数 $u(x, y)$ に対して，x の値を a に固定したとき，y に関する関数 $u(a, y)$ を，$x = a$ における**切り口**と呼ぶ．「切り口」については，西尾[71)], p.85 を参照してほしい．

$$= \left[\left(\prod_{i=1}^{n+1} \boldsymbol{Q}_i \right) (W) \right]^{\alpha}.$$

(2)　$n = 1$ のときは仮定より明らかである．$n = n$ のとき，(2) の不等号関係が成立するとする．

$$\left(\prod_{i=1}^{n+1} \boldsymbol{U}_i \right) (W) = \int_{\Omega_{n+1}} \left(\int_{\prod_{i=1}^{n} \Omega_i} (I_W)_{x_{n+1}} \, d\prod_{i=1}^{n} \boldsymbol{U}_i \right) d\boldsymbol{U}_{n+1}$$
$$\leqq \int_{\Omega_{n+1}} \left(\int_{\prod_{i=1}^{n} \Omega_i} (I_W)_{x_{n+1}} \, d\prod_{i=1}^{n} \boldsymbol{P}_i \int_{\prod_{i=1}^{n} \Omega_i} (I_W)_{x_{n+1}} \, d\prod_{i=1}^{n} \boldsymbol{Q}_i \right) d\boldsymbol{U}_{n+1}$$
$$\leqq \int_{\prod_{i=1}^{n+1} \Omega_i} I_W \, d\prod_{i=1}^{n+1} \boldsymbol{P}_i \int_{\prod_{i=1}^{n+1} \Omega_i} I_W \, d\prod_{i=1}^{n+1} \boldsymbol{Q}_i$$
$$= \left[\left(\prod_{i=1}^{n+1} \boldsymbol{P}_i \right) (W) \right] \left[\left(\prod_{i=1}^{n+1} \boldsymbol{Q}_i \right) (W) \right].$$

ここで最初の不等号関係は帰納法の仮定から，二つ目の不等号関係は補題 5.2 (2) より成立する．　□

$\{X_i(t),\ t \geqq 0\}$ を Ω_i $(i = 1, \cdots, n)$ の値をとる確率過程とする．部品 i の時間的な状態推移を意味する．$\boldsymbol{X}(t) = (X_1(t), \cdots, X_n(t))$ $(t \in [0, \infty))$ は $\prod_{i=1}^{n} \Omega_i$ の値をとり，部品全体の時間的な状態推移を意味する確率過程である．よって単調システム $\left(\prod_{i=1}^{n} \Omega_i, S, \varphi \right)$ において，$\{\varphi(\boldsymbol{X}(t)),\ t \geqq 0\}$ は S の値をとり，システムの時間的な状態推移を意味する確率過程である．μ_t を $\boldsymbol{X}(t)$ の $\prod_{i=1}^{n} \Omega_i$ 上の確率分布とする．$\mu_{t,i}$ は μ_t の Ω_i への制限であり，$X_i(t)$ の Ω_i 上の確率分布でもある．$\{X_i(t),\ t \geqq 0\}$ $(i = 1, \cdots, n)$ はたがいに独立であるとすると，μ_t は $\mu_{t,i}$ $(i = 1, \cdots, n)$ の直積確率で，$\mu_t = \prod_{i=1}^{n} \mu_{t,i}$ である．

定義 5.1　$T_{i,W} = \inf\{t \mid X_i(t) \notin W\}$ $(W \subsetneqq \Omega_i)$ とする．

(1)　確率過程 $\{X_i(t),\ t \geqq 0\}$ は，任意の上側単調部分集合 $W \subsetneqq \Omega_i$ に対して $T_{i,W}$ が IFR であるとき，IFR であると呼ばれる．

(2)　確率過程 $\{X_i(t),\ t \geqq 0\}$ は，任意の上側単調部分集合 $W \subsetneqq \Omega_i$ に対して $T_{i,W}$ が IFRA であるとき，IFRA であると呼ばれる．

(3) 確率過程 $\{X_i(t),\ t \geqq 0\}$ は，任意の上側単調部分集合 $W \subseteqq \Omega_i$ に対して $T_{i,W}$ が NBU であるとき，NBU であると呼ばれる．

定理 5.5　(Ω_C, S, φ) をコヒーレントシステム，$\{X_i(t),\ t \geqq 0\}$ $(i \in C)$ は確率 1 で単調減少右連続でたがいに確率的に独立であるとする．

(1) $\{X_i(t),\ t \geqq 0\}$ $(i \in C)$ が IFRA であれば，$\{\varphi(\boldsymbol{X}(t)),\ t \geqq 0\}$ は IFRA である．

(2) $\{X_i(t),\ t \geqq 0\}$ $(i \in C)$ が NBU であれば，$\{\varphi(\boldsymbol{X}(t)),\ t \geqq 0\}$ は NBU である．

【証明】

(1) 上側単調部分集合 $V \subseteqq S$ に対して，$\varphi^{-1}(V) \subseteqq \Omega_C$ は上側単調集合である．$\{X_i(t),\ t \geqq 0\}$ $(i \in C)$ は単調減少右連続であるので，任意の上側単調部分集合 $W \subseteqq \Omega_C$ について $\mu_{\alpha t}(W) \geqq [\mu_t(W)]^\alpha$ $(0 < \alpha < 1)$ であることを示せばよい．仮定より，任意の上側単調部分集合 $W_i \subseteqq \Omega_i$ $(i \in C)$ に対して

$$\mu_{\alpha t,i}(W_i) \geqq [\mu_{t,i}(W_i)]^\alpha, \quad 0 < \alpha < 1$$

であり，$\{X_i(t),\ t \geqq 0\}$ $(i \in C)$ はたがいに独立である．よって定理 5.4 (1) より (1) が成立する．

(2) (1) と同様にして，任意の上側単調集合 $W \subseteqq \Omega_C$ について $\mu_{s+t}(W) \leqq \mu_s(W)\mu_t(W)$ であることを示せばよい．仮定より，任意の上側単調部分集合 $W_i \subseteqq \Omega_i$ $(i \in C)$ に対して

$$\mu_{s+t,i}(W_i) \leqq \mu_{s,i}(W_i)\mu_{t,i}(W_i)$$

であり，よって定理 5.4 (2) より (2) が成立する．□

IFR 閉包については次項でハザード変換を用いて議論する．

5.2.2 多状態システムのハザード変換

本項では，多状態システムに対する IFR 閉包，IFRA 閉包，NBU 閉包について，ハザード変換の手法を用いて議論する．このことによってそれぞれのエー

ジングの幾何学的性質が明確になる．まずいくつかの補題と定理から始める．

〔1〕 補題と準備の定理　　つぎの補題 5.3 は明らかであるため，証明は省略するが，図 **5.4** を参照してほしい．

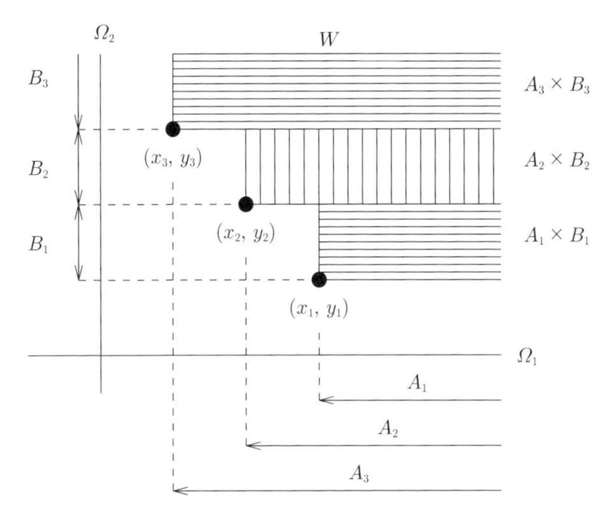

線を引いた部分全体が W であり，(x_i, y_i) $(i = 1, 2, 3)$ が極小元である

図 **5.4**　上側単調集合 W の分解

補題 5.3

(1)　$\Omega_1 \times \Omega_2$ の上側単調部分集合 W は $W = \bigcup_{j=1}^{m} (A_j \times B_j)$ の形をもつ．ここで，A_j $(j = 1, \cdots, m)$ は Ω_1 の空でない上側単調部分集合で，$A_1 \subset \cdots \subset A_m$, $A_i \neq A_j$ $(i \neq j)$ である．B_j $(1 \leqq j \leqq m)$ は Ω_2 の空でないたがいに排反な部分集合で，$\bigcup_{k=j}^{m} B_k$ $(1 \leqq j \leqq m)$ は Ω_2 の上側単調部分集合である．このとき，$W = (P_{\Omega_1} W) \times (P_{\Omega_2} W)$ が成立するための必要十分条件は $m = 1$ である．

(2)　$W \subseteqq \prod_{i=1}^{n} \Omega_i$ を上側単調部分集合とする．$W = \prod_{i=1}^{n} P_{\Omega_i} W$ が成立するための必要十分条件は W が最小元をもつことである．

補題 5.4

(1) $0<\alpha<1,\ 0<b<\min\{a_0,a_1\}$ に対してつぎの不等号関係が成立する．

$$a_0^\alpha + a_1^\alpha - b^\alpha > [a_0 + a_1 - b]^\alpha.$$

(2) $0<\alpha<1,\ n \geqq 2,\ 0<a_1<\cdots<a_n,\ b_1>\cdots>b_n>0$ に対してつぎの不等号関係が成立する．

$$\sum_{i=1}^{n-1} a_i^\alpha (b_i^\alpha - b_{i+1}^\alpha) + a_n^\alpha b_n^\alpha > \left[\sum_{i=1}^{n-1} a_i(b_i - b_{i+1}) + a_n b_n\right]^\alpha.$$

【証明】

(1) 一般性を失うことなく $a_1 \leqq a_0$ として，

$$f(x) = a_0^\alpha + a_1^\alpha - x^\alpha - [a_0 + a_1 - x]^\alpha$$

の $(0,a_1)$ における挙動を調べればよい．

(2) n に関する帰納法で証明する．$n=2$ の場合は，(1) の不等号関係から明らかである．$n=n$ のとき成立するとし，

$$g(x) = \sum_{i=1}^{n} a_i^\alpha (b_i^\alpha - b_{i+1}^\alpha) + x^\alpha b_{n+1}^\alpha - \left[\sum_{i=1}^{n} a_i(b_i - b_{i+1}) + x b_{n+1}\right]^\alpha$$

の (a_n,∞) 上での挙動を調べればよい．　□

定理 5.6　$\boldsymbol{P}_i$ と $\boldsymbol{Q}_i$ を $\Omega_i\ (i=1,\cdots,n)$ 上の確率とし，$0<\alpha<1$ とする．任意の上側単調部分集合 $W_i \subsetneqq \Omega_i$ に対して $\boldsymbol{P}_i(W_i) = [\boldsymbol{Q}_i(W_i)]^\alpha$ が成立し，任意の $x_i \in \Omega_i$ に対して $\boldsymbol{P}_i(\{x_i\}) \neq 0$ であるとする．このとき，任意の上側単調集合 $W \subsetneqq \prod_{i=1}^{n} \Omega_i$ に対してつぎの同値関係が成立する．

$$\left(\prod_{i=1}^{n} \boldsymbol{P}_i\right)(W) = \left[\left(\prod_{i=1}^{n} \boldsymbol{Q}_i\right)(W)\right]^\alpha \iff W = \prod_{i=1}^{n} P_{\Omega_i} W.$$

【証明】　十分条件は明らかである．n に関する帰納法で必要条件を証明する．$n=2$ の場合，$W=(P_{\Omega_1}W)\times(P_{\Omega_2}W)$ が成立しないとする．補題 5.3 の記号を用いて，$W=\bigcup_{j=1}^{m}(A_j\times B_j)$ $(m\geqq 2)$ であり，

$$\left(\prod_{i=1}^{2}\boldsymbol{P}_i\right)(W)=\sum_{j=1}^{m}\boldsymbol{P}_1(A_j)\boldsymbol{P}_2(B_j)$$
$$=\sum_{j=1}^{m-1}\boldsymbol{P}_1(A_j)\left\{\boldsymbol{P}_2\left(\bigcup_{k=j}^{m}B_k\right)-\boldsymbol{P}_2\left(\bigcup_{k=j+1}^{m}B_k\right)\right\}+\boldsymbol{P}_1(A_m)\boldsymbol{P}_2(B_m).$$

仮定と補題 5.4 を用いて，

$$\left(\prod_{i=1}^{2}\boldsymbol{P}_i\right)(W)=\sum_{j=1}^{m-1}[\boldsymbol{Q}_1(A_j)]^{\alpha}\left\{\left[\boldsymbol{Q}_2\left(\bigcup_{k=j}^{m}B_k\right)\right]^{\alpha}-\left[\boldsymbol{Q}_2\left(\bigcup_{k=j+1}^{m}B_k\right)\right]^{\alpha}\right\}$$
$$+[\boldsymbol{Q}_1(A_m)]^{\alpha}[\boldsymbol{Q}_2(B_m)]^{\alpha}$$
$$>\left[\left(\prod_{i=1}^{2}\boldsymbol{Q}_i\right)(W)\right]^{\alpha}.$$

必要条件が $n=n$ のときに成立するとする．I_W を上側単調部分集合 $W\subseteqq\prod_{i=1}^{n+1}\Omega_i$ の指示関数とする．もし $W=\prod_{i=1}^{n+1}(P_{\Omega_i}W)$ が成立しないとすれば，ある $x_j\in\Omega_j$ に対して，切り口 $(I_W)_{x_j}$ によって定義される $\prod_{i=1,i\neq j}^{n+1}\Omega_i$ の上側単調部分集合は Ω_i $(1\leqq i\leqq n+1,\ i\neq j)$ の上側単調部分集合の直積ではない．よって，帰納法の仮定と定理 5.4 (1) より

$$\int_{\prod_{i=1,i\neq j}^{n+1}\Omega_i}(I_W)_{x_j}d\left(\prod_{i=1,i\neq j}^{n+1}\boldsymbol{P}_i\right)>\left[\int_{\prod_{i=1,i\neq j}^{n+1}\Omega_i}(I_W)_{x_j}d\left(\prod_{i=1,i\neq j}^{n+1}\boldsymbol{Q}_i\right)\right]^{\alpha}.$$

$\boldsymbol{P}_j$ に関する仮定より $\boldsymbol{P}_j(\{x_j\})>0$ であるから，以上より補題 5.2 とフビニの定理より $\left(\prod_{i=1}^{n+1}\boldsymbol{P}_i\right)(W)>\left[\left(\prod_{i=1}^{n+1}\boldsymbol{Q}_i\right)(W)\right]^{\alpha}$ である．　□

つぎの補題 5.5 の証明は n に関する帰納法で容易であるため，省略する．

補題 5.5　$0<a_1<\cdots<a_n$，$b_1>\cdots>b_n>0$，$0<\alpha_1<\cdots<\alpha_n$，$\beta_1>\cdots>\beta_n$，$n\geqq 2$ であるとき，つぎの不等号関係が成立する．

$$\left\{\sum_{j=1}^{n-1}a_j(b_j-b_{j+1})+a_nb_n\right\}\left\{\sum_{j=1}^{n-1}\alpha_j(\beta_j-\beta_{j+1})+\alpha_n\beta_n\right\}$$

$$> \sum_{j=1}^{n-1} a_j\alpha_j(b_j\beta_j - b_{j+1}\beta_{j+1}) + a_n\alpha_n b_n\beta_n.$$

定理 5.7　$\boldsymbol{P}_i, \boldsymbol{Q}_i, \boldsymbol{U}_i$ を Ω_i $(i = 1, \cdots, n)$ 上の確率とし, 任意の上側単調部分集合 $W_i \subseteqq \Omega_i$ に対して, $\boldsymbol{U}_i(W_i) = \boldsymbol{P}_i(W_i)\boldsymbol{Q}_i(W_i)$ が成立するとし, さらに, 任意の $x_i \in \Omega_i$ に対して $\boldsymbol{P}_i(\{x_i\}) > 0$, $\boldsymbol{Q}_i(\{x_i\}) > 0$, $\boldsymbol{U}_i(\{x_i\}) > 0$ であるとする．このとき，任意の上側単調部分集合 $W \subseteqq \prod_{i=1}^{n} \Omega_i$ に対して，つぎの同値関係が成立する．

$$\left(\prod_{i=1}^{n} \boldsymbol{U}_i\right)(W) = \left[\left(\prod_{i=1}^{n} \boldsymbol{P}_i\right)(W)\right]\left[\left(\prod_{i=1}^{n} \boldsymbol{Q}_i\right)(W)\right]$$

$$\Longleftrightarrow W = \prod_{i=1}^{n}(P_{\Omega_i}W).$$

【証明】　十分条件は明らかである．n に関する帰納法で必要条件を証明する．$n = 2$ の場合，$W = (P_{\Omega_1}W) \times (P_{\Omega_2}W)$ が成立しないとすると，補題 5.3 の記号を用いて，$W = \bigcup_{i=1}^{m}(A_j \times B_j)$ $(m \geqq 2)$ である．よって，補題 5.5 より，

$$(\boldsymbol{U}_1 \times \boldsymbol{U}_2)(W) = \sum_{j=1}^{m} \boldsymbol{U}_1(A_j)\boldsymbol{U}_2(B_j)$$

$$= \sum_{j=1}^{m-1} \boldsymbol{U}_1(A_j)\left\{\boldsymbol{U}_2\left(\bigcup_{k=j}^{m} B_k\right) - \boldsymbol{U}_2\left(\bigcup_{k=j+1}^{m} B_k\right)\right\} + \boldsymbol{U}_1(A_m)\boldsymbol{U}_2(B_m)$$

$$= \sum_{j=1}^{m-1} \boldsymbol{P}_1(A_j)\boldsymbol{Q}_1(A_j)\left\{\boldsymbol{P}_2\left(\bigcup_{k=j}^{m} B_k\right)\boldsymbol{Q}_2\left(\bigcup_{k=j}^{m} B_k\right) - \boldsymbol{P}_2\left(\bigcup_{k=j+1}^{m} B_k\right)\boldsymbol{Q}_2\left(\bigcup_{k=j+1}^{m} B_k\right)\right\}$$

$$+ \boldsymbol{P}_1(A_m)\boldsymbol{Q}_1(A_m)\boldsymbol{P}_2(B_m)\boldsymbol{Q}_2(B_m)$$

$$< \left[\sum_{j=1}^{m-1} \boldsymbol{P}_1(A_j)\left\{\boldsymbol{P}_2\left(\bigcup_{k=j}^{m} B_k\right) - \boldsymbol{P}_2\left(\bigcup_{k=j+1}^{m} B_k\right)\right\} + \boldsymbol{P}_1(A_m)\boldsymbol{P}_2(B_m)\right]$$

$$\times \left[\sum_{j=1}^{m-1} \boldsymbol{Q}_1(A_j) \left\{ \boldsymbol{Q}_2 \left(\bigcup_{k=j}^{m} B_k \right) - \boldsymbol{Q}_2 \left(\bigcup_{k=j+1}^{m} B_k \right) \right\} + \boldsymbol{Q}_1(A_m)\boldsymbol{Q}_2(B_m) \right]$$
$$= (\boldsymbol{P}_1 \times \boldsymbol{P}_2)(W)(\boldsymbol{Q}_1 \times \boldsymbol{Q}_2)(W).$$

$n = n$ のとき，必要条件が成立するとする．上側単調部分集合 $W \subseteqq \prod_{i=1}^{n+1} \Omega_i$ の指示関数を I_W とし，$W = \prod_{i=1}^{n+1} P_{\Omega_i}(W)$ が成立しないとすると，ある $x_j \in \Omega_j$ における切り口 $(I_W)_{x_j}$ で定義される $\prod_{i=1, i\neq j}^{n+1} \Omega_i$ の上側単調部分集合は Ω_i $(1 \leqq i \leqq n+1,\ i \neq j)$ の上側単調部分集合の直積ではない．よって，帰納法の仮定と定理 5.4 (2) より

$$\int_{\prod_{i=1,i\neq j}^{n+1} \Omega_i} (I_W)_{x_j} d \prod_{i=1,i\neq j}^{n+1} \boldsymbol{U}_i$$
$$< \left[\int_{\prod_{i=1,i\neq j}^{n+1} \Omega_i} (I_W)_{x_j} d \prod_{i=1,i\neq j}^{n+1} \boldsymbol{P}_i \right] \times \left[\int_{\prod_{i=1,i\neq j}^{n+1} \Omega_i} (I_W)_{x_j} d \prod_{i=1,i\neq j}^{n+1} \boldsymbol{Q}_i \right].$$

$\boldsymbol{P}_j, \boldsymbol{Q}_j$ に関する仮定から $\boldsymbol{P}_j(\{x_j\}) > 0,\ \boldsymbol{Q}_j(\{x_j\}) > 0$ である．よって，補題 5.2 とフビニの定理より

$$\left(\prod_{i=1}^{n+1} \boldsymbol{U}_i \right)(W) < \left[\left(\prod_{i=1}^{n+1} \boldsymbol{P}_i \right)(W) \right] \times \left[\left(\prod_{i=1}^{n+1} \boldsymbol{Q}_i \right)(W) \right].$$

□

〔2〕 ハザード変換とその応用　多状態コヒーレントシステム (Ω_C, S, φ) のハザード変換を $\prod_{i=1}^{n} \overline{\mathbf{R}}_{\leqq}^{N_i}$ から $\overline{\mathbf{R}}_{\leqq}^{N}$ への写像として定義する．$\overline{\mathbf{R}}_{\leqq}^{m}$ の要素間の演算は 3.8.1 項に従う．定義は 1 章 1.7 節の 18. を参照してほしい．

定義 5.2　コヒーレントシステム (Ω_C, S, φ) のハザード変換 η は，下記のステップで定義される $\prod_{i=1}^{n} \overline{\mathbf{R}}_{\leqq}^{N_i}$ から $\overline{\mathbf{R}}_{\leqq}^{N}$ への写像である．つぎの記号を用いる．

$$W_j^i = \{j, j+1, \cdots, N_i\}, \quad 1 \leqq j \leqq N_i,\ 1 \leqq i \leqq n,$$
$$W_j = \varphi^{-1}[j, \to), \quad 1 \leqq j \leqq N.$$

ステップ 1　各 i $(1 \leqq i \leqq n)$ と任意に与えられた $\boldsymbol{x}^i = (x_1^i, \cdots, x_{N_i}^i) \in \overline{\mathbf{R}}_{\leqq}^{N_i}$ に対して，Ω_i 上の確率 $\boldsymbol{P}_i$ をつぎのように定義する．

$$\boldsymbol{P}_i(W_j^i) = \exp\left\{-x_j^i\right\}, \quad 1 \leqq j \leqq N_i.$$

ステップ2　Ω_C 上の確率を $\boldsymbol{P}_i$ $(i = 1, \cdots, n)$ の直積 $\boldsymbol{P} = \prod_{i=1}^n \boldsymbol{P}_i$ として定め，$\overline{\mathbf{R}}_{\leqq}^N$ の要素をつぎのように定める．

$$(-\log \boldsymbol{P}(W_1), -\log \boldsymbol{P}(W_2), \cdots, -\log \boldsymbol{P}(W_N)) \in \overline{\mathbf{R}}_{\leqq}^N.$$

定理 5.8　$\left(\prod_{i=1}^n \Omega_i, S, \varphi\right)$ をコヒーレントシステムとし，η をそのハザード変換とする．任意の $\boldsymbol{x}^i, \boldsymbol{y}^i \in \overline{\mathbf{R}}_{\leqq}^{N_i}$ $(1 \leqq i \leqq n)$ に対して

$$\eta(\boldsymbol{x}^1 + \boldsymbol{y}^1, \cdots, \boldsymbol{x}^n + \boldsymbol{y}^n) \geqq \eta(\boldsymbol{x}^1, \cdots, \boldsymbol{x}^n) + \eta(\boldsymbol{y}^1, \cdots, \boldsymbol{y}^n) \tag{5.22}$$

であり，式 (5.22) で等号が成立するための必要十分条件はシステム φ が直列システムであることである．

【証明】　式 (5.22) は定理 5.4 (2) とハザード変換の定義より明らかである．

十分条件　システム $\left(\prod_{i=1}^n \Omega_i, S, \varphi\right)$ が直列システムであれば，$W_j = \varphi^{-1}[j, \rightarrow)$ は最小元をもつ．よって，補題 5.3 (2) より $W_j = \prod_{i=1}^n P_{\Omega_i} W_j$ $(1 \leqq j \leqq N)$ であるから，ハザード変換の定義より式 (5.22) における等号が成立する．

必要条件　式 (5.22) で等号が成立するとすると，定理 5.7 とハザード変換の定義より $W_j = \prod_{i=1}^n P_{\Omega_i} W_j$ $(1 \leqq j \leqq N)$．よって，補題 5.3 (2) より W_j $(1 \leqq j \leqq N)$ は最小元をもつ．したがって $\left(\prod_{i=1}^n \Omega_i, S, \varphi\right)$ は直列システムである．　□

定理 5.9　$\left(\prod_{i=1}^n \Omega_i, S, \varphi\right)$ をコヒーレントシステムとし，η をそのハザード変換とする．任意の $\boldsymbol{x}^i \in \overline{\mathbf{R}}_{\leqq}^{N_i}$ $(1 \leqq i \leqq n)$ と $0 < \alpha < 1$ である任意の α に対して

$$\eta(\alpha\boldsymbol{x}^1, \cdots, \alpha\boldsymbol{x}^n) \leqq \alpha\eta(\boldsymbol{x}^1, \cdots, \boldsymbol{x}^n) \tag{5.23}$$

であり，式 (5.23) で等号が成立するための必要十分条件は，システム φ が直列システムであることである．

【証明】 式 (5.23) は定理 5.4 (1) とハザード変換の定義より明らかである．必要十分条件は，補題 5.3 (1) と定理 5.6 より成立する． □

以降では，ハザード変換を用いた多状態システムの閉包定理を紹介するとともに，IFR 性について述べる．

$$\boldsymbol{H}^i(t) = \left(-\log \mu_{t,i}(W_1^i), \cdots, -\log \mu_{t,i}(W_{N_i}^i)\right)$$

として，つぎの定理は IFR, IFRA, NBU の定義から明らかである．

定理 5.10 確率過程 $\{X_i(t),\ t \geqq 0\}$ は Ω_i の値をとり，確率 1 で単調減少右連続であるとする．

(1) $\{X_i(t),\ t \geqq 0\}$ が IFR であるための必要十分条件は，$\alpha\boldsymbol{H}^i(t_1) + \beta\boldsymbol{H}^i(t_2) \geqq \boldsymbol{H}^i(\alpha t_1 + \beta t_2)$ が任意の $t_1 \geqq 0,\ t_2 \geqq 0,\ \alpha \geqq 0,\ \beta \geqq 0,\ \alpha + \beta = 1$ について成立することである．

(2) $\{X_i(t),\ t \geqq 0\}$ が IFRA であるための必要十分条件は，$\alpha\boldsymbol{H}^i(t) \geqq \boldsymbol{H}^i(\alpha t)$ が任意の $t \geqq 0,\ 0 < \alpha < 1$ について成立することである．

(3) $\{X_i(t),\ t \geqq 0\}$ が NBU であるための必要十分条件は，$\boldsymbol{H}^i(t_1+t_2) \geqq \boldsymbol{H}^i(t_1) + \boldsymbol{H}^i(t_2)$ が任意の $t_1 \geqq 0,\ t_2 \geqq 0$ について成立することである．

η をコヒーレントシステム $\left(\prod_{i=1}^n \Omega_i, S, \varphi\right)$ のハザード変換とする．$\{X_i(t),\ t \geqq 0\}$ $(1 \leqq i \leqq n)$ はたがいに独立であるとすると，$\mu_t = \prod_{i=1}^n \mu_{t,i}$ より

$$\boldsymbol{H}(t) = \eta(\boldsymbol{H}^1(t), \cdots, \boldsymbol{H}^n(t)) \tag{5.24}$$

である．ここで，$\boldsymbol{H}(t) = (-\log \mu_t(W_1), \cdots, -\log \mu_t(W_N))$．よって，定理 5.8〜5.10 および式 (5.24) より，IFRA 閉包および NBU 閉包は明らかである．

つぎにIFR閉包が成立するための必要十分条件は，システムが直列であることを示す．このためにまず補題を示す．

補題 5.6　$a > \beta > 0,\ \alpha > b > 0,\ \alpha - b \neq a - \beta$ に対して

$$f(t) = \log\left[\exp\{-(a+b)t\} + \exp\{-(\alpha+\beta)t\} - \exp\{-(a+\alpha)t\}\right]$$

は t に関して凸でも凹でもない．

【証明】　$\dfrac{d^2 f(t)}{dt^2}$ は t が 0 の近傍で負，十分大のところで正になり，$f(t)$ は凸でも凹でもないことが確かめられる．　□

定理 5.11　$\left(\prod_{i=1}^{n} \Omega_i, S, \varphi\right)$ をコヒーレントシステムとし，$\{X_i(t),\ t \geqq 0\}$ $(i = 1, \cdots, n)$ はたがいに独立で，確率 1 で単調減少右連続であるとする．任意の IFR 過程 $\{X_i(t),\ t \geqq 0\}$ $(1 \leqq i \leqq n)$ に対してつねに $\{\varphi(\boldsymbol{X}(t)),\ t \geqq 0\}$ が IFR である，つまり IFR 閉包が成立するための必要十分条件はシステムが直列であることである．

【証明】　<u>十分条件</u>　システムは直列システムであるから，$W_j = \prod_{i=1}^{n} P_{\Omega_i} W_j$ $(1 \leqq j \leqq N)$ であり，$\mu_t(W_j) = \prod_{i=1}^{n} \mu_{t,i}(P_{\Omega_i} W_j)$ $(1 \leqq j \leqq N)$ である．よって

$$\boldsymbol{H}(t) = \left(\sum_{i=1}^{n} - \log \mu_{t,i}(P_{\Omega_i} W_1), \cdots, \sum_{i=1}^{n} - \log \mu_{t,i}(P_{\Omega_i} W_N)\right).$$

ここで P_{Ω_i} は Ω_i への射影である．部品 i について $\alpha\boldsymbol{H}^i(t_1) + \beta\boldsymbol{H}^i(t_2) \geqq \boldsymbol{H}^i(\alpha t_1 + \beta t_2)$ $(\alpha \geqq 0,\ \beta \geqq 0,\ \alpha + \beta = 1,\ 1 \leqq i \leqq n)$ であるから，したがって $\alpha\boldsymbol{H}(t_1) + \beta\boldsymbol{H}(t_2) \geqq \boldsymbol{H}(\alpha t_1 + \beta t_2)$．

<u>必要条件</u>　つぎの確率を考える．

$$\mu_{t,i}(W_j^i) = \exp\{-t\alpha_j^i\}, \quad 1 \leqq j \leqq N_i,\ \alpha_j^i \leqq \alpha_{j+1}^i,\ 1 \leqq i \leqq n.$$

システムが直列でないとすれば，$W_j = \varphi^{-1}[j, \rightarrow)$ $(j \in S)$ と $(x_{i_1}, \cdots, x_{i_{n-2}}) \in \prod_{k=1, k \neq i_{n-1}, k \neq i_n}^{n} \Omega_k$ が存在して，指示関数 I_{W_j} の切り口 $(I_{W_j})_{(x_{i_1}, \cdots, x_{i_{n-2}})}$ は

直積集合の指示関数ではない．$\alpha_j^{i_k} \to 0$ $(j < x_{i_k})$, $\alpha_j^{i_k} \to \infty$ $(j \geqq x_{i_k})$, $(k = 1, \cdots, n-2)$ として，

$$\mu_t(W_j) \to \int_{\Omega_{i_{n-1}} \times \Omega_{i_n}} (I_{W_j})_{(x_{i_1}, \cdots, x_{i_{n-2}})} d(\mu_{t,i_{n-1}} \times \mu_{t,i_n})$$

を得る．ここで IFR 性の仮定より，$-\log \mu_t(W_j)$ は t に関して下に凸であるから，同様に右辺の対数をとったものも凸である（これをここでは log–凸と呼ぶ）．一般性を失うことなく，$i_{n-1} = 1$, $i_n = 2$ とする．$(I_{W_j})_{(x_{i_1}, \cdots, x_{i_{n-2}})}$ によって定まる上側単調集合は，補題 5.3 によって $\bigcup_{j=1}^{m} (A_j \times B_j)$ $(m \geqq 2)$ と書ける．よって，

$$\begin{aligned}
&\int_{\Omega_1 \times \Omega_2} (I_{W_j})_{(x_3, \cdots, x_n)} d(\mu_{t,1} \times \mu_{t,2}) \\
&\quad = \sum_{i=1}^{m} \left[\mu_{t,1}(A_i) \left\{ \mu_{t,2}\left(\bigcup_{k=i}^{m} B_k \right) - \mu_{t,2}\left(\bigcup_{k=i+1}^{m} B_k \right) \right\} \right] + \mu_{t,1}(A_m)\mu_{t,2}(B_m)
\end{aligned}$$

は t に関して log–凸である．

$$\mu_{t,1}(A_i) = \exp\{-\alpha_i t\}, \quad \mu_{t,2}\left(\bigcup_{k=i}^{m} B_k \right) = \exp\{-\beta_i t\},$$

$$\alpha_1 > \cdots > \alpha_m, \ \beta_1 < \cdots < \beta_m, \ \beta_2 - \beta_1 \neq \alpha_1 - \alpha_2$$

に対して $\beta_3 \to \infty$ とすれば，つぎの極限関数を得る．

$$\exp\{-(\alpha_1 + \beta_1)t\} + \exp\{-(\alpha_2 + \beta_2)t\} - \exp\{-(\alpha_1 + \beta_2)t\}.$$

これは，t に関して log–凸でなければならないが，一方補題 5.6 より log–凸にならず矛盾である． □

われわれは，IFR 閉包に関する定理を状態空間が全順序であるような多状態システムの枠内で証明した．したがって二状態コヒーレントシステムにおいても同様の主張は成立し，部品の寿命分布関数が IFR であるとき，システムの寿命分布関数がつねに IFR であるためには，そのシステムが直列でなければならない．このことから，IFR 性が直列システムに密接に関連していることがわかるとともに，多数の部品からなる複雑な実際のシステムの理論的な議論において，寿命分布関数を直截的に IFR であるとするわけにはいかず，むしろ IFRA の前提での議論が求められる．さらに 3 章で示したように，指数分布は，シス

テムの構造だけでなく部品の寿命に対しても指数でなければならない，とするきわめて強い制限を課すことになる．このため，指数分布の使用について，バスタブ曲線における偶発故障期のモデルになり得るとしても，IFR と同様に熟慮が必要であるように思える．

5.2.3 IFRA 過程と NBU 過程

3.7.2 項の『損傷が必ずしも離散的に累積しない場合』で紹介した (1), (2) の二つの条件の下で初期通過時間が IFRA になることが示されている．このことから，IFRA 性がさまざまな場面で自然な形で現れてくることが想像できる．例えば文献 Pérez–Ocón and Gámiz–Pérez[95], Li and Shaked[59], Shaked and Shanthikumar[104], Brown and Chaganty[24] を参照してほしい．また，NBU 性もさまざまな確率過程に付随して現れる．これについては Marshall and Shaked[64] を参照してほしい．

6 2状態システムにおける重要度

重要度は，システム内における部品の重要性の程度を表すものであり，さまざまな定式化が提案されている．本章では2状態コヒーレントシステム (Ω_C, S, φ) における部品の重要度について最も基本的であるBirnbaum重要度から始まり，臨界重要度，狭義臨界重要度，Fussell–Vesley重要度について確率論的な意味を明確にしながら紹介する．さらに部品の寿命分布を考慮した際のBarlow–Proschan重要度[6]についてもふれる．2状態コヒーレントシステムにおけるこれまでの議論はKuo and Zhuo[50]にまとめられている．

6.1 Birnbaum重要度

本節では，重要度の議論で最も基本的であるBirnbaum重要度について述べるが，臨界状態ベクトルが基軸的な役割を果たす．

6.1.1 臨界状態ベクトル

定義 6.1 2状態コヒーレントシステム (Ω_C, S, φ) の部品 $i \in C$ の**臨界状態ベクトル**（critical state vector）とは，つぎの条件を満たす状態ベクトル $(\cdot_i, \boldsymbol{x}) \in \Omega_{C\setminus\{i\}}$ である．

$$\varphi(1_i, \boldsymbol{x}) = 1, \qquad \varphi(0_i, \boldsymbol{x}) = 0.$$

部品 i の臨界状態ベクトル全体を $C_\varphi(i)$ と書く．

$$C_\varphi(i) = \{(\cdot_i, \boldsymbol{x}) : \varphi(1_i, \boldsymbol{x}) = 1, \varphi(0_i, \boldsymbol{x}) = 0\}. \tag{6.1}$$

$C_\varphi(i)$ の状態ベクトルは，部品 i の状態によってシステムの状態が決まるような臨界的な状況を意味する．システムの状態決定において，部品 i がキャスティングボートを握っているような状況である．このような場面が多くある部品はシステムにとって構造的に重要であるといえるが，その発生確率を考慮して Birnbaum 重要度が定義される．

部品 i がレリバントであるとは，定義 2.2 から明らかなように，その部品の臨界状態ベクトルが存在することを意味し，$C_\varphi(i) \neq \phi$ と同値である．したがって，Birnbaum 重要度はレリバント性の度合いを意味する．まず臨界状態ベクトルに関する議論を行い，その後に重要度について解説する．

例 6.1

(1) 直列コヒーレントシステム φ では，

$$C_\varphi(i) = \{(1, \cdots, 1, \ \cdot_i, \ 1, \cdots, 1)\}.$$

(2) 並列コヒーレントシステム φ では，

$$C_\varphi(i) = \{(0, \cdots, 0, \ \cdot_i, \ 0, \cdots, 0)\}.$$

(3) システム φ が k–out–of–n:G システムであるときは，

$$C_\varphi(i) = \left\{ (\cdot_i, \boldsymbol{x}) \ : \ \sum_{j \in C \setminus \{i\}} x_j = k - 1 \right\}.$$

さらにつぎの二つの状態ベクトルの集合を定義する．

$$NC_\varphi(i; 1) = \{(\cdot_i, \boldsymbol{x}) : \varphi(0_i, \boldsymbol{x}) = 1\}, \tag{6.2}$$

$$NC_\varphi(i; 0) = \{(\cdot_i, \boldsymbol{x}) : \varphi(1_i, \boldsymbol{x}) = 0\}. \tag{6.3}$$

NC は「非臨界的 (non critical)」を意味する．φ の単調性に注意すると，例えば $(\cdot_i, \boldsymbol{x}) \in NC_\varphi(i;1)$ は $\varphi(0_i, \boldsymbol{x}) = \varphi(1_i, \boldsymbol{x}) = 1$ と同値であり，部品 i の非臨界的な状態ベクトルである．たがいに排反な $C_\varphi(i)$, $NC_\varphi(i;1)$, $NC_\varphi(i;0)$ を用いて以下の分解を得る．

$$\Omega_C = \bigl(\Omega_i \times C_\varphi(i)\bigr) \bigcup \bigl(\Omega_i \times NC_\varphi(i;0)\bigr) \bigcup \bigl(\Omega_i \times NC_\varphi(i;1)\bigr), \tag{6.4}$$

$$\varphi^{-1}(1) = \bigl(\{1_i\} \times C_\varphi(i)\bigr) \bigcup \bigl(\Omega_i \times NC_\varphi(i;1)\bigr), \tag{6.5}$$

$$\varphi^{-1}(0) = \bigl(\{0_i\} \times C_\varphi(i)\bigr) \bigcup \bigl(\Omega_i \times NC_\varphi(i;0)\bigr). \tag{6.6}$$

システムの状態が 1 であるとき，部品 i の状態を考えると，部品 i の臨界状態ベクトルにおける場合と非臨界状態ベクトルにおける場合とがあり，前者が $\{1_i\} \times C_\varphi(i)$ であり，後者が $\Omega_i \times NC_\varphi(i;1)$ である．式 (6.5) はこのような分解を与えている．システムの状態が 0 である場合の分解は式 (6.6) である．これら二つの合併をとることで状態ベクトル全体 Ω_C の分解である式 (6.4) が得られる．図 **6.1** を参照してほしい．

式 (6.5) と式 (6.6) の分解における非臨界状態ベクトルによる部分は，極小パ

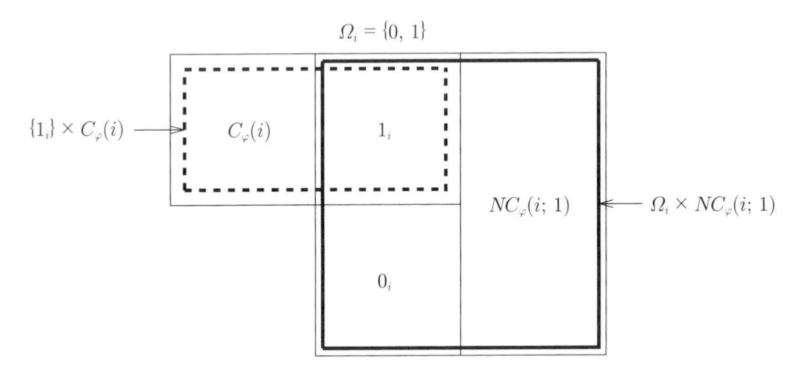

破線で囲った部分が $\{1_i\} \times C_\varphi(i)$ を，実線で囲った部分が $\Omega_i \times NC_\varphi(i;1)$ を意味する

図 6.1 部品 i の臨界状態ベクトルと非臨界状態ベクトルによる $\varphi^{-1}(1)$ の分解

スと極小カットベクトルを用いてさらに細分され，以下のような分解式が得られる．

$$
\begin{aligned}
\varphi^{-1}(1) = \{1_i\} \times C_\varphi(i) & \\
\bigcup \ \Omega_i \times \Bigl\{(\cdot_i, \boldsymbol{x}) &: \exists \boldsymbol{b} \in MI\left(\varphi^{-1}(1), i, 1\right), \boldsymbol{b} \leqq (1_i, \boldsymbol{x}), \\
& \qquad \varphi(0_i, \boldsymbol{x}) = 1\Bigr\} \\
\bigcup \ \Omega_i \times \Bigl\{(\cdot_i, \boldsymbol{x}) &: \forall \boldsymbol{b} \in MI\left(\varphi^{-1}(1), i, 1\right), \boldsymbol{b} \nleqq (1_i, \boldsymbol{x}), \\
& \qquad \varphi(0_i, \boldsymbol{x}) = 1\Bigr\},
\end{aligned}
\tag{6.7}
$$

$$
\begin{aligned}
\varphi^{-1}(0) = \{0_i\} \times C_\varphi(i) & \\
\bigcup \ \Omega_i \times \Bigl\{(\cdot_i, \boldsymbol{x}) &: \exists \boldsymbol{a} \in MA\left(\varphi^{-1}(0), i, 0\right), (0_i, \boldsymbol{x}) \leqq \boldsymbol{a}, \\
& \qquad \varphi(1_i, \boldsymbol{x}) = 0\Bigr\} \\
\bigcup \ \Omega_i \times \Bigl\{(\cdot_i, \boldsymbol{x}) &: \forall \boldsymbol{a} \in MA\left(\varphi^{-1}(0), i, 0\right), (0_i, \boldsymbol{x}) \nleqq \boldsymbol{a}, \\
& \qquad \varphi(1_i, \boldsymbol{x}) = 0\Bigr\}.
\end{aligned}
\tag{6.8}
$$

ここで

$$MI\left(\varphi^{-1}(1), i, 0\right) = \{\boldsymbol{x} : \boldsymbol{x} \in MI\left(\varphi^{-1}(1)\right), x_i = 0\}, \tag{6.9}$$

$$MI\left(\varphi^{-1}(1), i, 1\right) = \{\boldsymbol{x} : \boldsymbol{x} \in MI\left(\varphi^{-1}(1)\right), x_i = 1\}, \tag{6.10}$$

$$MA\left(\varphi^{-1}(0), i, 0\right) = \{\boldsymbol{x} : \boldsymbol{x} \in MA\left(\varphi^{-1}(0)\right), x_i = 0\}, \tag{6.11}$$

$$MA\left(\varphi^{-1}(0), i, 1\right) = \{\boldsymbol{x} : \boldsymbol{x} \in MA\left(\varphi^{-1}(0)\right), x_i = 1\}. \tag{6.12}$$

式 (6.7) 右辺の第 1 項は臨界状態ベクトルによる部分であり，第 2 項と第 3 項は非臨界状態ベクトルによる部分である．第 2 項は，$C_1(1_i, \boldsymbol{x})$ が，部品 i が属する極小パスセットを含む場合であり，第 3 項は，$C_1(1_i, \boldsymbol{x})$ が，部品 i が属する極小パスセットを含まない場合である．いずれの場合も $\varphi(0_i, \boldsymbol{x}) = 1$ であるから，i が属さない極小パスセットを含む．これらの分解は，後に重要度の単調性の議論で用いられる．

集合 $C_\varphi(i)$，$NC_\varphi(i;1)$，$NC_\varphi(i;0)$，$MI\left(\varphi^{-1}(1), i, 0\right)$，$MI\left(\varphi^{-1}(1), i, 1\right)$，$MA\left(\varphi^{-1}(0), i, 0\right)$，$MA\left(\varphi^{-1}(0), i, 1\right)$ の間には，つぎの定理 6.1 が成立する．

定理 6.1 極小カットおよび極小パスベクトルの間に以下の関係が成立する.

$$\begin{aligned}
MI\left(\varphi^{-1}(1), i, 0\right) &= \{0_i\} \times MI\left(NC_\varphi(i;1)\right),\\
MI\left(\varphi^{-1}(1), i, 1\right) &= \{1_i\} \times MI\left(C_\varphi(i)\right),\\
MA\left(\varphi^{-1}(0), i, 0\right) &= \{0_i\} \times MA\left(C_\varphi(i)\right),\\
MA\left(\varphi^{-1}(0), i, 1\right) &= \{1_i\} \times MA\left(NC_\varphi(i;0)\right).
\end{aligned}$$

証明は容易であるため省略する.

6.1.2 臨界状態ベクトルを求めるためのアルゴリズム

臨界状態ベクトルを見出すためのアルゴリズを構築するために, まず極小カットおよび極小パスベクトルを用いた臨界状態ベクトルの判定条件を示す.

定理 6.2 $(\cdot_i, \boldsymbol{x}) \in \Omega_{C\setminus\{i\}}$ が部品 $i \in C$ の臨界状態ベクトルであるための必要十分条件は,

$$\begin{aligned}
&\exists \boldsymbol{b} \in MI\left(\varphi^{-1}(1)\right),\ \exists \boldsymbol{a} \in MA\left(\varphi^{-1}(0)\right),\\
&(\cdot_i, \boldsymbol{b}) \leqq (\cdot_i, \boldsymbol{x}) \leqq (\cdot_i, \boldsymbol{a}).
\end{aligned} \tag{6.13}$$

φ の単調性より, これらの $\boldsymbol{b}$ と $\boldsymbol{a}$ において, $b_i = 1$, $a_i = 0$ である. したがって, 臨界状態ベクトルの集合 $C_\varphi(i)$ の定義を書き直せば,

$$\begin{aligned}
C_\varphi(i) = \Big\{(\cdot_i, \boldsymbol{x}) : \exists \boldsymbol{a} \in MA\left(\varphi^{-1}(0), i, 0\right),\ \exists \boldsymbol{b} \in MI\left(\varphi^{-1}(1), i, 1\right),\\
(\cdot_i, \boldsymbol{b}) \leqq (\cdot_i, \boldsymbol{x}) \leqq (\cdot_i, \boldsymbol{a})\Big\}.
\end{aligned} \tag{6.14}$$

【証明】

十分条件　状態ベクトル $(\cdot_i, \boldsymbol{x}) \in \Omega_{C\setminus\{i\}}$ に対して, 式 (6.13) より,

$$(0_i, \boldsymbol{x}) \leqq (0_i, \boldsymbol{a}), \qquad (1_i, \boldsymbol{b}) \leqq (1_i, \boldsymbol{x}).$$

よって $\varphi(0_i, \boldsymbol{x}) = 0$, $\varphi(1_i, \boldsymbol{x}) = 1$ となり，$(\cdot_i, \boldsymbol{x}) \in C_\varphi(i)$ である．

必要条件　$(\cdot_i, \boldsymbol{x}) \in C_\varphi(i)$ とすると，$\varphi(0_i, \boldsymbol{x}) = 0$, $\varphi(1_i, \boldsymbol{x}) = 1$ より，

$$\exists \boldsymbol{b} \in MI\left(\varphi^{-1}(1)\right),\ \exists \boldsymbol{a} \in MA\left(\varphi^{-1}(0)\right),\ (1_i, \boldsymbol{x}) \geqq \boldsymbol{b},\ \boldsymbol{a} \geqq (0_i, \boldsymbol{x})$$

が成立し，よって $(\cdot_i, \boldsymbol{a}) \geqq (\cdot_i, \boldsymbol{x}) \geqq (\cdot_i, \boldsymbol{b})$ である．もし，$b_i = 0$ または $a_i = 1$ であれば，$\boldsymbol{a} \geqq \boldsymbol{b}$ となり $\varphi(\boldsymbol{a}) = 0$, $\varphi(\boldsymbol{b}) = 1$ に矛盾する．　□

定理 6.2 から臨界状態ベクトルを見出すための原初的なアルゴリズムが，以下のように構築できる．

ステップ 1　つぎのようにおく．

$$MI \times MA_\varphi(i) = \{(\boldsymbol{b}^{C\setminus\{i\}}, \boldsymbol{a}^{C\setminus\{i\}}) : (\cdot_i, \boldsymbol{a}) \geqq (\cdot_i, \boldsymbol{b}),$$
$$\boldsymbol{b} \in MI\left(\varphi^{-1}(1), i, 1\right),\ \boldsymbol{a} \in MA\left(\varphi^{-1}(0), i, 0\right)\}.$$

ステップ 2　$(\boldsymbol{b}^{C\setminus\{i\}}, \boldsymbol{a}^{C\setminus\{i\}}) \in MI \times MA_\varphi(i)$ に対して，つぎのようにおく．

$$\boldsymbol{X}_\varphi(i, \boldsymbol{b}, \boldsymbol{a}) = \{(\cdot_i, \boldsymbol{x}) : (\cdot_i, \boldsymbol{a}) \geqq (\cdot_i, \boldsymbol{x}) \geqq (\cdot_i, \boldsymbol{b})\}.$$

ステップ 3　部品 i の臨界状態ベクトルはつぎのように得られる．

$$C_\varphi(i) = \bigcup_{(\boldsymbol{b}, \boldsymbol{a}) \in MI \times MA_\varphi(i)} \boldsymbol{X}_\varphi(i, \boldsymbol{b}, \boldsymbol{a}).$$

例 6.2　　例 2.3 のブリッジシステムに上記のアルゴリズムを適用し，部品 1 の臨界状態ベクトルを定める．極小カットおよびパスベクトルは例 2.8 で以下のように求められている．

$$MI\left(\varphi^{-1}(1)\right) = \{(1,0,0,1,0), (1,0,1,0,1), (0,1,1,1,0), (0,1,0,0,1)\},$$
$$MA\left(\varphi^{-1}(0)\right) = \{(0,0,1,1,1), (0,1,0,1,0), (1,0,0,0,1), (1,1,1,0,0)\}.$$

上記のアルゴリズムを適用して，部品 1 の臨界状態ベクトルは下記のように得られる．

ステップ 1.

$$MI \times MA_\varphi(1) = \Big\{ \Big((1,0,0,1,0)^{\{2,3,4,5\}}, (0,0,1,1,1)^{\{2,3,4,5\}} \Big), \Big((1,0,0,1,0)^{\{2,3,4,5\}}, (0,1,0,1,0)^{\{2,3,4,5\}} \Big), \Big((1,0,1,0,1)^{\{2,3,4,5\}}, (0,0,1,1,1)^{\{2,3,4,5\}} \Big) \Big\}.$$

ステップ 2.

$$\begin{aligned}
&\boldsymbol{X}_\varphi \Big(1, \Big((1,0,0,1,0)^{\{2,3,4,5\}}, (0,0,1,1,1)^{\{2,3,4,5\}} \Big)\Big) \\
&= \{(\cdot_1, x_2, x_3, x_4, x_5) : (0,0,1,0) \leqq (x_2, x_3, x_4, x_5) \leqq (0,1,1,1)\} \\
&= \{(0,0,1,0), (0,1,1,0), (0,0,1,1), (0,1,1,1)\}, \\
&\boldsymbol{X}_\varphi \Big(1, \Big((1,0,0,1,0)^{\{2,3,4,5\}}, (0,1,0,1,0)^{\{2,3,4,5\}} \Big)\Big) \\
&= \{(\cdot_1, (x_2, x_3, x_4, x_5)) : (0,0,1,0) \leqq (x_2, x_3, x_4, x_5) \leqq (1,0,1,0)\} \\
&= \{(0,0,1,0), (1,0,1,0)\}, \\
&\boldsymbol{X}_\varphi \Big(1, \Big((1,0,1,0,1)^{\{2,3,4,5\}}, (0,0,1,1,1)^{\{2,3,4,5\}} \Big)\Big) \\
&= \{(\cdot_1, (x_2, x_3, x_4, x_5)) : (0,1,0,1) \leqq (x_2, x_3, x_4, x_5) \leqq (0,1,1,1)\} \\
&= \{(0,1,0,1), (0,1,1,1)\}.
\end{aligned}$$

ステップ 3. したがって，部品 1 の臨界状態ベクトルはつぎのように得られる．

$$C_\varphi(1) = \{(0,0,1,0), (0,1,1,0), (0,0,1,1), (0,1,1,1), (1,0,1,0), (0,1,0,1)\}.$$

6.1.3 Birnbaum 重要度

定義 6.2 (Ω_C, S, φ) を 2 状態コヒーレントシステムとし，$\boldsymbol{P}$ を Ω_C 上の確率とする．$C_\varphi(i)$ の確率をコヒーレントシステム φ における部品 $i \in C$

の **Birnbaum 重要度**（Birnbaum importance measure）[13),14)] と呼び，$IB_\varphi(i)$ と書く．

$$IB_\varphi(i) = \boldsymbol{P}_{C\setminus\{i\}}\left(C_\varphi(i)\right), \quad i \in C. \tag{6.15}$$

Birnbaum 重要度は，部品 i がシステムの状態決定に臨界的である確率である．

部品が確率的に独立であるとき，Birnbaum 重要度は**信頼度重要度**（reliability importance）とも呼ばれるが，感度解析的な観点から信頼度関数を用いて定義できる．信頼度関数の枢軸分解 (2.16) を思い起こすと，

$$IB_\varphi(i) = \frac{\partial h_\varphi(p_1, \cdots, p_n)}{\partial p_i} = h_\varphi(1_i, \boldsymbol{p}) - h_\varphi(0_i, \boldsymbol{p}). \tag{6.16}$$

部品が独立であるとき，式 (6.16) の右辺は式 (6.15) であるが，式 (6.15) 自体は独立性の仮定を必要としない．

確率 $\boldsymbol{P}$ が一様分布であるとき，Birnbaum 重要度は

$$IB_\varphi(i) = \boldsymbol{P}_{C\setminus\{i\}}\left(C_\varphi(i)\right) = \frac{1}{2^{n-1}}|C_\varphi(i)|$$

であり，部品 i の**構造重要度**（structure importance measure）と呼ばれる．本書では $IS_\varphi(i)$ と書くが，システムの構造のみに依存して決まり，基本的には臨界状態ベクトルの個数を数えている．$|\Omega_{C\setminus\{i\}}| = 2^{n-1}$ である．

直列および並列システムに直接的に関わる例は，後にまとめて掲げる．ここでは，ブリッジシステムの例を示す．

例 6.3　　ブリッジシステムにおける部品 1 の重要度は，例 6.2 で得られている臨界状態ベクトルより

$$IB_\varphi(1) = \boldsymbol{P}_{C\setminus\{1\}}\{(0,0,1,0),(0,1,1,0),(0,0,1,1),$$
$$(0,1,1,1),(1,0,1,0),(0,1,0,1)\}$$

である．部品が確率的に独立で，各部品の信頼度を p_j $(j \in C)$ とすれば，

$$IB_\varphi(1) = (1-p_2)(1-p_3)p_4(1-p_5) + (1-p_2)p_3p_4(1-p_5)$$
$$+(1-p_2)(1-p_3)p_4p_5 + (1-p_2)p_3p_4p_5$$
$$+p_2(1-p_3)p_4(1-p_5) + (1-p_2)p_3(1-p_4)p_5$$

である．部品の信頼度がすべて同一で，$p_j = p\ (j = 1, \cdots, n)$ であれば，

$$IB_\varphi(1) = (1-p)^3p + 4(1-p)^2p^2 + (1-p)p^3.$$

構造重要度は $|C_\varphi(1)| = 6$ であるから，$IS_\varphi(1) = \dfrac{6}{2^4} = \dfrac{3}{8}$ である．

ここでは Birnbaum 重要度を臨界状態ベクトルを定めた上で求めたが，先のアルゴリズムからその必要性はなく，ステップ 2 の条件を満たす極小パスベクトルと極小カットベクトルのみから下記のように直接的に求められる．

ステップ 3 より包除原理を適用することによって $\boldsymbol{P}(C_\varphi(1))$ が計算できるが，基本的に，$\boldsymbol{P}\big(\boldsymbol{X}_\varphi(i,\boldsymbol{b},\boldsymbol{a})\big)\ \big((\boldsymbol{b},\boldsymbol{a}) \in MI \times MA_\varphi(i)\big)$ の計算がポイントになる．ステップ 2 より，$\boldsymbol{X}_\varphi(i,\boldsymbol{b},\boldsymbol{a}) = [(\cdot_i,\boldsymbol{b}),(\cdot_i,\boldsymbol{a})]$ の区間になるが，$(\cdot_i,\boldsymbol{b}) \leq (\cdot_i,\boldsymbol{a})$ の不等号関係と 2 状態システムを考えていることから

$$\boldsymbol{X}_\varphi(i,\boldsymbol{b},\boldsymbol{a}) = \{\boldsymbol{0}^{C_0(\boldsymbol{a})}\} \times \{\boldsymbol{1}^{C_1(\boldsymbol{b})}\} \times \prod_{i \in C_0(\boldsymbol{b}) \cap C_1(\boldsymbol{a})} \Omega_j$$

となり，したがって部品が確率的に独立であれば，部品 j の信頼度を p_j，不信頼度を $q_j = 1 - p_j$ と書いて

$$\boldsymbol{P}_{C\setminus\{i\}}(\boldsymbol{X}_\varphi(i,\boldsymbol{b},\boldsymbol{a})) = \prod_{j \in C_0(\boldsymbol{a})} q_j \prod_{j \in C_1(\boldsymbol{b})} p_j$$

である．包除原理の適用において必要となる，例えば $\boldsymbol{X}(i,\boldsymbol{b},\boldsymbol{a}) \cap \boldsymbol{X}(i,\boldsymbol{b}',\boldsymbol{a}')$ の確率も同じように考えればよい．詳細は Ohi[94] を参照してほしい．

6.2 臨界重要度

全確率の公式を用いると，部品 i の Birnbaum 重要度 (6.15) はつぎのように分解できる．

$$
\begin{aligned}
\boldsymbol{P}_{C\setminus\{i\}}\left(C_\varphi(i)\right) &= \boldsymbol{P}\left(\{1_i\}\times C_\varphi(i)\right) + \boldsymbol{P}\left(\{0_i\}\times C_\varphi(i)\right) \\
&= \boldsymbol{P}\left(\{1_i\}\times C_\varphi(i) \mid \varphi = 1\ \right)\cdot \boldsymbol{P}(\varphi=1) \\
&\quad + \boldsymbol{P}\left(\{0_i\}\times C_\varphi(i) \mid \varphi = 0\right)\cdot \boldsymbol{P}(\varphi=0). \qquad (6.17)
\end{aligned}
$$

ここで，

$$
\{0_i\}\times C_\varphi(i) \subseteqq \varphi^{-1}(0), \qquad \{1_i\}\times C_\varphi(i) \subseteqq \varphi^{-1}(1) \qquad (6.18)
$$

である．式 (6.17) の右辺の条件付き確率を個別にとって，部品 i に対する 2 種類の**臨界重要度**（criticality importance measure）[33)] が定義される．

定義 6.3　　部品 i の臨界重要度は，つぎの 2 通りの条件付き確率で定義される．

$$
IC_\varphi(i;1) = \boldsymbol{P}\left(\{1_i\}\times C_\varphi(i) \mid \varphi = 1\right) = \frac{\boldsymbol{P}(\{1_i\}\times C_\varphi(i))}{\boldsymbol{P}(\varphi=1)}, \quad (6.19)
$$

$$
IC_\varphi(i;0) = \boldsymbol{P}\left(\{0_i\}\times C_\varphi(i) \mid \varphi = 0\right) = \frac{\boldsymbol{P}(\{0_i\}\times C_\varphi(i))}{\boldsymbol{P}(\varphi=0)}. \quad (6.20)
$$

式 (6.19), (6.20) それぞれの条件付き確率を**臨界信頼度重要度**（criticality reliability importance measure），**臨界不信頼度重要度**（criticality failure importance measure）と呼ぶ．

例えば臨界信頼度重要度は，システムが正常であるとき，それが部品 i が正常であることで維持される条件付き確率である．

部品が確率的に独立であるとき，信頼度関数に対して以下の微分ができる．臨界重要度が Birnbaum 重要度と同様に感度解析的な側面をもつことがわかる．

$$
IC_\varphi(i;1) \;=\; \frac{\partial \log h(\boldsymbol{p})}{\partial \log p_i} = \frac{\dfrac{\partial \log h(\boldsymbol{p})}{\partial p_i}}{\dfrac{\partial \log p_i}{\partial p_i}} \;=\; \frac{\dfrac{1}{h(\boldsymbol{p})}\dfrac{\partial h(\boldsymbol{p})}{\partial p_i}}{\dfrac{1}{p_i}} \;=\; \frac{p_i}{h(\boldsymbol{p})}\times\frac{\partial h(\boldsymbol{p})}{\partial p_i}
$$

は臨界信頼度重要度 (6.19) である．さらに，

$$IC_\varphi(i;0) = \frac{\partial \log(1-h(\boldsymbol{p}))}{\partial \log q_i} = \frac{\dfrac{\partial \log(1-h(\boldsymbol{p}))}{\partial p_i}}{\dfrac{\partial \log q_i}{\partial p_i}} = \frac{\dfrac{1}{1-h(\boldsymbol{p})}\cdot\left(-\dfrac{\partial h(\boldsymbol{p})}{\partial p_i}\right)}{-\dfrac{1}{q_i}}$$
$$= \frac{q_i}{1-h(\boldsymbol{p})} \times \frac{\partial h(\boldsymbol{p})}{\partial p_i}$$

は臨界不信頼度重要度 (6.20) である．

定理 6.3　部品が確率的に独立で $\boldsymbol{P}$ が部品の確率 $\boldsymbol{P}_i$ $(i \in C)$ の直積であるとき，部品 i の Birnbaum 重要度と臨界信頼度重要度，および臨界不信頼度重要度の間につぎの関係が成立する．

$$IC_\varphi(i;1) = \boldsymbol{P}\left(\{1_i\} \times C_\varphi(i) \mid \varphi = 1\right) = IB_\varphi(i) \times \frac{\boldsymbol{P}_i(1)}{\boldsymbol{P}(\varphi=1)},$$
$$IC_\varphi(i;0) = \boldsymbol{P}\left(\{0_i\} \times C_\varphi(i) \mid \varphi = 0\right) = IB_\varphi(i) \times \frac{\boldsymbol{P}_i(0)}{\boldsymbol{P}(\varphi=0)}.$$

$\dfrac{\boldsymbol{P}_i(1)}{\boldsymbol{P}(\varphi=1)}$ は，部品 i 1 個のみからなるシステムと部品 i を含む n 個の部品から構成されたシステムの信頼度の比を意味し，一般的に 1 以上であるかそれ以下であるかは一意的に定まらない．例えば，直列システムであれば 1 以上であり，並列システムであれば 1 以下である．このような比によって Birnbaum 重要度を調整して得られる量が臨界信頼度重要度である．臨界不信頼度重要度は $\dfrac{\boldsymbol{P}_i(0)}{\boldsymbol{P}(\varphi=0)}$ によって Birnbaum 重要度を調整したものである．

分解 (6.5) と (6.6) よりシステムの信頼度と不信頼度が以下のように得られる．

$$\boldsymbol{P}(\varphi=1) = \boldsymbol{P}_i(1)\cdot \boldsymbol{P}_{C\setminus\{i\}}(C_\varphi(i)) + \boldsymbol{P}_{C\setminus\{i\}}(NC_\varphi(i;1)),$$
$$\boldsymbol{P}(\varphi=0) = \boldsymbol{P}_i(0)\cdot \boldsymbol{P}_{C\setminus\{i\}}(C_\varphi(i)) + \boldsymbol{P}_{C\setminus\{i\}}(NC_\varphi(i;0)).$$

よって，定理 6.3 と一緒にして

$$IC_\varphi(i;1) = \frac{\boldsymbol{P}_i(1)\cdot IB_\varphi(i)}{\boldsymbol{P}_i(1)\cdot IB_\varphi(i) + \boldsymbol{P}_{C\setminus\{i\}}(NC_\varphi(i;1))},$$

$$IC_\varphi(i;0) = \frac{\boldsymbol{P}_i(0) \cdot IB_\varphi(i)}{\boldsymbol{P}_i(0) \cdot IB_\varphi(i) + \boldsymbol{P}_{C\setminus\{i\}}(NC_\varphi(i;0))}$$

を得る．$IC_\varphi(i;1)$ と $IC_\varphi(i;0)$ の単調性に関してつぎの定理が成立する．

定理 6.4　部品が独立であるとき，部品 i の臨界信頼度重要度 $IC_\varphi(i;1)$ は信頼度 $\boldsymbol{P}_i(1)$ に関して単調増加であり，臨界不信頼度重要度 $IC_\varphi(i;0)$ は不信頼度 $\boldsymbol{P}_i(0)$ に関して単調増加である．

6.3 狭義臨界重要度

狭義臨界重要度（restricted criticality importance measure）は，$MA(\varphi^{-1}(0), i, 0)$ と $MI\left(\varphi^{-1}(1), i, 1\right)$ を用いて定義される．

定義 6.4　部品 i の狭義臨界重要度はつぎの 2 通りに定義される．

$$IRC_\varphi(i;0) = \boldsymbol{P}\left(MA\left(\varphi^{-1}(0), i, 0\right) \mid \varphi = 0\right) = \frac{\boldsymbol{P}\left(MA\left(\varphi^{-1}(0), i, 0\right)\right)}{\boldsymbol{P}(\varphi = 0)},$$

$$IRC_\varphi(i;1) = \boldsymbol{P}\left(MI\left(\varphi^{-1}(1), i, 1\right) \mid \varphi = 1\right) = \frac{\boldsymbol{P}\left(MI\left(\varphi^{-1}(1), i, 1\right)\right)}{\boldsymbol{P}(\varphi = 1)}.$$

前者を**狭義臨界信頼度重要度**，後者を**狭義臨界不信頼度重要度**と呼ぶ．ここで式 (6.9) から式 (6.12) を思い起こせばよい．

$\boldsymbol{x} \in MA\left(\varphi^{-1}(0), i, 0\right)$ は $x_i = 0$ である極小カットベクトルであり，$(\cdot_i, \boldsymbol{x})$ は部品 i の臨界状態ベクトルであるが，逆は一般的に成立しない．例えばブリッジシステムにおいて，$(0_2, 0_3, 1_4, 1_5)$ は部品 1 の臨界状態ベクトルであり，$\varphi(0_1, 0_2, 0_3, 1_4, 1_5) = 0$，$\varphi(1_1, 0_2, 0_3, 1_4, 1_5) = 1$ であるが，それぞれは極小カットベクトルでなく，極小パスベクトルでもない．

$IRC_\varphi(i;0)$ は，システムが故障状態であるとき，それが部品 i の状態が故障である極小カットベクトルによるものである条件付き確率である．$IRC_\varphi(i;1)$

も同様であり，システムが正常状態であるとき，それが部品 i の状態が正常である極小パスベクトルによるものである条件付き確率である．

定理 6.1 と分解 (6.5) と (6.6) を用いると，部品が確率的に独立であるとき，狭義臨界重要度はつぎのように与えられる．

$$IRC_\varphi(i;0) = \frac{\boldsymbol{P}_i(0)\cdot \boldsymbol{P}_{C\setminus\{i\}}\left(MA\left(C_\varphi(i)\right)\right)}{\boldsymbol{P}_i(0)\cdot IB_\varphi(i) + \boldsymbol{P}_{C\setminus\{i\}}(NC_\varphi(i;0))},$$
$$IRC_\varphi(i;1) = \frac{\boldsymbol{P}_i(1)\cdot \boldsymbol{P}_{C\setminus\{i\}}\left(MI\left(C_\varphi(i)\right)\right)}{\boldsymbol{P}_i(1)\cdot IB_\varphi(i) + \boldsymbol{P}_{C\setminus\{i\}}(NC_\varphi(i;1))}.$$

これらのことから狭義臨界重要度の単調性に関して，つぎの定理を得る．

定理 6.5　部品が確率的に独立であるとき，部品 i の狭義臨界重要度 $IRC_\varphi(i;0)$ と $IRC_\varphi(i;1)$ はそれぞれ不信頼度 $\boldsymbol{P}_i(0)$ と信頼度 $\boldsymbol{P}_i(1)$ に関して単調増加である．

定理 6.6　部品 i の狭義臨界重要度と臨界重要度が同値になるための十分条件は，以下が成立することである．

$$\forall \boldsymbol{b} \in MI\left(\varphi^{-1}(1), i, 1\right), \quad (0_i, \boldsymbol{b}) \in MA\left(\varphi^{-1}(0), i, 0\right). \tag{6.21}$$

これはつぎと同値である．

$$\forall \boldsymbol{a} \in MA\left(\varphi^{-1}(0), i, 0\right), \quad (1_i, \boldsymbol{a}) \in MI\left(\varphi^{-1}(1), i, 1\right). \tag{6.22}$$

【証明】　式 (6.21) より

$$\begin{aligned} MI \times MA(i) \;=\; & \Big\{(\boldsymbol{b}^{C\setminus\{i\}}, \boldsymbol{a}^{C\setminus\{i\}}) : (\cdot_i, \boldsymbol{b}) \leqq (\cdot_i, \boldsymbol{a}), \\ & \quad \boldsymbol{b} \in MI\left(\varphi^{-1}(1), i, 1\right),\ \boldsymbol{a} \in MA\left(\varphi^{-1}(0), i, 0\right)\Big\} \\ = & \Big\{(\boldsymbol{a}, \boldsymbol{a}) : (1_i, \boldsymbol{a}) \in MI\left(\varphi^{-1}(1), i, 1\right),\ (0_i, \boldsymbol{a}) \in MA\left(\varphi^{-1}(0), i, 0\right)\Big\} \end{aligned}$$

である．よって定理 6.2 により

$$C_\varphi(i)=\left\{(\cdot_i,\boldsymbol{a}):(1_i,\boldsymbol{a})\in MI\left(\varphi^{-1}(1)\right),\ (0_i,\boldsymbol{a})\in MA\left(\varphi^{-1}(0)\right)\right\}.$$

したがって

$$\{1_i\}\times C_\varphi(i)\ =\ MI\left(\varphi^{-1}(1),i,1\right),\quad \{0_i\}\times C_\varphi(i)\ =\ MA\left(\varphi^{-1}(0),i,0\right)$$

である. □

6.4 Fussell–Vesley 重要度

Fussell–Vesely 重要度 (Fussell–Vesley importance measure)[34] を定義するために，つぎの二つの集合を定義する.

$$FV(\varphi^{-1}(0),i,0)=\left\{(\cdot_i,\boldsymbol{x}):\exists\boldsymbol{a}\in MA(\varphi^{-1}(0),i,0),(0_i,\boldsymbol{x})\leqq\boldsymbol{a}\right\},\tag{6.23}$$

$$FV(\varphi^{-1}(1),i,1)=\left\{(\cdot_i,\boldsymbol{x}):\exists\boldsymbol{b}\in MI(\varphi^{-1}(1),i,1),\ \boldsymbol{b}\leqq(1_i,\boldsymbol{x})\right\}.\tag{6.24}$$

例えば，$(\cdot_i,\boldsymbol{x})\in FV(\varphi^{-1}(0),i,0)$ は，ある $\boldsymbol{a}\in MA(\varphi^{-1}(0),i,0)$ に対して $(0_i,\boldsymbol{x})\leqq\boldsymbol{a}$ である．$a_i=0$ なので，部品 i は極小カット集合 $C_0(\boldsymbol{a})$ に属し，$C_0(\boldsymbol{a})\subsetneqq C_0(0_i,\boldsymbol{x})$ が成立する．このとき，$C_0(0_i,\boldsymbol{x})$ は，部品 i が属さない極小カット集合を含み得る．つまり $(\cdot_i,\boldsymbol{x})$ は部品 i の臨界状態ベクトルとはかぎらない．よって，$\boldsymbol{P}\left(\{0_i\}\times FV(\varphi^{-1}(0),i,0)\mid\varphi=0\right)$ は，システムが故障状態であるとき，部品 i が属する極小カット並列システムが故障する場合を含むが，この極小カット集合がシステム故障に臨界的であるとはかぎらない場合の条件付き確率である.

定義 6.5　部品 i の Fussell–Vesely 重要度はつぎの2通りに定義される.

$$IFV_\varphi(i;0)=\boldsymbol{P}\left(\{0_i\}\times FV(\varphi^{-1}(0),i,0)\mid\varphi=0\right),\tag{6.25}$$

$$IFV_\varphi(i;1)=\boldsymbol{P}\left(\{1_i\}\times FV(\varphi^{-1}(1),i,1)\mid\varphi=1\right).\tag{6.26}$$

式 (6.25) を **Fussell–Vesely 不信頼度重要度**，式 (6.26) を **Fussell–Vesely 信頼度重要度**と呼ぶ．

部品が確率的に独立であるとき，分解 (6.5) と (6.6) を用いて，Fussell–Vesely 重要度はつぎのようになる．

$$IFV_\varphi(i;0) = \frac{\boldsymbol{P}_i(0)\cdot \boldsymbol{P}_{C\setminus\{i\}}\left(FV\left(\varphi^{-1}(0),i,0\right)\right)}{\boldsymbol{P}_i(0)\cdot IB_\varphi(i) + \boldsymbol{P}_{C\setminus\{i\}}(NC_\varphi(i;0))},$$

$$IFV_\varphi(i;1) = \frac{\boldsymbol{P}_i(1)\cdot \boldsymbol{P}_{C\setminus\{i\}}\left(FV\left(\varphi^{-1}(1),i,1\right)\right)}{\boldsymbol{P}_i(1)\cdot IB_\varphi(i) + \boldsymbol{P}_{C\setminus\{i\}}(NC_\varphi(i;1))}.$$

これらのことから，Fussell–Vesely 重要度の単調性に関するつぎの定理を得る．

定理 6.7　部品が確率的に独立であるとき，部品 i の Fussell–Vesely 重要度 $IFV_\varphi(i;0)$ と $IFV_\varphi(i;1)$ はそれぞれ $\boldsymbol{P}_i(0)$ と $\boldsymbol{P}_i(1)$ に関して単調増加である．

定理 6.8　部品 i において，Fussell–Vesely 重要度の定義に用いる状態ベクトルが臨界状態ベクトルでもあるとき，つまり

$$FV\left(\varphi^{-1}(0),i,0\right) = C_\varphi(i), \tag{6.27}$$

$$FV\left(\varphi^{-1}(1),i,1\right) = C_\varphi(i) \tag{6.28}$$

のいずれかが成立するとき，$\left\{\{i\},\ \{1,\cdots,i-1,i+1,\cdots,n\}\right\}$ はコヒーレントシステム φ のモジュール分解であり，統合構造関数は，式 (6.27) の場合は並列構造，式 (6.28) の場合は直列構造である．

【証明】　$(\cdot_i,\boldsymbol{0}) \in FV\left(\varphi^{-1}(0),i,0\right)$ であるから，等号関係 (6.27) が成立すれば，$(\cdot_i,\boldsymbol{0}) \in C_\varphi(i)$ である．よって定理 6.2 より $(1_i,\boldsymbol{0}) \in MI\left(\varphi^{-1}(1),i,1\right)$ であるから，

$$\forall(\cdot_i,\boldsymbol{x}) \in \Omega_{C\setminus\{i\}},\ \varphi(1_i,\boldsymbol{x}) = 1.$$

よって

$$\boldsymbol{x} \in \Omega_C,\ \varphi(\boldsymbol{x}) = \max\{x_i, \varphi(0_i, \boldsymbol{x})\}$$

が成立する．ゆえに，$\{\{i\},\ \{1, \cdots, i-1, i+1, \cdots, n\}\}$ はモジュール分解であり，統合構造関数は，次数2の並列システムである．図 **6.2** を参照してほしい．式 (6.28) の場合の証明は双対的である．　□

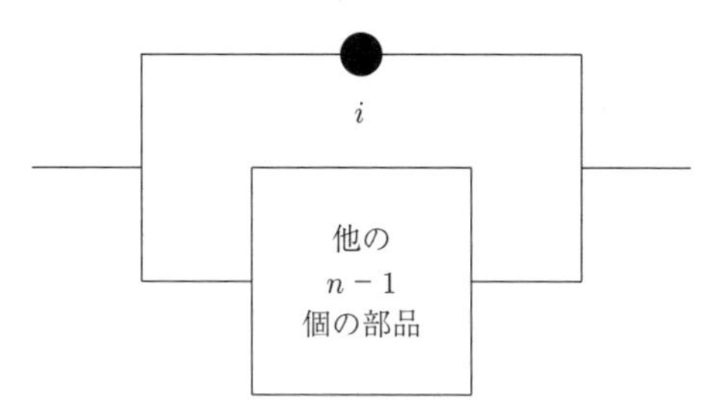

図 6.2　部品 i が他の $n-1$ 個の部品からなるモジュールに並列的につながる場合

一般的に臨界状態ベクトルについてつぎの関係が成立することは，明らかである．

$$C_\varphi(i) = FV\left(\varphi^{-1}(0), i, 0\right) \cap FV\left(\varphi^{-1}(1), i, 1\right).$$

$C_\varphi(i)$ を定義する式 (6.14) は，二つの条件からなるが，それらを別々にして定義に用いたものが二つの Fussell–Vesely 重要度である．

6.5 いくつかの例

この節では，2状態での直列システム，並列システム，k–out–of–n:G システムにおける重要度について述べる．

例 6.4（直列システムの重要度）　直列システムの極小パスベクトルとカットベクトルはつぎのようであった．

$$MI\left(\varphi^{-1}(1)\right) = \{\mathbf{1}\},\ MA\left(\varphi^{-1}(0)\right) = \{(0_i, \mathbf{1}) : i = 1, \cdots, n\}.$$

極小パスベクトルは唯一であり，条件 (6.21) が満たされる．よって，直列システムの部品の狭義臨界重要度と臨界重要度は一致する．

$C_\varphi(i) = \{(\cdot_i, \mathbf{1})\}$ であるから，それぞれの重要度は以下のようである．

Birnbaum 重要度は，

$$IB_\varphi(i) = \boldsymbol{P}_{C\setminus\{i\}}\left(C_\varphi(i)\right) = \boldsymbol{P}_{C\setminus\{i\}}((\cdot_i, \mathbf{1})).$$

臨界重要度は，

$$IC_\varphi(i;1) = \boldsymbol{P}\left(\{1_i\} \times C_\varphi(i) \mid \varphi = 1\right) = \frac{\boldsymbol{P}\left(\{1_i\} \times C_\varphi(i)\right)}{\boldsymbol{P}\left(\varphi = 1\right)} = \frac{\boldsymbol{P}\left(\mathbf{1}\right)}{\boldsymbol{P}\left(\mathbf{1}\right)} = 1,$$

$$IC_\varphi(i;0) = \boldsymbol{P}\left(\{0_i\} \times C_\varphi(i) \mid \varphi = 0\right) = \frac{\boldsymbol{P}\left(\{0_i\} \times C_\varphi(i)\right)}{\boldsymbol{P}\left(\varphi = 0\right)} = \frac{\boldsymbol{P}\left((0_i, \mathbf{1})\right)}{1 - \boldsymbol{P}(\mathbf{1})}$$

である．直列システムにおいてはすべての部品の臨界信頼度重要度 $IC_\varphi(i;1)$ は同一であるため，意味を成さない．また構造重要度も同様に同一であり，

$$IS_\varphi(i) = \frac{1}{2^{n-1}}.$$

Fussell–Vesely 重要度は，

$$FV\left(\varphi^{-1}(0), i, 0\right) = \Omega_{C\setminus\{i\}},\quad FV\left(\varphi^{-1}(1), i, 1\right) = \left\{\left(\cdot_i, \mathbf{1}^{C\setminus\{i\}}\right)\right\}$$

であるから，

$$IFV_\varphi(i;0) = \frac{\boldsymbol{P}\left(\{0_i\} \times \Omega_{C\setminus\{i\}}\right)}{\boldsymbol{P}(\varphi = 0)} = \frac{\boldsymbol{P}_i(0)}{\boldsymbol{P}(\varphi = 0)},$$

$$IFV_\varphi(i;1) = \frac{\boldsymbol{P}(\mathbf{1})}{\boldsymbol{P}(\varphi = 1)} = 1.$$

部品が確率的に独立であれば，重要度はそれぞれ以下のようになる．

$$IB_\varphi(i) = \prod_{j=1,\ j\neq i}^{n} p_j, \tag{6.29}$$

$$IRC_\varphi(i;0) = IC_\varphi(i;0) = \frac{q_i \prod_{j=1,\ j\neq i}^{n} p_j}{1 - \prod_{j=1}^{n} p_j}, \tag{6.30}$$

$$IFV_\varphi(i;0) = \frac{q_i}{1 - \prod_{j=1}^{n} p_j}. \tag{6.31}$$

Birnbaum 重要度については，

$$p_1 < p_2 < \cdots < p_n \implies IB_\varphi(1) > IB_\varphi(2) > \cdots > IB_\varphi(n)$$

である．つまり，信頼度の最も小さい（不信頼度の最も大きい）部品の Brinbaum 重要度が最も高い．

式 (6.29) と式 (6.30) から，異なる部品 k と l に対してつぎの同値関係が成立する．

$$\frac{q_k \prod_{j=1,\ j\neq k}^{n} p_j}{1 - \prod_{j=1}^{n} p_j} \leqq \frac{q_l \prod_{j=1,\ j\neq l}^{n} p_j}{1 - \prod_{j=1}^{n} p_j} \iff q_k p_l \leqq p_k q_l \iff p_l \leqq p_k,$$

$$\prod_{j=1,\ j\neq k}^{n} p_j \leqq \prod_{j=1,\ j\neq l}^{n} p_j \iff p_l \leqq p_k.$$

よって以下の大小関係は同値である．

$$IB_\varphi(k) \leqq IB_\varphi(l), \qquad IC_\varphi(k;0) \leqq IC_\varphi(l;0),$$
$$IRC_\varphi(k;0) \leqq IRC_\varphi(l;0), \qquad IFV_\varphi(k;0) \leqq IFV_\varphi(l;0).$$

直列システムにおける重要度の大小関係は，上記のどの重要度を用いても変わらない．

例 6.5（並列システムの重要度）　並列システムと直列システムはたがいに双対である．したがって，直列システムの場合と同様にして並列システムの場合の議論ができる．

並列システムの臨界状態ベクトルは，$C_\varphi(i) = \{(\cdot_i, \mathbf{0})\}$ であるから，Birnbaum 重要度は，

$$IB_\varphi(i) = \boldsymbol{P}_{C\setminus\{i\}}(C_\varphi(i)) = \boldsymbol{P}_{C\setminus\{i\}}((\cdot_i, \mathbf{0})).$$

臨界重要度は，

$$IC_\varphi(i;1) = \boldsymbol{P}(\{1_i\} \times C_\varphi(i) \mid \varphi = 1) = \frac{\boldsymbol{P}(\{1_i\} \times C_\varphi(i))}{\boldsymbol{P}(\varphi = 1)} = \frac{\boldsymbol{P}((1_i, \boldsymbol{0}))}{\boldsymbol{P}(\varphi = 1)},$$

$$IC_\varphi(i;0) = \boldsymbol{P}(\{0_i\} \times C_\varphi(i) \mid \varphi = 0) = \frac{\boldsymbol{P}(\{0_i\} \times C_\varphi(i))}{\boldsymbol{P}(\varphi = 0)} = 1.$$

これらは，狭義臨界重要度に一致する．

Fussell–Vesely 重要度は，直列の場合の双対として，

$$FV\left(\varphi^{-1}(0), i, 0\right) = \left\{\left(\cdot_i, \boldsymbol{0}^{C\setminus\{i\}}\right)\right\}, \ FV\left(\varphi^{-1}(1), i, 1\right) = \Omega_{C\setminus\{i\}}$$

であるから，つぎのように与えられる．

$$IFV_\varphi(i;1) = \frac{\boldsymbol{P}_i(1)}{\boldsymbol{P}(\varphi = 1)}, \qquad IFV_\varphi(i;0) = 1.$$

部品が確率的に独立であれば，

$$IB_\varphi(i) = \prod_{j \in C\setminus\{i\}} (1 - p_j)$$

であり，

$$p_1 < p_2 < \cdots < p_n \implies IB_\varphi(1) < IB_\varphi(2) < \cdots < IB_\varphi(n)$$

である．信頼度が最も大きい（不信頼度が最も小さい）部品の Birnbaum 重要度が最大である．

例 6.6（$\boldsymbol{k}$–out–of–$\boldsymbol{n}$:$\boldsymbol{G}$ システムの重要度） k–out–of–n:G システムの部品 i の臨界状態ベクトルは

$$\begin{aligned} C_\varphi(i) &= \left\{ (\cdot_i, \boldsymbol{x}) : \sum_{j=1, j\neq i}^{n} x_j = k - 1 \right\} \\ &= \left\{ \left(\cdot_i, \boldsymbol{1}^A, \boldsymbol{0}^{C\setminus A\cup\{i\}}\right) : A \subsetneqq C, \ |A| = k - 1, \ i \notin A \right\}. \end{aligned}$$

よって

$$\{1_i\} \times C_\varphi(i) = MI\left(\varphi^{-1}(1), i, 1\right) = \left\{\boldsymbol{x} : \sum_{j=1, j\neq i}^{n} x_j = k-1,\ x_i = 1\right\},$$

$$\{0_i\} \times C_\varphi(i) = MA\left(\varphi^{-1}(0), i, 0\right) = \left\{\boldsymbol{x} : \sum_{j=1, j\neq i}^{n} x_j = k-1,\ x_i = 0\right\}.$$

狭義臨界重要度と臨界重要度は一致し，

$$IC_\varphi(i;1) = IRC_\varphi(i;1) = \frac{\boldsymbol{P}\left(\{1_i\} \times C_\varphi(i)\right)}{\boldsymbol{P}(\varphi = 1)},$$
$$IC_\varphi(i;0) = IRC_\varphi(i;0) = \frac{\boldsymbol{P}\left(\{0_i\} \times C_\varphi(i)\right)}{\boldsymbol{P}(\varphi = 0)}.$$

Birnbaum 重要度は，

$$IB_\varphi(i) = \boldsymbol{P}_{C\setminus\{i\}}\left(C_\varphi(i)\right).$$

Fussell–Vesely 重要度は，以下のとおりである．

$$FV\left(\varphi^{-1}(1), i, 1\right) = \left\{(\cdot_i, \boldsymbol{x}) : \sum_{j=1, j\neq i}^{n} x_j \geqq k-1\right\},$$
$$FV\left(\varphi^{-1}(0), i, 0\right) = \left\{(\cdot_i, \boldsymbol{x}) : \sum_{j=1, j\neq i}^{n} x_j \leqq k-1\right\},$$
$$IFV_\varphi(i;1) = \frac{\boldsymbol{P}\left(\{1_i\} \times FV\left(\varphi^{-1}(1), i, 1\right)\right)}{\boldsymbol{P}(\varphi = 1)},$$
$$IFV_\varphi(i;0) = \frac{\boldsymbol{P}\left(\{0_i\} \times FV\left(\varphi^{-1}(0), i, 0\right)\right)}{\boldsymbol{P}(\varphi = 0)}.$$

さらに構造重要度はつぎのようになり，部品によらず同一である．

$$IS_\varphi(i) = \frac{\binom{n-1}{k-1}}{2^{n-1}}.$$

以降では，部品が独立であるときの二つの部品間の臨界重要度の大小関係について述べるが，煩雑さを避けるために，一般性を失うことなく部品1と2について考える．

$$\boldsymbol{P}(\{1_1\}\times C_\varphi(1)) - \boldsymbol{P}(\{1_2\}\times C_\varphi(2))$$
$$= (p_1q_2 - q_1p_2)\cdot \boldsymbol{P}_{C\setminus\{1,2\}}\left\{(x_3,\cdots,x_n) : \sum_{j=3}^{n} x_j = k-1\right\},$$
$$\boldsymbol{P}(\{0_1\}\times C_\varphi(1)) - \boldsymbol{P}(\{0_2\}\times C_\varphi(2))$$
$$= (q_1p_2 - p_1q_2)\cdot \boldsymbol{P}_{C\setminus\{1,2\}}\left\{(x_3,\cdots,x_n) : \sum_{j=3}^{n} x_j = k-2\right\}$$

であり，よって $0 < p_i < 1$ $(i = 1,\cdots,n)$ の場合

$$\boldsymbol{P}(\{1_1\}\times C_\varphi(1)) > \boldsymbol{P}(\{1_2\}\times C_\varphi(2))$$
$$\Longleftrightarrow p_1q_2 > q_1p_2$$
$$\Longleftrightarrow \boldsymbol{P}(\{0_1\}\times C_\varphi(1)) < \boldsymbol{P}(\{0_2\}\times C_\varphi(2))$$

の同値関係を得る．この関係は任意の部品 i と j $(i \neq j)$ について成立する．したがって，$1 < k < n$ の場合，k–out–of–n:G システムでは，臨界信頼度重要度と臨界不信頼度重要度は逆の傾向をもつ．

直・並列システムの重要度については，モジュール分解を介した積の連鎖則をつぎの 6.6 節で紹介した後に 6.7 節で議論する．

6.6 モジュール分解を介した重要度の計算

コヒーレントシステム (Ω_C, S, φ) はモジュール分解 $\{M_1,\cdots,M_m\}$ をもつとし，モジュールシステムと統合システムをそれぞれ $\left(\Omega_{M_j}, S_j, \chi_j\right)$ $(j = 1,\cdots,m)$，$\left(\prod_{j=1}^{m} S_j, S, \psi\right)$ とする．

$$\forall \boldsymbol{x} \in \Omega_C,\ \varphi(\boldsymbol{x}) = \psi\left(\chi_1\left(\boldsymbol{x}^{M_1}\right), \chi_2\left(\boldsymbol{x}^{M_2},\right), \cdots, \chi_m\left(\boldsymbol{x}^{M_m}\right)\right). \quad (6.32)$$

Ω_C 上の確率 $\boldsymbol{P}$ の Ω_{M_j} への制限を $\boldsymbol{P}_{M_j}$ とし，$\boldsymbol{P}$ は $\boldsymbol{P}_{M_j}$ $(j = 1,\cdots,m)$ の直積であるとする．つまり，$\boldsymbol{P} = \prod_{j=1}^{m} \boldsymbol{P}_{M_j}$ である．

$\chi_j \circ \boldsymbol{P}_{M_j}$ は S_j 上の確率で，$\boldsymbol{P}_{M_j}$ の χ_j $(j = 1,\cdots,m)$ による像確率であり，

$\prod_{j=1}^{m} \chi_j \circ \boldsymbol{P}_{M_j}$ は $\prod_{j=1}^{m} S_j$ 上の直積確率である．さらに，$\psi\circ\left(\prod_{j=1}^{m} \chi_j \circ \boldsymbol{P}_{M_j}\right)$ は S 上の確率で，$\prod_{j=1}^{m} \chi_j \circ \boldsymbol{P}_{M_j}$ の ψ による像確率である．式 (6.32) より，つぎの確率間の関係が成立する．

$$\varphi \circ \boldsymbol{P} = \psi \circ \left(\prod_{j=1}^{m} \chi_j \circ \boldsymbol{P}_{M_j} \right). \tag{6.33}$$

部品 i のシステム φ における重要度は，Ω_C 上の確率 $\boldsymbol{P}$ に関するもので，システム χ_{j_i} における重要度は，確率 $\boldsymbol{P}_{M_{j_i}}$ に関するものである．モジュール M_{j_i} のシステム ψ における重要度は，$\prod_{j=1}^{m} \chi_j \circ \boldsymbol{P}_{M_j}$ に関するものである．ここで，j_i は部品 i を含むモジュールの添字番号である．以降では，一般性を失うことなく $i=1$, $j_i=1$ として，以上の3種類のシステムにおける重要度の関係について述べる．本章では2状態システムを考えていることから，定理2.11で述べた極小および極大状態ベクトルについての以下の関係を思い起こしてほしい．

$$MI\left(\varphi^{-1}(1)\right) = \bigcup_{(s_1,\cdots,s_m)\in MI(\psi^{-1}(1))} \prod_{j=1}^{m} MI\left(\chi_j^{-1}(s_j)\right), \tag{6.34}$$

$$MA\left(\varphi^{-1}(0)\right) = \bigcup_{(s_1,\cdots,s_m)\in MA(\psi^{-1}(0))} \prod_{j=1}^{m} MA\left(\chi_j^{-1}(s_j)\right). \tag{6.35}$$

補題 6.1　　モジュール M_1 を簡単に1と書く．$C_\psi(1)$ はモジュール M_1 の統合システム ψ における臨界状態ベクトルの集合であり，以下が成立する．

$$C_\psi(1) = \left\{ (\cdot_1, \boldsymbol{s}) \in \prod_{j=2}^{m} S_j \;:\; \psi(0_1, \boldsymbol{s}) = 0,\ \psi(1_1, \boldsymbol{s}) = 1 \right\},$$

$$C_\varphi(1) = C_{\chi_1}(1) \times (\chi_2, \cdots, \chi_m)^{-1}(C_\psi(1)), \tag{6.36}$$

$$\{1_1\} \times C_\varphi(1) = \{1_1\} \times C_{\chi_1}(1) \times (\chi_2, \cdots, \chi_m)^{-1}(C_\psi(1)), \tag{6.37}$$

$$\{0_1\} \times C_\varphi(0) = \{0_1\} \times C_{\chi_1}(1) \times (\chi_2, \cdots, \chi_m)^{-1}(C_\psi(1)), \tag{6.38}$$

$$MI\left(\varphi^{-1}(1),1,1\right) = \bigcup_{(1_1,s_2,\cdots,s_m)\in MI(\psi^{-1}(1))} MI\left(\chi_1^{-1}(1),1,1\right) \times \prod_{j=2}^{m} MI\left(\chi_j^{-1}(s_j)\right), \tag{6.39}$$

$$MA\left(\varphi^{-1}(0),1,0\right) = \bigcup_{(0_1,s_2,\cdots,s_m)\in MA(\psi^{-1}(0))} MA\left(\chi_1^{-1}(0),1,0\right) \times \prod_{j=2}^{m} MA\left(\chi_j^{-1}(s_j)\right), \tag{6.40}$$

$$FV\left(\varphi^{-1}(1),1,1\right) = FV\left(\chi^{-1}(1),1,1\right) \times(\chi_2,\cdots,\chi_m)^{-1}\left(FV\left(\psi^{-1}(1),1,1\right)\right), \tag{6.41}$$

$$FV\left(\varphi^{-1}(1),1,0\right) = FV\left(\chi^{-1}(1),1,0\right) \times(\chi_2,\cdots,\chi_m)^{-1}\left(FV\left(\psi^{-1}(1),1,0\right)\right). \tag{6.42}$$

【証明】　ここでは，式 (6.36), (6.39), (6.41) を示す．式 (6.40), (6.42) の証明は同様であり，式 (6.37), (6.38) は式 (6.36) より容易である．

式 (6.36) の証明　$(\cdot_1,\boldsymbol{x})\in C_\varphi(1)$ に対して，

$$\varphi(0_1,\boldsymbol{x}) = \psi\left(\chi_1\left(0_1,\boldsymbol{x}^{M_1}\right),\chi_2\left(\boldsymbol{x}^{M_2}\right),\cdots,\chi_m\left(\boldsymbol{x}^{M_m}\right)\right) = 0,$$
$$\varphi(1_1,\boldsymbol{x}) = \psi\left(\chi_1\left(1_1,\boldsymbol{x}^{M_1}\right),\chi_2\left(\boldsymbol{x}^{M_2}\right),\cdots,\chi_m\left(\boldsymbol{x}^{M_m}\right)\right) = 1,$$

であり，$\chi_1\left(0_1,\boldsymbol{x}^{M_1}\right)\neq\chi_1\left(1_1,\boldsymbol{x}^{M_1}\right)$ である．よって，χ_1 の単調性より，

$$\chi_1\left(0_1,\boldsymbol{x}^{M_1}\right)=0,\ \chi_1\left(1_1,\boldsymbol{x}^{M_1}\right)=1,\quad \text{i.e.}\quad \left(\cdot_1,\boldsymbol{x}^{M_1}\right)\in C_{\chi_1}(1).$$

さらに

$$\left(\chi_2\left(\boldsymbol{x}^{M_2}\right),\cdots,\chi_m\left(\boldsymbol{x}^{M_m}\right)\right) = (\chi_2,\cdots,\chi_m)\left(\boldsymbol{x}^{M_2},\cdots,\boldsymbol{x}^{M_m}\right)\in C_\psi(1),$$
$$\text{i.e.}\ \left(\boldsymbol{x}^{M_2},\cdots,\boldsymbol{x}^{M_m}\right)\in(\chi_2,\cdots,\chi_m)^{-1}\left(C_\psi(1)\right)$$

である．したがって，左辺は右辺に含まれる．以上を逆にたどり，右辺が左辺に含まれることが示される．

式 (6.39) の証明　$\boldsymbol{x} = \left(\boldsymbol{x}^{M_1},\cdots,\boldsymbol{x}^{M_m}\right)$ を式 (6.39) の右辺の元であるとすると，

$$\exists (1_1, s_2, \cdots, s_m) \in MI\left(\psi^{-1}(1)\right),$$
$$x_1 = 1,\ \boldsymbol{x}^{M_1} \in MI\left(\chi_1^{-1}(1)\right), \boldsymbol{x}^{M_j} \in MI\left(\chi_j^{-1}(s_j)\right),\ j = 2, \cdots, m,$$

である．よって，式 (6.34) より $\boldsymbol{x}$ は式 (6.39) の左辺の元である．

$\boldsymbol{x}$ を式 (6.39) の左辺の元とすると，式 (6.34) によって，

$$\exists (s_1, s_2, \cdots, s_m) \in MI\left(\psi^{-1}(1)\right),\ \boldsymbol{x}^{M_j} \in MI\left(\chi_j^{-1}(s_j)\right),\ j = 1, \cdots, m.$$

$1 \in M_1$, $x_1 = 1$ であるから，

$$\left(1_1, \boldsymbol{x}^{M_1}\right) \in MI\left(\chi_1^{-1}(s_1)\right)$$

もし $s_1 = 0$ ならば，$MI\left(\chi_1^{-1}(0)\right) = \{\boldsymbol{0}^{M_1}\}$ であり，$x_1 = 1$ に反する．したがって，$s_1 = 1$ である．

式 (6.41) の証明　式 (6.39) より，つぎの等号関係が成立する．

$$\begin{aligned}
FV\left(\varphi^{-1}(1), 1, 1\right) &= \bigcup_{\boldsymbol{b} \in MI\left(\varphi^{-1}(1),1,1\right)} \{(\cdot_1, \boldsymbol{x}) : \boldsymbol{b} \leqq (1_1, \boldsymbol{x})\} \\
&= \bigcup_{(1_1, \boldsymbol{s}) \in MI\left(\psi^{-1}(1)\right)} \bigcup_{\boldsymbol{b} \in MI\left(\chi_1^{-1}(1),1,1\right) \times \prod_{j=2}^{m} MI\left(\chi_j^{-1}(s_j)\right)} \{(\cdot_1, \boldsymbol{x}) : \boldsymbol{b} \leqq (1_1, \boldsymbol{x})\} \\
&= FV\left(\chi_1^{-1}(1), 1, 1\right) \times \bigcup_{(1_1, \boldsymbol{s}) \in MI\left(\psi^{-1}(1)\right)} \\
&\qquad \bigcup_{\boldsymbol{b}^{C \setminus M_1} \in \prod_{j=2}^{m} MI\left(\chi_j^{-1}(s_j)\right)} \{\boldsymbol{x}^{C \setminus M_1} : \boldsymbol{b}^{C \setminus M_1} \leqq \boldsymbol{x}^{C \setminus M_1}\} \qquad (6.43) \\
&= FV\left(\chi_1^{-1}(1), 1, 1\right) \times (\chi_2, \chi_3, \cdots, \chi_m)^{-1}\left(FV\left(\psi^{-1}(1), 1, 1\right)\right). \qquad (6.44)
\end{aligned}$$

式 (6.44) の等号が成立することは，その定義が

$$FV\left(\psi^{-1}(1), 1, 1\right) = \left\{(\cdot_1, \boldsymbol{t}) : \exists \boldsymbol{s} \in MI\left(\psi^{-1}(1), 1, 1\right),\ \boldsymbol{s} \leqq (1_1, \boldsymbol{t})\right\}$$

であるから，$\boldsymbol{x}^{M_1} \in FV\left(\chi_1^{-1}(1), 1, 1\right)$ に対して，

$$\begin{aligned}
&(\boldsymbol{x}^{M_2}, \cdots, \boldsymbol{x}^{M_m}) \in (\chi_2, \cdots, \chi_m)^{-1}\left(FV(\psi^{-1}(1), 1, 1)\right) \\
&\Longleftrightarrow \left(\chi_2\left(\boldsymbol{x}^{M_2}\right), \cdots, \chi_m\left(\boldsymbol{x}^{M_m}\right)\right) \in FV\left(\psi^{-1}(1), 1, 1\right) \\
&\Longleftrightarrow \exists \boldsymbol{s} \in MI\left(\psi^{-1}(1), 1, 1\right),\ \boldsymbol{s} \leqq \left(1_1, \chi_2\left(\boldsymbol{x}^{M_2}\right), \cdots, \chi_m\left(\boldsymbol{x}^{M_m}\right)\right) \\
&\Longleftrightarrow \exists \boldsymbol{s} \in MI\left(\psi^{-1}(1), 1, 1\right),\ s_1 = 1,\ s_2 \leqq \chi_2\left(\boldsymbol{x}^{M_2}\right), \cdots, s_m \leqq \chi_m\left(\boldsymbol{x}^{M_m}\right) \\
&\Longleftrightarrow \exists \boldsymbol{s} \in MI\left(\psi^{-1}(1), 1, 1\right), \exists \boldsymbol{b}_j \in MI\left(\chi_j^{-1}(s_j)\right), \boldsymbol{b}_j \leqq \boldsymbol{x}^{M_j}, j = 2, \cdots, m
\end{aligned}$$

$$\iff \left(\boldsymbol{x}^{M_1}, \cdots, \boldsymbol{x}^{M_m}\right) \in \text{ 式 (6.43) の集合.}$$

□

式 (6.36), (6.37), (6.38), (6.41), (6.42) で確率をとり，モジュールの独立性の仮定と像確率に関する関係 (6.33) を用いて，モジュール分解を介した重要度の積の連鎖則が得られる．

定理 6.9 モジュールが確率的に独立であるとき，Birnbaum，Fussell–Vesely および臨界重要度について，モジュール分解による積の連鎖則が成立する．一般性を失うことなく部品 1 はモジュール M_1 に属するとする．

$$\boldsymbol{P}_{C\setminus\{1\}}\left(C_{\varphi}(1)\right) = \boldsymbol{P}_{M_1\setminus\{1\}}\left(C_{\chi_1}(1)\right) \times \prod_{j=2}^{m} \chi_j \circ \boldsymbol{P}_{M_j}\left(C_{\psi}(1)\right), \tag{6.45}$$

$$\boldsymbol{P}\left(\{1_1\} \times C_{\varphi}(1) \mid \varphi = 1\right) = \frac{\boldsymbol{P}_{M_1}\left(\{1_1\} \times C_{\chi_1(1)}\right)}{\boldsymbol{P}_{M_1}(\chi_1 = 1)} \cdot \frac{\prod_{j=1}^{m} \chi_j \circ \boldsymbol{P}_{M_j}(\{1_1\} \times C_{\psi}(1))}{\prod_{j=1}^{m} \chi_j \circ \boldsymbol{P}_{M_j}(\psi = 1)}, \tag{6.46}$$

$$\boldsymbol{P}\left(\{0_1\} \times C_{\varphi}(1) \mid \varphi = 0\right) = \frac{\boldsymbol{P}_{M_1}\left(\{0_1\} \times C_{\chi_1}(1)\right)}{\boldsymbol{P}_{M_1}(\chi_1 = 0)} \cdot \frac{\prod_{j=1}^{m} \chi_j \circ \boldsymbol{P}_{M_j}(\{0_1\} \times C_{\psi}(1))}{\prod_{j=1}^{m} \chi_j \circ \boldsymbol{P}_{M_j}(\psi = 0)}, \tag{6.47}$$

$$\boldsymbol{P}\left(\{1_1\} \times FV\left(\varphi^{-1}(1), 1, 1\right) | \varphi = 1\right) = \frac{\boldsymbol{P}_{M_1}\left(\{1_1\} \times FV\left(\chi_1^{-1}(1), 1, 1\right)\right)}{\boldsymbol{P}_{M_1}(\chi_1 = 1)} \cdot \frac{\prod_{j=1}^{m} \chi_j \circ \boldsymbol{P}_{M_j}\left(\{1_1\} \times FV\left(\psi^{-1}(1), 1, 1\right)\right)}{\prod_{j=1}^{m} \chi_j \circ \boldsymbol{P}_{M_j}(\psi = 1)}, \tag{6.48}$$

$$\boldsymbol{P}\left(\{0_1\} \times FV\left(\varphi^{-1}(0), 1, 0\right) | \varphi = 0\right) = \frac{\boldsymbol{P}_{M_1}\left(\{0_1\} \times FV\left(\chi_1^{-1}(0), 1, 0\right)\right)}{\boldsymbol{P}_{M_1}(\chi_1 = 0)}$$

$$\cdot \frac{\prod_{j=1}^{m} \chi_j \circ \boldsymbol{P}_{M_j}\left(\{0_1\} \times FV\left(\psi^{-1}(0), 1, 0\right)\right)}{\prod_{j=1}^{m} \chi_j \circ \boldsymbol{P}_{M_j}(\psi = 0)}. \tag{6.49}$$

式 (6.45) は,

$$IB_{\varphi}(1) = IB_{\chi_1}(1) \cdot IB_{\psi}(1)$$

であることを意味し，したがって，構造重要度についても同様の積の連鎖則が成立する．式 (6.46), (6.47) はつぎのことを意味する．

$$IC_{\varphi}(1;1) = IC_{\chi_1}(1;1) \cdot IC_{\psi}(1;1),$$

$$IC_{\varphi}(1;0) = IC_{\chi_1}(1;0) \cdot IC_{\psi}(1;0).$$

Fussell–Vesely 重要度については，式 (6.48) と式 (6.49) から．

$$IFV_{\varphi}(1;1) = IFV_{\chi_1}(1;1) \cdot IFV_{\psi}(1;1),$$

$$IFV_{\varphi}(1;0) = IFV_{\chi_1}(1;0) \cdot IFV_{\psi}(1;0).$$

狭義臨界重要度については，式 (6.39), (6.40) より，このような連鎖則は一般的には成立しない．図 6.3 にある直・並列システムで確認できるが，計算は省略する．

例 6.7　　**図 6.3** にある直・並列システムを考える．それぞれが並列システムである二つのモジュールを直列につないだものがシステム全体となる．構造関数はつぎのようである．

$$\varphi(x_1, x_2, x_3, x_4, x_5) = \psi(\chi_1(x_1, x_2), \chi_2(x_3, x_4, x_5)),$$

$$\psi(s_1, s_2) = \min(s_1, s_2),$$

$$\chi_1(x_1, x_2) = \max\{x_1, x_2\}, \qquad \chi_2(x_3, x_4, x_5) = \max\{x_3, x_4, x_5\}.$$

部品 1 の臨界状態ベクトルはつぎのようである．

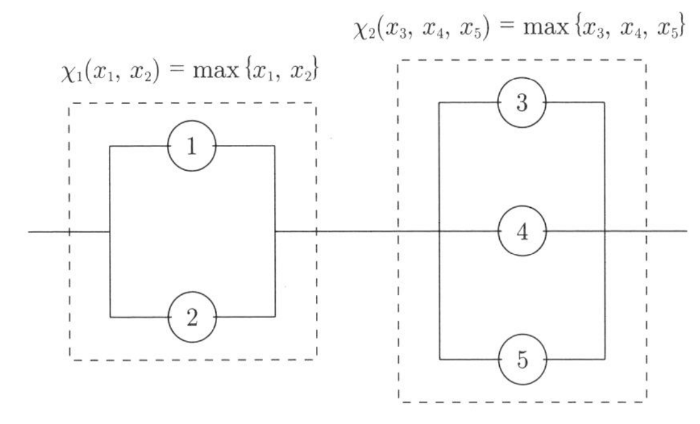

図 **6.3** 直・並列システム

$$C_\varphi(1) = \{(\cdot_1, 0, 1, 1, 1), (\cdot_1, 0, 1, 1, 0), (\cdot_1, 0, 1, 0, 1), (\cdot_1, 0, 0, 1, 1), (\cdot_1, 0, 1, 0, 0), (\cdot_1, 0, 0, 1, 0), (\cdot_1, 0, 0, 0, 1)\}.$$

一方，定理 6.1 より，

$$\begin{aligned} MI\left(\varphi^{-1}(1), 1, 1\right) &= \{1_1\} \times MI(C_\varphi(1)) \\ &= \{(1, 0, 1, 0, 0), (1, 0, 0, 1, 0), (1, 0, 0, 0, 1)\} \end{aligned}$$

であるから，明らかに $\{1_1\} \times C_\varphi(1) \neq MI\left(\varphi^{-1}(1), 1, 1\right)$ である．よって狭義臨界重要度と臨界重要度は，直・並列システムでは一般的に一致しない．

6.7 直・並列システムにおける重要度の計算

本節では，図 **6.4** の直・並列システムに対して，部品間の重要度の大小関係が重要度の間で整合性をもつかどうかについて調べる．部品は二重添字 (i, j) で識別され，i はその部品が属するモジュール番号を，j はそのモジュール内での番号を意味する．システムはモジュール分解 $\{M_i\}_{i=1,\cdots,m}$ をもち，$M_i = \{(i, 1), \cdots, (i, n_i)\}$ であり，それぞれのモジュールは並列システムである．統合システム ψ は直列システムである．部品は確率的に独立であるとする．

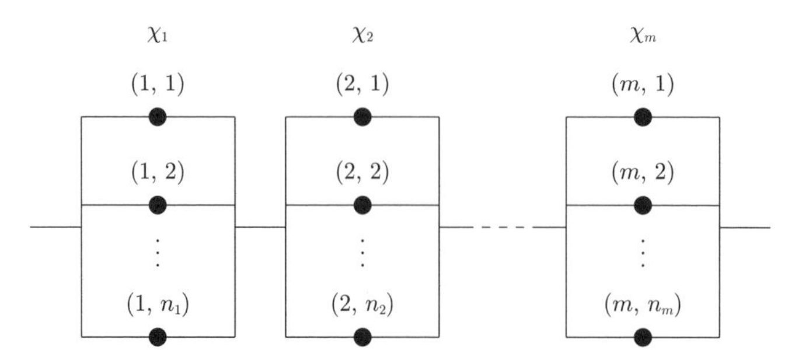

図 **6.4**　二重添字 (i,j) をもつ部品から構成される直・並列システム

6.7.1　直・並列システムにおける Birnbaum 重要度

システム χ_1 における部品 $(1,1)$ の Birnbaum 重要度は，

$$IB_{\chi_1}((1,1)) = \boldsymbol{P}_{M_1\setminus\{(1,1)\}}\left\{\left(\cdot_{(1,1)}, \boldsymbol{0}\right)\right\}$$
$$= \boldsymbol{P}_{M_1\setminus\{(1,1)\}}\left\{\left(\cdot_{(1,1)}, 0_{(1,2)}, \cdots, 0_{(1,n_1)}\right)\right\}$$

であり，モジュール M_1 のシステム ψ における Birnbaum 重要度は

$$IB_{\psi}(1) = \prod_{j=2}^{m} \chi_j \circ \boldsymbol{P}_{M_j}\left\{(\cdot_1, \boldsymbol{1})\right\} = \prod_{j=2}^{m} \chi_j \circ \boldsymbol{P}_{M_j}\left\{(\cdot_1, 1_2, \cdots, 1_m)\right\}$$

である．よって，部品 $(1,1)$ のシステム φ における Birnbaum 重要度は，積の連鎖則によってつぎのように与えられる．

$$IB_{\varphi}((1,1)) = IB_{\chi_1}((1,1)) \times IB_{\psi}(1)$$
$$= \boldsymbol{P}_{M_1\setminus\{(1,1)\}}\left\{\left(\cdot_{(1,1)}, \boldsymbol{0}\right)\right\} \times \prod_{j=2}^{m} \chi_j \circ \boldsymbol{P}_{M_j}\left\{(\cdot_1, \boldsymbol{1})\right\}.$$

6.7.2　直・並列システムにおける臨界重要度

システム χ_1 における部品 $(1,1)$ の臨界重要度は，

$$IC_{\chi_1}((1,1);1) = \boldsymbol{P}_{M_1}\{\{1_{(1,1)}\} \times C_{\chi_1}((1,1)) \mid \chi_1 = 1\} = \frac{\boldsymbol{P}_{M_1}\{(1_{(1,1)}, \boldsymbol{0})\}}{\boldsymbol{P}_{M_1}(\chi_1 = 1)},$$
$$IC_{\chi_1}((1,1);0) = \boldsymbol{P}_{M_1}\{\{0_{(1,1)}\} \times C_{\chi_1}((1,1)) \mid \chi_1 = 0\} = 1$$

であり，モジュール M_1 のシステム ψ における臨界重要度は，

$$IC_\psi(1;1) = \prod_{j=1}^{m} \chi_j \circ \boldsymbol{P}_{M_j}\{\{1_1\} \times C_\psi(1) \mid \psi = 1\} = 1,$$

$$\begin{aligned} IC_\psi(1;0) &= \prod_{j=1}^{m} \chi_j \circ \boldsymbol{P}_{M_j}\{\{0_1\} \times C_\psi(1) \mid \psi = 0\} \\ &= \frac{\prod_{j=1}^{m} \chi_j \circ \boldsymbol{P}_{M_j}\{(0_1, \mathbf{1})\}}{\prod_{j=1}^{m} \chi_j \circ \boldsymbol{P}_{M_j}(\psi = 0)} \end{aligned}$$

である．よって，部品 $(1,1)$ のシステム φ における臨界重要度はつぎのようである．

$$IC_\varphi((1,1);1) = IC_{\chi_1}((1,1);1) \cdot IC_\psi(1;1) = \frac{\boldsymbol{P}_{M_1}\{(1_{(1,1)}, \mathbf{0})\}}{\boldsymbol{P}_{M_1}(\chi_1 = 1)},$$

$$IC_\varphi((1,1);0) = IC_{\chi_1}((1,1);0) \cdot IC_\psi(1;0) = \frac{\prod_{j=1}^{m} \chi_j \circ \boldsymbol{P}_{M_j}\{(0_1, \mathbf{1})\}}{\prod_{j=1}^{m} \chi_j \circ \boldsymbol{P}_{M_j}(\psi = 0)}.$$

6.7.3 直・並列システムにおける Fussell–Vesely 重要度

定理 6.9，例 6.4 と例 6.5 より直・並列システムにおける部品 $(1,1)$ のシステム φ における Fussell–Vesely 重要度は，つぎのようである．

$$IFV_\varphi((1,1);1) = IFV_{\chi_1}((1,1);1) \cdot IFV_\psi(1;1) = \frac{\boldsymbol{P}_{(1,1)}(1)}{\boldsymbol{P}_{M_1}(\chi_1 = 1)},$$

$$IFV_\varphi((1,1);0) = IFV_{\chi_1}((1,1);0) \cdot IFV_\psi(1;0) = \frac{\chi_1 \circ \boldsymbol{P}_{M_1}(0)}{\prod_{j=1}^{m} \chi_j \circ \boldsymbol{P}_{M_j}(\psi = 0)}.$$

6.7.4 Birnbaum，臨界および Fussell–Vesely 重要度における大小関係の間の整合性

部品はすべて独立であるとする．以上の計算結果より同一のモジュール M_1 内の部品 $(1,1)$ と $(1,2)$ に対して，以下の三つの不等号関係は同値である．

$$IB_\varphi((1,1)) \leqq IB_\varphi((1,2)),$$

$$IC_\varphi((1,1);1) \leqq IC_\varphi((1,2);1),$$

$$IFV_{\varphi}((1,1);1) \leqq IFV_{\varphi}((1,2);1),$$

異なるモジュールに属する部品同士については明確な結果は得られていない.

6.7.5 直・並列システムにおける狭義臨界重要度

狭義臨界重要度については，モジュール分解を介した積の連鎖則は，成立しない．図 6.4 の直・並列システムにおいて，以下の関係が成立する.

$$\begin{aligned} MI\left(\varphi^{-1}(1),(1,1),1\right) &= \{\boldsymbol{x} : x_{(1,1)} = 1, x_{(1,j)} = 0 \ (j = 2,\cdots,n_1), \\ &\qquad \boldsymbol{x}^{M_k} \in MI\left(\chi_k^{-1}(1)\right) \ (k = 2,\cdots,m)\}, \\ MA\left(\varphi^{-1}(0),(1,1),0\right) &= \left\{\left(\mathbf{0}^{M_1}, \mathbf{1}^{C\setminus M_1}\right)\right\}. \end{aligned}$$

ここで χ_k は並列システムであるから，$\boldsymbol{x}^{M_k} \in MI\left(\chi_k^{-1}(1)\right)$ はつぎのとおりである.

$$1 \leqq \exists l \leqq n_k,\ x_{(k,l)} = 1,$$

$$1 \leqq \forall j \leqq n_k,\ j \neq l,\ x_{(k,j)} = 0.$$

$\boldsymbol{P}\left(MI\left(\varphi^{-1}(1),(1,1),1\right)\right)$ はつぎのように与えられる.

$$\boldsymbol{P}\left(MI\left(\varphi^{-1}(1),(1,1),1\right)\right) = p_{(1,1)} \prod_{j=2}^{n_1} q_{(1,j)} \cdot \boldsymbol{P}_{C\setminus M_1}\left(\prod_{k=2}^{m} MI\left(\chi_k^{-1}(1)\right)\right).$$

さらに，

$$\boldsymbol{P}\left(MI\left(\varphi^{-1}(1),(1,2),1\right)\right) = p_{(1,2)} \prod_{j=1, j\neq 2}^{n_1} q_{(1,j)} \cdot \boldsymbol{P}_{C\setminus M_1}\left(\prod_{k=2}^{m} MI\left(\chi_k^{-1}(1)\right)\right)$$

であり，よってモジュール M_1 においてつぎの同値関係が得られる.

$$\begin{aligned} &\boldsymbol{P}\left(MI\left(\varphi^{-1}(1),(1,1),1\right)\right) \leqq \boldsymbol{P}\left(MI\left(\varphi^{-1}(1),(1,2),1\right)\right) \\ &\Longleftrightarrow p_{(1,1)} \cdot q_{(1,2)} \leqq q_{(1,1)} \cdot p_{(1,2)} \\ &\Longleftrightarrow q_{(1,2)} \leqq q_{(1,1)} \\ &\Longleftrightarrow \boldsymbol{P}_{M_1\setminus\{(1,1)\}}\{(\cdot_{(1,1)}, \mathbf{0})\} \leqq \boldsymbol{P}_{M_1\setminus\{(1,2)\}}\{(\cdot_{(1,2)}, \mathbf{0})\}. \end{aligned}$$

以上より直・並列システムにおける重要度の大小は，同一モジュールに属する部品については，狭義臨界重要度を含めどの重要度を用いても同値であるが，異なるモジュールに属する部品間については，一般的なことは知られていない．

ここで紹介した重要度以外に，**リスク増加価値**（risk achievement worth, **RAW**）や**リスク減少価値**（rist reduction worth, **RRW**）が定義されているが，本書ではふれない．興味のある読者は Cheok, Parry and Sherry[25]，Kuo and Zhuo[50] を参照してほしい．

6.8 Barlow–Proschan 重要度

システム (Ω_C, S, φ) において，$\{X_i(t), t \geqq 0\}$ を Ω_i の値をとり，確率 1 で右連続で $X_i(0) = 1$ であるような確率過程とする．3 章では単調減少であるとしたが，ここでは必ずしも仮定しない．部品 i の動作（正常，状態 1），故障（修理，状態 0）の確率的な挙動を表す確率過程である．システムの確率的な挙動は $\{\varphi(\boldsymbol{X}(t)),\ t \geqq 0\}$ で表される．ここで $\boldsymbol{X}(t) = (X_1(t), \cdots X_n(t))$ である．ここまでの重要度の議論での確率 $\boldsymbol{P}$ には，$\boldsymbol{X}(t)$ の Ω_C 上の確率分布 μ_t が対応する．この μ_t を使って各時点ごとの重要度（**時点重要度**，pointwise importance measure）が定義できる．例えば，部品 i の時刻 t での**時点 Birnbaum 重要度**（pointwise Birnbaum importance measure）はつぎのように定義される．

$$Pr\left\{(\cdot_i, \boldsymbol{X}(t)) \in C_\varphi(i)\right\} = \mu_{t,C\setminus\{i\}}\left(C_\varphi(i)\right).$$

また，時刻 t での時点臨界重要度はつぎの条件付き確率で定義される．

$$Pr\left\{\boldsymbol{X}(t) \in \{1_i\} \times C_\varphi(i) \mid \varphi(\boldsymbol{X}(t)) = 1\right\} = \mu_t\left\{\{1_i\} \times C_\varphi(i) \mid \varphi = 1\right\},$$
$$Pr\left\{\boldsymbol{X}(t) \in \{0_i\} \times C_\varphi(i) \mid \varphi(\boldsymbol{X}(t)) = 0\right\} = \mu_t\left\{\{0_1\} \times C_\varphi(i) \mid \varphi = 0\right\}.$$

他の重要度も同様に定義される．本節では，臨界状態ベクトルに関する議論に焦点を当てる．

6.8.1 Barlow–Proschan 重要度 —修理を考慮しない場合—

本項と次項では確率過程 $\{X_i(t),\ t \geqq 0\}$ は確率1で単調減少であるとする．つまり，修理を施さない場合を考える．部品 i の寿命 T_i は3.1.1項で

$$T_i = \inf\{t : X_i(t) = 0\}$$

として定義されているが，部品 i の **Barlow–Proschan 重要度**（path-wise Barlow–Proschan importance measure）[6] はつぎの条件付き確率で定義される．

$$\int_0^\infty Pr\{(\cdot_i, \boldsymbol{X}(t)) \in C_\varphi(i) \mid T_i = t\} dPr\{T_i \leqq t\}.$$

これは部品 i の故障がシステム故障を引き起こす条件付き確率を意味する．抽象的にはある特定の事象発生が他の事象発生の引き金になる確率を考えている．これは，時間発展を考慮したシステムへの影響の度合いを定義する際の基本的な考え方の一つである．

6.8.2 平均をとる場合 —修理を考慮しない場合—

時点 Birnbaum 重要度，時点臨界重要度の時間平均をとり，以下のように**平均重要度**，**極限平均重要度**が定義される．

$$\frac{1}{t}\int_0^t Pr\left\{(\cdot_i, \boldsymbol{X}(s)) \in C_\varphi(i)\right\} ds,$$

$$\frac{1}{t}\int_0^t Pr\left\{\boldsymbol{X}(s) \in \{1_i\} \times C_\varphi(i) \mid \varphi(\boldsymbol{X}(s)) = 1\right\} ds,$$

$$\frac{1}{t}\int_0^t Pr\left\{\boldsymbol{X}(s) \in \{0_i\} \times C_\varphi(i) \mid \varphi(\boldsymbol{X}(s)) = 0\right\} ds,$$

$$\lim_{t\to\infty} \frac{1}{t}\int_0^t Pr\left\{(\cdot_i, \boldsymbol{X}(s)) \in C_\varphi(i)\right\} ds,$$

$$\lim_{t\to\infty} \frac{1}{t}\int_0^t Pr\left\{\boldsymbol{X}(s) \in \{1_i\} \times C_\varphi(i) \mid \varphi(\boldsymbol{X}(s)) = 1\right\} ds,$$

$$\lim_{t\to\infty} \frac{1}{t}\int_0^t Pr\left\{\boldsymbol{X}(s) \in \{0_i\} \times C_\varphi(i) \mid \varphi(\boldsymbol{X}(s)) = 0\right\} ds.$$

極限の存在は一般的には不明である．

本項では修理なしの場合を考えているため，物理的には確率 1 で $T_i < \infty$ であり，同値であるが，ある $t > 0$ に対して $X_i(t) = 0$ であるとしてよい．したがって，

$$\lim_{t \to \infty} \varphi(\boldsymbol{X}(t)) = 0$$

が確率 1 で成立する．以上から，$C_\varphi(i)$ が $(0, \cdots, 0, \cdot_i, 0, \cdots, 0)$ を含まない場合, 極限平均 Birnbaum 重要度と極限平均臨界不信頼度重要度は 0 であり, 含む場合は極限平均 Birnbaum 重要度と極限臨界不信頼度重要度は 1 である．つまり，値に多様性がなく, 重要性の区別に用い得ない．さらに, $(0, \cdots, 0, \cdot_i\, 0, \cdots, 0) \in C_\varphi(i)$ であることは，部品 i が他の部品全体と並列であることを意味し，構造上も制限を受ける．

これまでにいくつかの重要度が定義されているが，同様にしてそれぞれに対して時点重要度，平均重要度，極限平均重要度を定義することができる．

6.8.3 Barlow–Proschan 重要度 —部品ごとに修理人が存在する場合—

本項と次項では，修理や保全を考慮した場合を考え，$\{X_i(t), t \geqq 0\}$ は必ずしも単調減少でないとする．部品 i の故障時点と修理完了時点を意味する確率変数列をそれぞれ以下のように定義する．**図 6.5** を参照してほしい．

$$T_1^i = \inf\{t : X_i(t) = 0,\ 0 < t\},$$

$$S_1^i = \inf\{t ; X_i(t) = 1,\ T_1^i < t\},$$

$$T_2^i = \inf\{t : X_i(t) = 1,\ S_1^i < t\},$$

$$S_2^i = \inf\{t : X_i(t) = 1,\ T_2^i < t\},$$

$$\cdots\cdots$$

$$X_j^i = T_j^i - S_{j-1}^i \ :\ j \text{ 番目の動作時間},$$

$$Y_j^i = S_j^i - T_j^i \ :\ j \text{ 番目の修理時間},$$

$$N^i(t) = j,\ T_j^i \leqq t < T_{j+1}^i,\ \text{時刻 } t \text{ までの故障回数}.$$

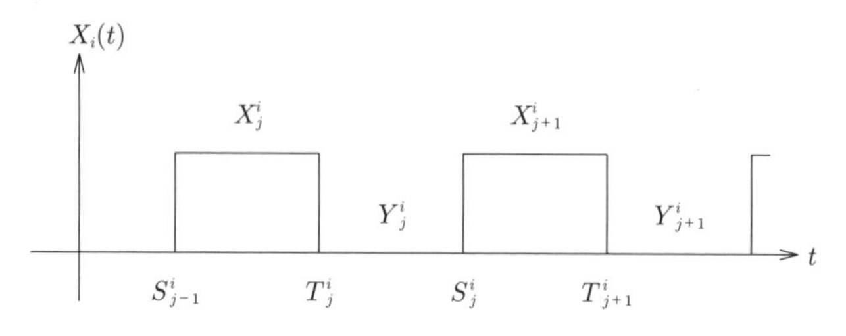

X_j^i は動作時間，Y_j^i は修理時間，T_j^i は故障時点，S_j^i は修理完了時点である

図 6.5　$\{X_i(t), t \geqq 0\}$ のパス

システムの状態推移を意味する確率過程 $\{\varphi(\boldsymbol{X}(t)), t \geqq 0\}$ に対しても同様に故障時点，修理完了時点，動作時間，修理時間，時刻 t までの故障回数が定義される．それぞれをつぎのように書く．

$$T_1, T_2, \cdots,\ S_1, S_2, \cdots,\ X_1, X_2, \cdots,\ Y_1, Y_2, \cdots,\ N(t)$$

部品は独立で部品ごとに修理人が存在して，動作時間および修理時間それぞれが独立同一分布に従うとすれば，つまり，$\{X_i(t),\ t \geqq 0\}$ が**交替再生過程** (alternative renewal process) であるとき，定常確率が存在して，

$$\lim_{t\to\infty} Pr\{X_i(t)=1\} = \frac{1/\lambda_i}{1/\lambda_i + 1/\mu_i}, \quad \lim_{t\to\infty} Pr\{X_i(t)=0\} = \frac{1/\mu_i}{1/\lambda_i + 1/\mu_i}$$

である．ここで

$$\boldsymbol{E}[X_j^i] = \frac{1}{\lambda_i}, \qquad \boldsymbol{E}[Y_j^i] = \frac{1}{\mu_i}$$

であり，それぞれ平均動作時間，平均修理時間である．

一般的に定常確率が存在するとき，それを $\boldsymbol{P}_i^s$ と書くと，

$$\lim_{t\to\infty} Pr\{X_i(t) = 1\} = \boldsymbol{P}_i^s(1), \qquad \lim_{t\to\infty} Pr\{X_i(t) = 0\} = \boldsymbol{P}_i^s(0)$$

であり，部品が独立であれば，$\boldsymbol{P}_i^s$ の直積 $\boldsymbol{P}^s = \prod_{i=1}^n \boldsymbol{P}_i^s$ を用いて，システムの定常状態での確率法則が $\boldsymbol{P}^s$ で与えられ

$$\boldsymbol{x} \in \Omega_C, \quad \lim_{t\to\infty} Pr\{\boldsymbol{X}(t) = \boldsymbol{x}\} = \boldsymbol{P}^s(\boldsymbol{x})$$

である．ここで，$\boldsymbol{P}_i^s$ は Ω_i 上の，$\boldsymbol{P}^s$ は Ω_C 上の確率である．修理なしの場合にならって，形式的に時点重要度，平均重要度を定義でき，定常確率が存在する場合はつぎのとおりである．

$$
\begin{aligned}
&\lim_{t\to\infty} Pr\{(\cdot_i, \boldsymbol{X}(t)) \in C_\varphi(i)\} \\
&\quad = \lim_{t\to\infty} \frac{1}{t}\int_0^t Pr\{(\cdot_i, \boldsymbol{X}(s)) \in C_\varphi(i)\}ds \\
&\quad = \boldsymbol{P}^s_{C\setminus\{i\}}\left(C_\varphi(i)\right), \\
&\lim_{t\to\infty} Pr\{\boldsymbol{X}(t) \in \{1_i\} \times C_\varphi(i) \mid \varphi(\boldsymbol{X}(t)) = 1\} \\
&\quad = \lim_{t\to\infty} \frac{1}{t}\int_0^t Pr\{\boldsymbol{X}(s) \in \{1_i\} \times C_\varphi(i) \mid \varphi(\boldsymbol{X}(s)) = 1\}ds \\
&\quad = \boldsymbol{P}^s\left(\{1_i\} \times C_\varphi(i) \mid \varphi = 1\right), \\
&\lim_{t\to\infty} Pr\{\boldsymbol{X}(t) \in \{0_i\} \times C_\varphi(i) \mid \varphi(\boldsymbol{X}(t)) = 0\} \\
&\quad = \lim_{t\to\infty} \frac{1}{t}\int_0^t Pr\{\boldsymbol{X}(s) \in \{0_i\} \times C_\varphi(i) \mid \varphi(\boldsymbol{X}(s)) = 0\}ds \\
&\quad = \boldsymbol{P}^s\left(\{0_i\} \times C_\varphi(i) \mid \varphi = 0\right).
\end{aligned}
$$

これらは定常確率による重要度であり，他の重要度も同様に定常確率によって定義できる．

6.8.4 故障頻度と Birnbaum 重要度

部品 i の時刻 t までの故障回数は $N^i(t)$，故障時点は $T_1^i, \cdots, T_{N^i(t)}^i$ であり，それぞれの時点で他の部品の状態が部品 i の臨界状態ベクトルにあれば，システムは故障する．したがって，時刻 t までに部品 i の故障によってシステムが故障する回数は

$$
\sum_{j=1}^{N^i(t)} I_{C_\varphi(i)}\left(\left(\cdot_i, \boldsymbol{X}\left(T_j^i\right)\right)\right) = \int_0^t I_{C_\varphi(i)}\left((\cdot_i, \boldsymbol{X}(s))\right) dN^i(s) \qquad (6.50)
$$

である．これは，部品 i のパスごとの Barlow–Proschan 重要度と呼べるものである．したがって，これを i について和をとることで，システムの時刻 t までの故障回数 $N(t)$ が得られる．ただし，部品の同時故障はないものとする．

$$N(t) = \sum_{i=1}^{n} \int_0^t I_{C_\varphi(i)}\left((\cdot_i, \boldsymbol{X}(s))\right) dN^i(s).$$

部品 i のパスごとの Barlow–Proschan 重要度 (6.50) の期待値をとって，

$$\boldsymbol{E}\left[\sum_{j=1}^{N^i(t)} I_{C_\varphi(i)}\left(\left(\cdot_i, \boldsymbol{X}\left(T_j^i\right)\right)\right)\right] = \boldsymbol{E}\left[\int_0^t I_{C_\varphi(i)}\left((\cdot_i, \boldsymbol{X}(s))\right) dN^i(s)\right],$$

さらに部品が確率的に独立であれば，下記のようになる，

$$= \int_0^t Pr\left((\cdot_i, \boldsymbol{X}(s)) \in C_\varphi(i)\right) d\boldsymbol{E}\left[N^i(s)\right].$$

これを，修理人が存在する場合の部品 i の時刻 t までの Barlow–Proschan 重要度と呼ぶ．ここで，時間 t への依存を外すために，t で割り $t \to \infty$ の極限をとった場合，部品が独立で定常確率 $\boldsymbol{P}^s$ が存在すれば，

$$\lim_{t\to\infty} \frac{1}{t} \int_0^t Pr\left((\cdot_i, \boldsymbol{X}(s)) \in C_\varphi(i)\right) d\boldsymbol{E}\left[N^i(s)\right]$$
$$= \boldsymbol{P}^s_{C\setminus\{i\}}(C_\varphi(i)) \lim_{t\to\infty} \frac{\boldsymbol{E}[N^i(t)]}{t}.$$

これは，単位時間内に部品 i の故障によってシステムが故障する頻度を意味し，部品 i の**極限平均 Barlow–Proschan 重要度**と呼ぶ．故障頻度を $\lim_{t\to\infty} \frac{\boldsymbol{E}[N(t)]}{t}$ で定義すれば，システムの**故障頻度** (failure frequency) は，つぎのように与えられる．

$$\lim_{t\to\infty} \frac{\boldsymbol{E}[N(t)]}{t} = \sum_{i=1}^{n} \boldsymbol{P}^s_{C\setminus\{i\}}(C_\varphi(i)) \cdot \lim_{t\to\infty} \frac{\boldsymbol{E}[N^i(t)]}{t}. \tag{6.51}$$

式 (6.51) はつぎのことを意味する．

$$\left[\text{システムの故障頻度}\right] = \sum_{i=1}^{n} \left[\text{部品 } i \text{ の定常確率に関する Birnbaum 重要度}\right]$$
$$\times \left[\text{部品 } i \text{ の故障頻度}\right].$$

部品が独立でその確率的挙動が交替再生過程であるとき，基本再生定理より

$$\lim_{t\to\infty} \frac{\boldsymbol{E}[N^i(t)]}{t} = \frac{1}{1/\lambda_i + 1/\mu_i}$$

であるから，部品 i の極限平均 Barlow–Proschan 重要度はつぎのようになる．

$$\begin{aligned}\boldsymbol{P}^s_{C\setminus\{i\}}(C_\varphi(i))\cdot\frac{1}{1/\lambda_i+1/\mu_i} &= \boldsymbol{P}^s_{C\setminus\{i\}}(C_\varphi(i))\cdot\frac{1/\lambda_i}{1/\lambda_i+1/\mu_i}\cdot\lambda_i \\ &= \boldsymbol{P}^s(\{1_i\}\times C_\varphi(i))\cdot\lambda_i.\end{aligned}$$

また，

$$\lim_{t\to\infty}\frac{\boldsymbol{E}[N(t)]}{t}=\sum_{i=1}^n \boldsymbol{P}^s(\{1_i\}\times C_\varphi(i))\cdot\lambda_i$$

であり，さらに大数の強法則により $\dfrac{N(t)}{t}$ は概収束し，

$$\lim_{t\to\infty}\frac{N(t)}{t}=\sum_{i=1}^n \boldsymbol{P}^s(\{1_i\}\times C_\varphi(i))\cdot\lambda_i.$$

定常状態において重要度と故障頻度とが関係づけられる．

7 多状態システムにおける重要度

現時点で多状態システムにおける重要度の議論は完成された体系を見せているわけではないが，Levitin, Podofilini and Zio[54) や Natvig[67) らの試みがある．ここでは，2 状態システムにおける重要度の概念を拡張する立場で，Ohi[90),91) に基づきながら多状態コヒーレントシステム (Ω_C, S, φ) に対して得られている結果を紹介する．状態空間 Ω_i $(i \in C)$ および S は全順序集合であり，確率 $\boldsymbol{P}$ は Ω_C 上に与えられているとする．

7.1 多状態臨界状態ベクトル

多状態コヒーレントシステム (Ω_C, S, φ) の部品 $i \in C$ について，いくつかの臨界状態ベクトルを定義する．2 状態システムの場合，これらはいずれも式 (6.1) に一致する．

$$s \in S,\ C_\varphi(i;s) = \{(\cdot_i, \boldsymbol{x}) \in \Omega_{C\setminus\{i\}} : \exists k \in \Omega_i,\ \varphi([k,\rightarrow)_i, \boldsymbol{x}) \geqq s,\ \varphi((\leftarrow, k-1]_i, \boldsymbol{x}) \leqq s-1\}. \tag{7.1}$$

部品 i の状態によってシステムの状態が s 以上になるかどうかが決まるような i 以外の部品の状態ベクトルの集合である．ここで，例えば $\varphi([k,\rightarrow)_i, \boldsymbol{x}) \geqq s$ は，$\varphi([k,\rightarrow)_i, \boldsymbol{x}) \subseteqq [s,\rightarrow)$ の集合間の包含関係を意味するが，簡単のために前者のように書くことにする．

システムの状態だけでなく部品の状態も指定し，部品 i の状態が k 以上であるかどうかによってシステムの状態が s 以上であるかどうか決まるような i 以外の部品の状態ベクトルの集合をつぎのように定義する．

$$C_\varphi(i,k;s)=\{(\cdot_i,\boldsymbol{x})\in\Omega_{C\setminus\{i\}}:\varphi([k,\to)_i,\boldsymbol{x})\geqq s,$$
$$\varphi((\leftarrow,k-1]_i,\boldsymbol{x})\leqq s-1\}. \tag{7.2}$$

φ の単調性により $(\cdot_i,\boldsymbol{x})\in C_\varphi(i,k;s)$ はつぎのことと同値である．

$$\varphi(k_i,\boldsymbol{x})\geqq s,\ \varphi((k-1)_i,\boldsymbol{x})\leqq s-1. \tag{7.3}$$

$C_\varphi(i,k;s)$ に属する状態ベクトルを $(i,k;s)$–**臨界状態ベクトル**と呼ぶ．

さらに状態指定を厳格にした臨界状態ベクトルが定義できる．$k,l\in\Omega_i\ (k\neq l)$ と $s,t\in S$ に対して，

$$C_\varphi(i,k,l;s,t)=\{(\cdot_i,\boldsymbol{x})\in\Omega_{C\setminus\{i\}}:\varphi(k_i,\boldsymbol{x})=s,\ \varphi(l_i,\boldsymbol{x})=t\}.$$

部品 i の状態が k から l に推移したとき，システムの状態が s から t に推移するような環境を意味する状態ベクトルの集合である．

つぎの等号関係は明らかであり，右辺の和集合は排反的である．

$$C_\varphi(i,k;s)=\bigcup_{u\leqq s-1,\ v\geqq s}C_\varphi(i,k-1,k;u,v). \tag{7.4}$$

さらに，$C_\varphi(i,k;s)$ と $C_\varphi(i;s)$ に対して，つぎの関係が成立する．

$$C_\varphi(i;s)=\bigcup_{k\in\Omega_i}C_\varphi(i,k;s). \tag{7.5}$$

定理 7.1　部品 $i\in C$ の状態 $k<l$ において，任意の状態 $s\in S$ に対して，

$$C_\varphi(i,k;s)\cap C_\varphi(i,l;s)=\phi.$$

【証明】　$(\cdot_i,\boldsymbol{x})\in C_\varphi(i,k;s)\cap C_\varphi(i,l;s)$ であるとすると，定義 (7.2) より

$$\varphi(k_i,\boldsymbol{x})\geqq s,\ \varphi((k-1)_i,\boldsymbol{x})\leqq s-1, \tag{7.6}$$

$$\varphi(l_i, \boldsymbol{x}) \geqq s,\ \varphi((l-1)_i, \boldsymbol{x}) \leqq s-1, \tag{7.7}$$

$$k-1 < k \leqq l-1 < l. \tag{7.8}$$

式 (7.8) と φ の単調性から $\varphi(k_i, \boldsymbol{x}) \leqq \varphi((l-1)_i, \boldsymbol{x})$ であり，式 (7.6) と式 (7.7) とともに $s \leqq \varphi(k_i, \boldsymbol{x}) \leqq \varphi((l-1)_i, \boldsymbol{x}) \leqq s-1$ の矛盾が生じる． □

$s \neq t$ に対して $C_\varphi(i, k; s) \cap C_\varphi(i, l; t) = \phi$ は必ずしも成立しない．

つぎに $C_\varphi(i, k; s)$ を得るための基本的なアルゴリズムを示すが，これはつぎの定理に依拠している．

定理 7.2　部品 i の状態 k とシステムの状態 $s \in S$ に対して，$(\cdot_i, \boldsymbol{x}) \in C_\varphi(i, k; s)$ であるための必要十分条件はつぎのことが成立することである．

$$\exists \boldsymbol{a} \in MI\left(\varphi^{-1}[s, \rightarrow)\right),\ \exists \boldsymbol{b} \in MA\left(\varphi^{-1}(\leftarrow, s-1]\right),$$
$$a_i = k,\ b_i = k-1,\ (k_i, \boldsymbol{x}) \geqq \boldsymbol{a},\ ((k-1)_i, \boldsymbol{x}) \leqq \boldsymbol{b}.$$

【証明】　$C_\varphi(i, k; s)$ の定義より，$(\cdot_i, \boldsymbol{x}) \in C_\varphi(i, k; s)$ に対して

$$\varphi(k_i, \boldsymbol{x}) \geqq s,\ \varphi((k-1)_i, \boldsymbol{x}) \leqq s-1$$

であり，よって

$$\exists \boldsymbol{a} \in MI\left(\varphi^{-1}[s, \rightarrow)\right),\ \exists \boldsymbol{b} \in MA\left(\varphi^{-1}(\leftarrow, s-1]\right),$$
$$(k_i, \boldsymbol{x}) \geqq \boldsymbol{a},\ ((k-1)_i, \boldsymbol{x}) \leqq \boldsymbol{b}.$$

これらの $\boldsymbol{a}$ と $\boldsymbol{b}$ において，$a_i = k$，$b_i = k-1$ である．なぜなら，もし $k \leqq b_i$ ならば $\boldsymbol{a} \leqq (k_i, \boldsymbol{x}) \leqq \boldsymbol{b}$ であり，よって $s \leqq \varphi(\boldsymbol{a}) \leqq \varphi(k_i, \boldsymbol{x}) \leqq \varphi(\boldsymbol{b}) \leqq s-1$ となり，これは矛盾である．さらに，もし $a_i \leqq k-1$ であれば，$\boldsymbol{a} \leqq ((k-1)_i, \boldsymbol{x}) \leqq \boldsymbol{b}$ となり，やはり矛盾を導く． □

定理 7.2 より，システム φ の極大状態ベクトルおよび極小状態ベクトルを用いた $C_\varphi(i, k; s)$ を定める方法が得られる．

<u>$C_\varphi(i, k; s)$ を定めるためのアルゴリズム</u>

<u>ステップ 1</u>　つぎのようにおく．

$$MI \times MA_\varphi(i,k;s) = \{(\boldsymbol{a},\boldsymbol{b}) : \boldsymbol{a}^{C\setminus\{i\}} \leqq \boldsymbol{b}^{C\setminus\{i\}},\ a_i = k,\ b_i = k-1,$$
$$\boldsymbol{a} \in MI\left(\varphi^{-1}[s,\rightarrow)\right),\ \boldsymbol{b} \in MA\left(\varphi^{-1}(\leftarrow, s-1]\right)\}.$$

ステップ2　$(\boldsymbol{a},\boldsymbol{b}) \in MI \times MA_\varphi(i,k;s)$ に対して，つぎのようにおく．

$$X_\varphi(i,k;s;\boldsymbol{a},\boldsymbol{b}) = \{\boldsymbol{x} \in \Omega_{C\setminus\{i\}} : \boldsymbol{a}^{C\setminus\{i\}} \leqq \boldsymbol{x} \leqq \boldsymbol{b}^{C\setminus\{i\}}\}.$$

ステップ3　$C_\varphi(i,k;s)$ は，和集合をとって，

$$C_\varphi(i,k;s) = \bigcup_{(\boldsymbol{a},\boldsymbol{b}) \in MI \times MA_\varphi(i,k;s)} X_\varphi(i,k;s;\boldsymbol{a},\boldsymbol{b}).$$

$C_\varphi(i;s)$ は式 (7.5) に従って，$C_\varphi(i,k;s)$ から得られる．

$C_\varphi(i,k,l;s,t)$ を定めるためのアルゴリズムは，つぎの定理に依拠する．

定理 7.3　一般性を失うことなく，$k < l$, $s < t$ と仮定する．部品 i の状態 k, l とシステムの状態 s, t に対して，$(\cdot_i, \boldsymbol{x}) \in C_\varphi(i,k,l;s,t)$ が成立するための必要十分条件は，つぎのことが成立することである．

$$\exists \boldsymbol{a} \in MI\left(\varphi^{-1}(s)\right),\ \exists \boldsymbol{b} \in MA\left(\varphi^{-1}(s)\right),$$
$$\exists \boldsymbol{c} \in MI\left(\varphi^{-1}(t)\right),\ \exists \boldsymbol{d} \in MA\left(\varphi^{-1}(t)\right),$$
$$\boldsymbol{a} \leqq \boldsymbol{b},\ \boldsymbol{c} \leqq \boldsymbol{d},\ a_i \leqq k \leqq b_i < c_i \leqq l \leqq d_i,\ (\cdot_i, \boldsymbol{c}) \leqq (\cdot_i, \boldsymbol{b}),\ (\cdot_i, \boldsymbol{a}) \leqq (\cdot_i, \boldsymbol{d}),$$
$$\boldsymbol{a} \leqq (k_i, \boldsymbol{x}) \leqq \boldsymbol{b},\ \boldsymbol{c} \leqq (l_i, \boldsymbol{x}) \leqq \boldsymbol{d}.$$

【証明】　つぎの同値関係に注意すれば，定理は明らかである．

$$\varphi(k_i, \boldsymbol{x}) = s \Longleftrightarrow \exists \boldsymbol{a} \in MI\left(\varphi^{-1}(s)\right), \exists \boldsymbol{b} \in MA\left(\varphi^{-1}(s)\right),\ \boldsymbol{a} \leqq (k_i, \boldsymbol{x}) \leqq \boldsymbol{b},$$
$$\varphi(l_i, \boldsymbol{x}) = t \Longleftrightarrow \exists \boldsymbol{c} \in MI\left(\varphi^{-1}(t)\right), \exists \boldsymbol{d} \in MA\left(\varphi^{-1}(t)\right),\ \boldsymbol{c} \leqq (l_i, \boldsymbol{x}) \leqq \boldsymbol{d}.$$

□

この定理 7.3 より，$C_\varphi(i,k,l;s,t)$ に関するつぎのアルゴリズムを得る．

$C_\varphi(i,k,l;s,t)$ $(k < l,\ s < t)$ を定めるためのアルゴリズム

ステップ1　$i \in C,\ k, l \in \Omega_i,\ s, t \in S$ に対してつぎのようにおく.

$$\begin{aligned} MI \times MA_\varphi(i,k,l;s,t) = \{(\boldsymbol{a},\boldsymbol{b};\boldsymbol{c},\boldsymbol{d}) : &\ \boldsymbol{a} \in MI\left(\varphi^{-1}(s)\right), \boldsymbol{b} \in MA\left(\varphi^{-1}(s)\right), \\ &\ \boldsymbol{c} \in MI\left(\varphi^{-1}(t)\right),\ \boldsymbol{d} \in MA\left(\varphi^{-1}(t)\right), \\ &\ \boldsymbol{a} \leqq \boldsymbol{b},\ \boldsymbol{c} \leqq \boldsymbol{d},\ a_i \leqq k \leqq b_i < c_i \leqq l \leqq d_i, \\ &\ (\cdot_i, \boldsymbol{c}) \leqq (\cdot_i, \boldsymbol{b}),\ (\cdot_i, \boldsymbol{a}) \leqq (\cdot_i, \boldsymbol{d})\}. \end{aligned}$$

ステップ2　$(\boldsymbol{a},\boldsymbol{b};\boldsymbol{c},\boldsymbol{d}) \in MI \times MA_\varphi(i,k,l;s,t)$ に対して，つぎのようにおく.

$$\begin{aligned} X_\varphi(i,\boldsymbol{a},\boldsymbol{b};\boldsymbol{c},\boldsymbol{d}) = \{\boldsymbol{x} \in \Omega_{C\setminus\{i\}} : &\ (\cdot_i, \boldsymbol{a}) \leqq (\cdot_i, \boldsymbol{x}) \leqq (\cdot_i, \boldsymbol{b}), \\ &\ (\cdot_i, \boldsymbol{c}) \leqq (\cdot_i, \boldsymbol{x}) \leqq (\cdot_i, \boldsymbol{d})\}. \end{aligned}$$

ステップ3　$C_\varphi(i,k,l;s,t)$ はつぎのように得られる.

$$C_\varphi(i,k,l;s,t) = \bigcup_{(\boldsymbol{a},\boldsymbol{b};\boldsymbol{c},\boldsymbol{d}) \in MI \times MA_\varphi(i,k,l;s,t)} X_\varphi(i,\boldsymbol{a},\boldsymbol{b};\boldsymbol{c},\boldsymbol{d})$$

例 7.1（直列および並列システムの臨界状態ベクトル）　状態空間は全順序集合であるから，つぎのように書いてよい.

$$\begin{aligned} \Omega_i &= \{0, 1, \cdots, N_i\}, \quad i = 1, \cdots, n, \qquad S = \{0, 1, 2, \cdots, N\}, \\ \boldsymbol{N} &= (N_1, N_2, \cdots, N_n). \end{aligned}$$

(1)　直列システムの場合，その定義から $\varphi^{-1}[s, \rightarrow)$ は最小元をもつ. それを $\boldsymbol{m}_s = (m_{s,1}, m_{s,2}, \cdots, m_{s,n})$ と書く. $\varphi^{-1}(\leftarrow, s-1]$ の極大元はつぎのようになる.

$$MA\left(\varphi^{-1}(\leftarrow, s-1]\right) = \left\{\left(m_{s,i}-1, \boldsymbol{N}^{C\setminus\{i\}}\right) : i = 1, \cdots, n\right\}.$$

ここで,

$$\left(m_{s,i}-1, \boldsymbol{N}^{C\setminus\{i\}}\right) = (N_1, \cdots, N_{i-1}, m_{s,i}-1, N_{i+1}, \cdots, N_n)$$

である．$C_\varphi(i,k;s)$ を定めるためのアルゴリズムより，

$$MI \times MA_\varphi(i,k;s) = \begin{cases} \phi, & k \neq m_{s,i}, \\ \left\{\left(\boldsymbol{m}_s, \left(m_{s,i}-1, \boldsymbol{N}^{C\setminus\{i\}}\right)\right)\right\}, & k = m_{s,i}. \end{cases} \tag{7.9}$$

図 7.1 を参照してほしい．よって，$(i,k;s)$–臨界状態ベクトル $(\cdot_i, \boldsymbol{x})$ は，$k = m_{s,i}$ のときに

$$\boldsymbol{m}_s^{C\setminus\{i\}} \leqq (\cdot_i, \boldsymbol{x}) \leqq \boldsymbol{N}^{C\setminus\{i\}}$$

を満たすものであり，$C_\varphi(i,k;s)$ はつぎのように与えられる．

$$C_\varphi(i,k;s) = \begin{cases} \displaystyle\prod_{j=1,\ j\neq i}^{n} [m_{s,j}, \rightarrow), & k = m_{s,i}, \\ \phi, & k \neq m_{s,i}. \end{cases} \tag{7.10}$$

これよりつぎの関係は明らかである．

$$C_\varphi(i;s) = C_\varphi(i, m_{s,i}; s).$$

さらに，$s < t$ として，

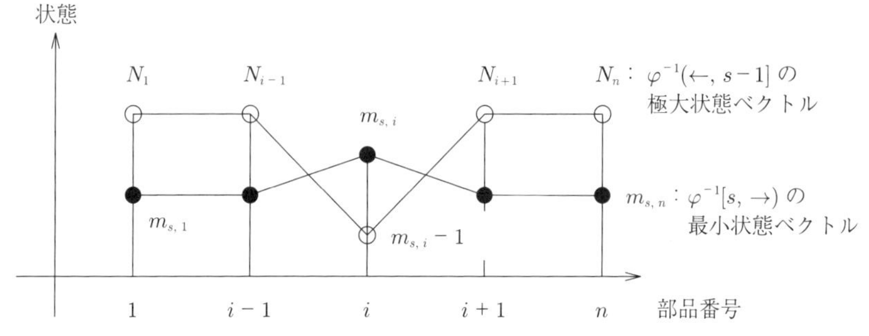

図 7.1　直列システムでの $MI \times MA_\varphi(i,k;s)$ の要素は，$\varphi^{-1}[s,\rightarrow)$ の最小元 $\boldsymbol{m}_s = (m_{s,1}, \cdots, m_{s,n})$ と $\varphi^{-1}(\leftarrow, s-1]$ の極大元 $\left(m_{s,i}-1, \boldsymbol{N}^{C\setminus\{i\}}\right) = (N_1, \cdots, N_{i-1}, m_{s,i}-1, N_{i+1}, \cdots, N_n)$ の対である

$$C_\varphi(i,k,l;s,t) = \begin{cases} \prod_{j=1,\ j\neq i}^{n} [m_{t,j},\rightarrow), & k = m_{s,i} \neq l = m_{t,i}, \\ \phi, & \text{その他}. \end{cases} \tag{7.11}$$

(2)　並列システムの場合，$s \in S$ に対して，$\varphi^{-1}(\leftarrow, s]$ の最大元を $\boldsymbol{M}_s = (M_{s,1}, \cdots, M_{s,n})$ と書くと，$\varphi^{-1}[s+1,\rightarrow)$ の極小元はつぎのようである．

$$MI\left(\varphi^{-1}[s+1,\rightarrow)\right) = \left\{\left(M_{s,i}+1, \mathbf{0}^{C\setminus\{i\}}\right) \ : \ i = 1,\cdots,n\right\}.$$

並列の場合は直列の場合と双対的に議論できる．

$$\begin{aligned} &MI \times MA_\varphi(i,k;s) \\ &= \begin{cases} \left\{\left(\left(M_{s-1,i}+1, \mathbf{0}^{C\setminus\{i\}}\right), \boldsymbol{M}_{s-1}\right)\right\}, & k = M_{s-1,i}+1, \\ \phi, & k \neq M_{s-1,i}+1. \end{cases} \end{aligned} \tag{7.12}$$

図 7.2 を参照してほしい．したがって

$$C_\varphi(i,k;s) = \begin{cases} \prod_{j=1,\ j\neq i}^{n} (\leftarrow, M_{s-1,j}], & k = M_{s-1,i}+1, \\ \phi, & k \neq M_{s-1,i}+1. \end{cases} \tag{7.13}$$

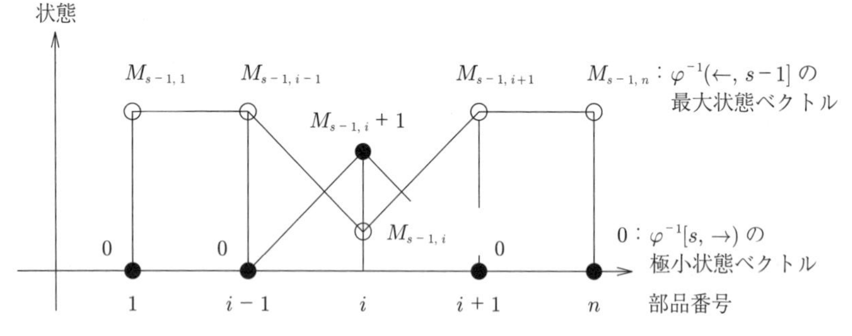

図 7.2　並列システムでの $MI \times MA_\varphi(i,k;s)$ の要素は，$\varphi^{-1}(\leftarrow, s-1]$ の最大元 $\boldsymbol{M}_{s-1}$ と $\varphi^{-1}[s,\rightarrow)$ の極小元 $(M_{s-1,i}+1, \mathbf{0}^{C\setminus\{i\}})$ との対である

よって

$$C_\varphi(i;s) = C_\varphi(i, M_{s-1,i}+1; s)$$

は明らかである．さらに，$s < t$ として，

$$C_\varphi(i,k,l;s,t) = \begin{cases} \prod_{j=1,\ j\neq i}^{n} (\leftarrow, M_{s,j}], & k = M_{s,i} \neq l = M_{t,i}, \\ \phi, & \text{その他}. \end{cases} \tag{7.14}$$

7.2 多状態 Birnbaum 重要度

定義 6.2 で与えられている 2 状態での Birnbaum 重要度を多状態に拡張する．

定義 7.1

(1) 部品 i の状態 $k \in \Omega_i$ とシステムの状態 $s \in S$ に対して，$\boldsymbol{P}_{C\setminus\{i\}}(C_\varphi(i,k;s))$ を $(i,k;s)$–**Birnbaum 重要度**と呼ぶ．

(2) 部品 i の状態 $k,l \in \Omega_i$ $(k < l)$ とシステムの状態 $s,t \in S$ $(s < t)$ に対して $\boldsymbol{P}_{C\setminus\{i\}}(C_\varphi(i,k,l;s,t))$ を $(i,k,l;s,t)$–**Birnbaum 重要度**と呼ぶ．

もう少し緩やかな Birnbaum 重要度がつぎのように定義できる．定理 7.1 の排反性を思い起こしてほしい．

$$\begin{aligned} \boldsymbol{P}_{C\setminus\{i\}}\left(C_\varphi(i;s)\right) &= \boldsymbol{P}_{C\setminus\{i\}}\left(\bigcup_{k\in\Omega_i} C(i,k;s)\right) \\ &= \sum_{k\in\Omega_i} \boldsymbol{P}_{C\setminus\{i\}}\left(C_\varphi(i,k;s)\right). \end{aligned} \tag{7.15}$$

例 7.2（**例 7.1** のつづき）

(1)　直列システムの $(i,k;s)$–Birnbaum 重要度はつぎのようである.

$$\boldsymbol{P}_{C\setminus\{i\}}(C_\varphi(i,k;s)) = \begin{cases} \boldsymbol{P}_{C\setminus\{i\}}\left(\prod_{j=1,\ j\neq i}^{n}[m_{s,j},\rightarrow)\right), & k=m_{s,i}, \\ 0, & k\neq m_{s,i}. \end{cases}$$

また,

$$\begin{aligned}\boldsymbol{P}_{C\setminus\{i\}}(C_\varphi(i;s)) &= \boldsymbol{P}_{C\setminus\{i\}}(C_\varphi(i,m_{s,i};s)) \\ &= \boldsymbol{P}_{C\setminus\{i\}}\left(\prod_{j=1,\ j\neq i}^{n}[m_{s,j},\rightarrow)\right).\end{aligned}$$

さらに，$(i,k,l;s,t)$–Birnbaum 重要度はつぎのようになる．$s<t$ として,

$$\begin{aligned}&\boldsymbol{P}_{C\setminus\{i\}}(C_\varphi(i,k,l;s,t)) \\ &= \begin{cases} \boldsymbol{P}_{C\setminus\{i\}}\left(\prod_{j=1,\ j\neq i}^{n}[m_{t,j},\rightarrow)\right), & k=m_{s,i}\neq l=m_{t,i}, \\ 0, & \text{その他}. \end{cases}\end{aligned}$$

(2)　並列システムの $(i,k;s)$–Birnbaum 重要度はつぎのようである.

$$\begin{aligned}&\boldsymbol{P}_{C\setminus\{i\}}(C_\varphi(i,k;s)) \\ &= \begin{cases} \boldsymbol{P}_{C\setminus\{i\}}\left(\prod_{j=1,\ j\neq i}^{n}(\leftarrow,M_{s-1,j}]\right), & k=M_{s-1,i}+1, \\ 0, & k\neq M_{s-1,i}+1. \end{cases}\end{aligned}$$

また,

$$\boldsymbol{P}_{C\setminus\{i\}}(C_\varphi(i;s)) = \boldsymbol{P}_{C\setminus\{i\}}(C_\varphi(i,M_{s-1,i}+1;s)).$$

さらに，$(i,k,l;s,t)$–Birnbaum 重要度はつぎのようになる．$s<t$ として,

$$
\boldsymbol{P}_{C\setminus\{i\}}(C_\varphi(i,k,l;s,t)) = \begin{cases} \boldsymbol{P}_{C\setminus\{i\}}\left(\displaystyle\prod_{j=1,\ j\neq i}^{n}(\leftarrow, M_{s,j}]\right), & k=M_{s,i}\neq l=M_{t,i}, \\ 0, & \text{その他}. \end{cases}
$$

7.3 多状態 Birnbaum 重要度とモジュール分解

コヒーレントシステム $\left(\prod_{i=1}^{m} S_i, S, \psi\right)$ はモジュール分解 $\{M_1,\cdots,M_m\}$ をもち，モジュールシステムおよび統合システムをそれぞれ $(\Omega_{M_i}, S_i, \chi_i)$ $(i=1,\cdots,m)$, $\left(\prod_{j=1}^{m} S_j, S, \psi\right)$ とする．Ω_C 上の確率 $\boldsymbol{P}$ は Ω_{M_i} 上の確率 $\boldsymbol{P}_{M_i}$ $(i=1,\cdots,m)$ の直積で，モジュールは確率的に独立であるとする．

定理 7.4 $(i,k;s)$–臨界状態ベクトルに対して，モジュール分解を介したつぎの関係が成立する．

$$
C_\varphi(i,k;s) = \bigcup_{r\in S_{j_i}} C_{\chi_{j_i}}(i,k;r) \times (\chi_1,\cdots,\chi_{j_i-1},\chi_{j_i+1},\cdots,\chi_n)^{-1}(C_\psi(j_i,r;s)). \tag{7.16}
$$

j_i は部品 i が属するモジュールの添字番号である．

【証明】 一般性を失うことなく，$i=1$, $j_i=1$ とする．$s\in S$, $r\in S_1$ に対して，臨界状態ベクトルの集合はつぎのようである．

$$
C_\psi(1,r;s) = \left\{(\cdot_1,\boldsymbol{s})\in\prod_{j=2}^{m} S_j : \psi([r,\rightarrow)_1,\boldsymbol{s})\geqq s,\ \psi((\leftarrow,r-1]_1,\boldsymbol{s})\leqq s-1\right\},
$$

$$
C_{\chi_1}(1,k;r) = \left\{\left(\cdot_1,\boldsymbol{x}^{M_1}\right) : \chi_1\left([k,\rightarrow)_1,\boldsymbol{x}^{M_1}\right)\geqq r,\ \chi_1\left((\leftarrow,k-1]_1,\boldsymbol{x}^{M_1}\right)\leqq r-1\right\}.
$$

したがって，式 (7.16) において 左辺 $\supseteqq$ 右辺 である．逆の包含関係は明らかである． □

式 (7.16) で確率をとり，臨界状態ベクトルに関する排反性の定理 7.1 を用いると，モジュールシステムと統合システムの Birnbaum 重要度によるシステム φ の Birnbaum 重要度の表現が得られる．

定理 7.5　$(i,k;s)$–Birnbaum 重要度について，モジュール分解を介したつぎの関係が得られる．

$$\begin{aligned}&\boldsymbol{P}_{C\setminus\{i\}}\left(C_{\varphi}(i,k;s)\right)\\&\quad=\sum_{r\in S_{j_i}}\boldsymbol{P}_{M_{j_i}\setminus\{i\}}\left(C_{\chi_{j_i}}(i,k;r)\right)\\&\quad\quad\times(\chi_1,\cdots,\chi_{j_i-1},\chi_{j_i+1},\cdots,\chi_m)\circ\boldsymbol{P}_{C\setminus M_{j_i}}\left(C_{\psi}(j_i,r;s)\right).\end{aligned}\tag{7.17}$$

式 (7.17) の右辺の第 1 項はモジュール χ_{j_i} における $(i,k;r)$–Birnbaum 重要度を，第 2 項は統合システムにおける $(j_i,r;s)$–Birnbaum 重要度を意味し，多状態において $(i,k;s)$–Birnbaum 重要度に対して積の連鎖則が成立する．

例 7.3（限定された構造をもつ直・並列システム）　ここでは，パイプラインシステムなどで現れる直・並列システムで，特定の形の構造関数をもつ場合の Birnbaum 重要度を計算する．状態空間は

$$\Omega_{(i,j)}=S=\{0,1,\cdots,N\},\quad 1\leqq i\leqq m,\ 1\leqq j\leqq n_i$$

であるとし，部品は二重添字で識別する．(i,j) は，i 番目のモジュールに属する j 番目の部品を意味する．構造関数 φ はつぎのように与えられる．

$$\varphi(\boldsymbol{x}^1,\cdots,\boldsymbol{x}^m)=\min_{1\leqq i\leqq m}\ \max_{1\leqq j\leqq n_i}\ x_{(i,j)},\tag{7.18}$$

ここで，$\boldsymbol{x}^i = (x_{(i,1)}, \cdots, x_{(i,n_i)})$ である．構造関数 (7.18) は，システムが m 個の並列システムであるモジュールからなる直列システムであることを意味する．そのイメージは図 **6.4** で示され，形式的にはつぎのように定式化されるモジュールに分解される．

$$M_i = \{(i,1), \cdots, (i,n_i)\}, \quad i = 1, \cdots, m,$$

$$\chi_i : \varOmega_{M_i} \to S_i = \{1, \cdots, N\},\ \chi_i(\boldsymbol{x}^i) = \max_{1 \leqq j \leqq n_i} x_{(i,j)},$$

$$\psi : \prod_{i=1}^{m} S_i \to S,\ \psi(s_1, \cdots, s_m) = \min_{1 \leqq i \leqq m} s_i.$$

例 7.1 と例 7.2 および定理 7.4 から，部品 $(1,1) \in M_1$ に対して，境界状態ベクトルは以下のようである．$s < t$ として，

$$C_{\chi_1}((1,1),k,l;s,t) = \begin{cases} \displaystyle\prod_{(1,j) \in M_1 \setminus \{(1,1)\}} (\leftarrow, s_{(1,j)}], & (k,l)=(s,t), \\ \phi, & \text{その他}, \end{cases}$$

$$C_{\psi}(1,k,l;s,t) = \begin{cases} \displaystyle\prod_{(1,j) \in M_1 \setminus \{(1,1)\}} [t_{(1,j)}, \to), & (k,l)=(s,t), \\ \phi, & \text{その他}, \end{cases}$$

$$C_{\varphi}((1,1),s,t;s,t) = C_{\chi_1}((1,1),s,t;s,t) \times (\chi_2, \cdots, \chi_m)^{-1}(C_{\psi}(1,s,t;s,t)),$$

$$C_{\varphi}((1,1),s;s) = C_{\chi_1}((1,1),s;s) \times (\chi_2, \cdots, \chi_m)^{-1}(C_{\psi}(1,s;s)).$$

$s_{(1,j)}$ および $t_{(1,j)}$ はそれぞれ部品 $(1,j)$ の状態 s と t のことである．上記の空集合の場合を省略して，Birnbaum 重要度はつぎのようである．

$$\boldsymbol{P}_{C \setminus \{(1,1)\}}(C_{\varphi}((1,1),s,t;s,t)) = \boldsymbol{P}_{M_1 \setminus \{(1,1)\}}(C_{\chi_1}((1,1),s,t;s,t)) \times (\chi_2, \cdots, \chi_m) \circ \boldsymbol{P}_{C \setminus M_1}(C_{\psi}(1,s,t;s,t)),$$

$$\boldsymbol{P}_{C \setminus \{(1,1)\}}(C_{\varphi}((1,1),s;s)) = \boldsymbol{P}_{M_1 \setminus \{(1,1)\}}(C_{\chi_1}((1,1),s;s)) \times (\chi_2, \cdots, \chi_m) \circ \boldsymbol{P}_{C \setminus M_1}(C_{\psi}(1,s;s)).$$

7.4 多状態臨界重要度

7.4.1 多状態臨界重要度の定義

任意の $(i,k;s)$–臨界状態ベクトル $(\cdot_i,\boldsymbol{x})\in C_\varphi(i,k;s)$ について $\varphi([k,\rightarrow)_i,\boldsymbol{x})\geqq s$, $\varphi((\leftarrow,k-1]_i,\boldsymbol{x})\leqq s-1$ が成立することに注意して，部品 i の多状態臨界重要度を以下のように定義する．

定義 7.2

(1) $(i,k;s\uparrow)$–臨界重要度はつぎの条件付き確率で定義される．

$$\boldsymbol{P}\left([k,\rightarrow)_i\times C_\varphi(i,k;s)\mid\varphi\geqq s\right).$$

(2) $(i,k;s\downarrow)$–臨界重要度はつぎの条件付き確率で定義される．

$$\boldsymbol{P}\left((\leftarrow,k-1]_i\times C_\varphi(i,k;s)\mid\varphi\leqq s-1\right).$$

部品が独立であるとき，多状態 Birnbaum 重要度と臨界重要度とが以下のように関係づけられる．

$$\boldsymbol{P}\left([k,\rightarrow)_i\times C_\varphi(i,k;s)\mid\varphi\geqq s\right)=\frac{\boldsymbol{P}_i[k,\rightarrow)}{\boldsymbol{P}(\varphi\geqq s)}\boldsymbol{P}_{C\setminus\{i\}}(C_\varphi(i,k;s)),$$

$$\boldsymbol{P}\left((\leftarrow,k-1]_i\times C_\varphi(i,k;s)\mid\varphi\leqq s-1\right)=\frac{\boldsymbol{P}_i(\leftarrow,k-1]}{\boldsymbol{P}(\varphi\leqq s-1)}\boldsymbol{P}_{C\setminus\{i\}}(C_\varphi(i,k;s)).$$

例 7.4

(1) コヒーレント直列システムについて，式 (7.10) より，

$$[k,\rightarrow)_i\times C_\varphi(i,k;s)=\begin{cases}[m_{s,i},\rightarrow)\times\displaystyle\prod_{j=1,\ j\neq i}^{n}[m_{s,j},\rightarrow), & k=m_{s,i},\\ \phi, & k\neq m_{s,i},\end{cases}$$

$$\{\varphi \geqq s\} = \prod_{j=1}^{n} [m_{s,j}, \rightarrow)$$

であるから,

$$\boldsymbol{P}\left([k, \rightarrow)_i \times C_\varphi(i,k;s) \mid \varphi \geqq s\right) = \begin{cases} 1, & k = m_{s,i}, \\ 0, & k \neq m_{s,i}, \end{cases}$$

$$\boldsymbol{P}\left((\leftarrow, k-1]_i \times C_\varphi(i,k;s) \mid \varphi \leqq s-1\right) = \begin{cases} \dfrac{\boldsymbol{P}\left((\leftarrow, m_{s,i}-1] \times C_\varphi(i,k;s)\right)}{1-\boldsymbol{P}(\varphi \geqq s)}, & k = m_{s,i}, \\ 0, & k \neq m_{s,i}. \end{cases}$$

(2) 並列システムの場合，式 (7.13) より，

$$(\leftarrow, k-1]_i \times C_\varphi(i,k;s) = \begin{cases} (\leftarrow, M_{s-1,i}] \times \displaystyle\prod_{j=1,\ j \neq i}^{n} (\leftarrow, M_{s-1,j}], & k = M_{s-1,i}+1, \\ \phi, & k \neq M_{s-1,i}+1, \end{cases}$$

$$\{\varphi \leqq s-1\} = \prod_{j=1}^{n} (\leftarrow, M_{s-1,j}]$$

であるから,

$$\boldsymbol{P}\left([k, \rightarrow)_i \times C_\varphi(i,k;s) \mid \varphi \geqq s\right) = \begin{cases} \dfrac{\boldsymbol{P}\left([M_{s-1,i}+1, \rightarrow) \times C_\varphi(i,k;s)\right)}{1-\boldsymbol{P}(\varphi \leqq s-1)} & k = M_{s-1,i}+1, \\ 0, & k \neq M_{s-1,i}+1, \end{cases}$$

$$\boldsymbol{P}\left((\leftarrow, k-1]_i \times C_\varphi(i,k;s) \mid \varphi \leqq s-1\right) = \begin{cases} 1, & k = M_{s-1,i}+1, \\ 0, & k \neq M_{s-1,i}+1. \end{cases}$$

7.4.2 モジュール分解と臨界重要度との関係

定理 7.4 より，つぎのモジュール分解を介した事象間の関係が成立する．

$$[k, \rightarrow)_i \times C_\varphi(i,k;s)$$

$$= \bigcup_{r \in S_{j_i}} [k, \to)_i \times C_{\chi_{j_i}}(i, k; r)$$
$$\times (\chi_1, \cdots, \chi_{j_i - 1}, \chi_{j_i + 1}, \cdots, \chi_n)^{-1} (C_\psi(j_i, r; s)).$$

両辺の確率をとってつぎのモジュール分解を介した臨界重要度間の積の連鎖則が得られる．

定理 7.6　モジュールは確率的に独立であるとする．システム φ の $(i, k; s\uparrow)$–臨界重要度について，つぎのモジュール分解を介した関係が得られる．$(i, k; s\downarrow)$–臨界重要度についても同様である．

$$[\text{ システム } \varphi \text{ における } (i, k; s\uparrow)\text{–臨界重要度 }]$$
$$= \sum_{r \in S_{j_i}} [\text{ システム } \chi_{j_i} \text{ における } (i, k; r\uparrow)\text{–臨界重要度 }]$$
$$\times [\text{ システム } \psi \text{ における } (j_i, r; s\uparrow)\text{–臨界重要度 }].$$

【証明】　$\boldsymbol{P}_{M_{j_i}}(\chi_{j_i} \geqq r) = \chi_{j_i} \circ \boldsymbol{P}_{M_{j_i}}[r, \to)$ であることに注意して，

$$\frac{\boldsymbol{P}([k, \to) \times C_\varphi(i, k; s))}{\boldsymbol{P}(\varphi \geqq s)}$$
$$= \sum_{r \in S_{j_i}} \frac{\boldsymbol{P}_{M_{j_i}}\Big([k, \to) \times C_{\chi_{j_i}}(i, k; r)\Big)}{\boldsymbol{P}_{M_{j_i}}(\chi_{j_i} \geqq r)}$$
$$\times \frac{\chi_{j_i} \circ \boldsymbol{P}_{M_{j_i}}[r, \to) \times (\chi_1, \cdots, \chi_{j_i - 1}, \chi_{j_i + 1}, \cdots, \chi_m) \circ \boldsymbol{P}_{C \setminus M_{j_i}}(C_\psi(j_i, r; s))}{\boldsymbol{P}(\varphi \geqq s)}$$
$$= \sum_{r \in S_{j_i}} \frac{\boldsymbol{P}_{M_{j_i}}\Big([k, \to) \times C_{\chi_{j_i}}(i, k; r)\Big)}{\boldsymbol{P}_{M_{j_i}}(\chi_{j_i} \geqq r)}$$
$$\times \frac{(\chi_1, \cdots, \chi_{j_i - 1}, \chi_{j_i}, \chi_{j_i + 1}, \cdots, \chi_m) \circ \boldsymbol{P}([r, \to) \times C_\psi(j_i, r; s))}{(\chi_1, \cdots, \chi_{j_i - 1}, \chi_{j_i}, \chi_{j_i + 1}, \cdots, \chi_m) \circ \boldsymbol{P}(\psi \geqq s)}.$$

□

Fussell–Vesley 重要度，リスク増加価値，リスク減少価値などの多状態への拡張には，臨界状態ベクトルを定義する条件を順次緩めていくことで可能であるが，十分な議論は成されておらず，ここでは省略する．

7.5 多状態 Barlow–Proschan 重要度

6.8 節にならって，多状態システムにおける確率的な挙動を考慮した部品の重要度について議論する．システム (Ω_C, S, φ) に対して，Ω_i の値をとる確率過程 $\{X_i(t), t \geqq 0\}$ $(i \in C)$ を考え，確率 1 で右連続であるとする．これらは部品の確率的挙動を意味し，システムの挙動は $\{\varphi(\boldsymbol{X}(t)), t \geqq 0\}$ の確率過程で表される．ここで $\boldsymbol{X}(t) = (X_1(t), \cdots, X_n(t))$ である．$\boldsymbol{X}(t)$ の Ω_C 上の確率分布を μ_t と書く．

7.5.1 確率過程 $\{X_i(t), t \geqq 0\}$ と保全

部品 i の状態空間 Ω_i の最小元 0_i は故障状態を意味するとしたが，実際には修理待機，修理中，取替え中，補修中など機能していない状態としてさまざまな保全形態の意味をもたせることができる．また劣化状態についても，予防保全などの意味を含ませることができる．つまり，状態 0_i や劣化状態における確率過程論的な構造を定義することで，事後保全や予防保全などのさまざまな保全方策がモデル化できる．

ここではごく一般的に確率過程 $\{X_i(t), t \geqq 0\}$ のパスの形状がどのような保全を意味し得るかについて簡単に説明する．保全に関する用語については周知であるとするが，例えば，JIS 規格の JISZ8115:2000 ディペンダビリティ（信頼性用語）などを参照してほしい．

図 7.3 は，保全がなんら行われず，劣化するに任せた場合のサンプルパスの例である．いずれは故障状態に入り，そのままであるような最も原初的な場合であるが，状態間の推移は必ずしも最大元である N_i から順次劣化が進むのではなく，例えば時刻 T_1 では大きく劣化している．確率過程 $\{X_i(t),\ t \geqq 0\}$ が確率 1 で単調減少であるとの仮定はこのような状況を含意する．

図 7.4 はより複雑に，予防保全や事後保全が施され，事後保全には完全修理や不完全修理が含まれる．

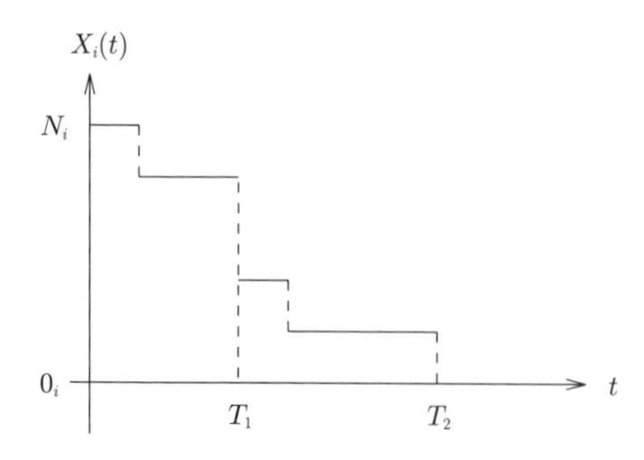

図 7.3　なんらの保全も行わずに劣化するに任せ，いずれは故障状態に陥るような場合（ジャンプしている時点，例えば T_1 で劣化の状態推移が起こり，時点 T_2 で故障する）

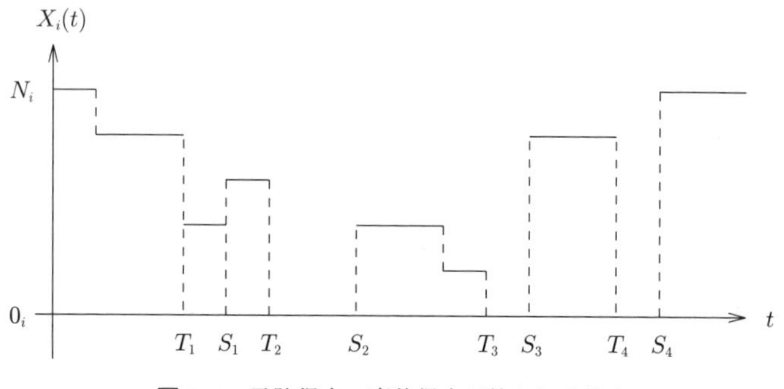

図 7.4　予防保全，事後保全が施される場合

確率過程 $\{X_i(t),\ t \geqq 0\}$ が確率 1 で単調減少であるかどうかによって，保全が考慮されるかどうか大きく区別でき，詳細な保全方策は部品間の依存関係も含めて，確率過程 $\{X_i(t),\ t \geqq 0\}$ $(i \in C)$ の構成によってモデル化できる．ただし，7.6 節で簡単な例を示すが，状態空間として全順序集合では十分ではなく，また部品の確率的な独立性が成立しない場合が考えられる．

以降では，ごく簡単に確率過程が単調減少であるかどうか，つまり保全を考慮する場合とそうでない場合における重要度について述べるが，多くの問題点が議論されずに残されている．

7.5.2 時点重要度

各時点ごとでの重要度（時点重要度）は確率分布 μ_t を用いて定義できる．時刻 t での部品 i の時点 Birnbaum 重要度はつぎのように定義できる．

$$Pr\left\{(\cdot_i, \boldsymbol{X}(t)) \in C_\varphi(i,k,l;s,t)\right\} = \mu_{t,C\setminus\{i\}}\left(C_\varphi(i,k,l;s,t)\right),$$

$$Pr\left\{(\cdot_i, \boldsymbol{X}(t)) \in C_\varphi(i,k;s)\right\} = \mu_{t,C\setminus\{i\}}\left(C_\varphi(i,k;s)\right),$$

$$Pr\left\{(\cdot_i, \boldsymbol{X}(t)) \in C_\varphi(i;s)\right\} = \mu_{t,C\setminus\{i\}}\left(C_\varphi(i;s)\right).$$

また，時点臨界重要度はつぎの条件付き確率で定義される．

$$\begin{aligned}
&Pr\left\{\boldsymbol{X}(t) \in [k,\rightarrow)_i \times C_\varphi(i,k;s) \mid \varphi \geqq s\right\} \\
&\quad = \mu_t\left\{[k,\rightarrow)_i \times C_\varphi(i,k;s) \mid \varphi \geqq s\right\}, \\
&Pr\left\{\boldsymbol{X}(t) \in (\leftarrow,k-1]_i \times C_\varphi(i,k;s) \mid \varphi \leqq s-1\right\} \\
&\quad = \mu_t\left\{(\leftarrow,k-1]_i \times C_\varphi(i,k;s) \mid \varphi \leqq s-1\right\}.
\end{aligned}$$

7.5.3 多状態 Barlow–Proschan 重要度 —保全を考慮しない場合—

確率過程 $\{X_i(t),\ t \geqq 0\}$ は確率 1 で単調減少であるとし，保全は考えないとする．部品 i の $[k,\rightarrow)$ $(k \in \Omega_i)$ からの脱出時間 $T_i(k)$ は

$$T_i(k) = \inf\{t : X_i(t) \leqq k-1\}$$

である．時刻 $T_i(k)$ で部品 i は k 以上の状態から $k-1$ 以下の状態に推移する．これを $[k,\rightarrow)$ から $(\leftarrow,k-1]$ への**推移**と呼ぶ．このときに，i 以外の部品の状態が $C_\varphi(i,k;s)$ にあれば，システムは $[s,\rightarrow)$ から $(\leftarrow,s-1]$ に推移することになる．したがって，

$$\int_0^\infty Pr\{(\cdot_i, \boldsymbol{X}(t)) \in C_\varphi(i,k;s) \mid T_i(k)=t\} dPr\{T_i(k) \leqq t\}$$

は，部品 i が $[k,\rightarrow)$ から $(\leftarrow,k-1]$ へ推移することでシステムの $[s,\rightarrow)$ から $(\leftarrow,s-1]$ への推移が引き起こされる条件付き確率を意味する．2 状態の場合の Barlow–Proschan 重要度の多状態への拡張であり，**多状態 Barlow–Proschan 重要度**（multi–state Barlow–Proschan importance measure）と呼ぶが，簡

単のために“多状態”を外して，以下では Barlow–Proschan 重要度と呼ぶ．

7.5.4 平均をとる場合 —保全を考慮しない場合—

6.8 節の議論にならって，平均と極限をとることで下記のような Birnbaum 重要度が定義できる．

$$\frac{1}{t}\int_0^t Pr\{(\cdot_i, \boldsymbol{X}(u)) \in C_\varphi(i,k;s)\}du,$$
$$\lim_{t\to\infty} Pr\{(\cdot_i, \boldsymbol{X}(t)) \in C_\varphi(i,k;s)\},$$
$$\lim_{t\to\infty}\frac{1}{t}\int_0^t Pr\{(\cdot_i, \boldsymbol{X}(u)) \in C_\varphi(i,k;s)\}du.$$

定常確率 $\boldsymbol{P}^s$ が存在する場合，上の二つの極限は一致し，$\boldsymbol{P}^s\left(C_\varphi(i,k;s)\right)$ である．臨界重要度については，下記の定義が得られる．$k \in \Omega_i$，$s \in S$ に対して

$$\frac{1}{t}\int_0^t Pr\{\boldsymbol{X}(u) \in [k,\rightarrow)_i \times C_\varphi(i,k;s) \mid \varphi(\boldsymbol{X}(u)) \geqq s\}du,$$
$$\lim_{t\to\infty} Pr\{\boldsymbol{X}(t) \in [k,\rightarrow)_i \times C_\varphi(i,k;s) \mid \varphi(\boldsymbol{X}(t)) \geqq s\},$$
$$\lim_{t\to\infty}\frac{1}{t}\int_0^t Pr\{\boldsymbol{X}(u) \in [k,\rightarrow)_i \times C_\varphi(i,k;s) \mid \varphi(\boldsymbol{X}(u)) \geqq s\}du.$$

定常確率が存在するとき，上の二つの極限は一致し，$\boldsymbol{P}^s\{[k,\rightarrow)_i \times C_\varphi(i,k;s) \mid \varphi \geqq s\}$ である．さらに，下記が定義できる．

$$\frac{1}{t}\int_0^t Pr\{\boldsymbol{X}(u) \in (\leftarrow,k-1]_i \times C_\varphi(i,k;s) \mid \varphi(\boldsymbol{X}(u)) \leqq s-1\}du,$$
$$\lim_{t\to\infty} Pr\{\boldsymbol{X}(t) \in (\leftarrow,k-1]_i \times C_\varphi(i,k;s) \mid \varphi(\boldsymbol{X}(t)) \leqq s-1\},$$
$$\lim_{t\to\infty}\frac{1}{t}\int_0^t Pr\{\boldsymbol{X}(u) \in (\leftarrow,k-1]_i \times C_\varphi(i,k;s) \mid \varphi(\boldsymbol{X}(u)) \leqq s-1\}du.$$

定常確率が存在するとき，これら二つの極限は一致し，$\boldsymbol{P}^s\{(\leftarrow,k-1]_i \times C_\varphi(i,k;s) | \varphi \leqq s-1\}$ である．これらの臨界重要度の定義には部品の独立性の仮定を必要としない．

7.5.5 多状態 Barlow–Proschan 重要度 —保全を考慮する場合—

確率過程 $\{X_i(t), t \geqq 0\}$ $(i \in C)$ が必ずしも単調減少でない場合の Barlow–

Proschan 重要度について述べる．

$T_i(k,j)$ を部品 i が $[k,\rightarrow)$ から $(\leftarrow,k-1]$ に推移した j $(j=1,2,\cdots)$ 回目の時点とすると，事象

$$\{(\cdot_i,\boldsymbol{X}(T_i(k,j)))\in C_\varphi(i,k;s)\}$$

は，部品 i が $[k,\rightarrow)$ から $(\leftarrow,k-1]$ に j 回目に推移した時点でシステムが $[s,\rightarrow)$ から $(\leftarrow,s-1]$ に推移することを意味する．$N_i(k,t)$ を時刻 t までに部品 i が $[k,\rightarrow)$ から $(\leftarrow,k-1]$ に推移した回数とすると，

$$\begin{aligned} N_\varphi(i,k;s)(t) &= \sum_{j=1}^{N_i(k,t)} I_{C_\varphi(i,k;s)}\left((\cdot_i,\boldsymbol{X}(T_i(k,j)))\right) \\ &= \int_0^t I_{C_\varphi(i,k;s)}\left((\cdot_i,\boldsymbol{X}(u))\right)d_uN_i(k,u) \end{aligned} \tag{7.19}$$

は，時刻 t までに部品 i が，$[k,\rightarrow)$ から $(\leftarrow,k-1]$ に推移することでシステムの状態が $[s,\rightarrow)$ から $(\leftarrow,s-1]$ に推移した回数を表す．ここで I_B は B の指示関数である．したがって，部品 i のシステムの状態 $s\in S$ に対するパスごとの Barlow-Proschan 重要度を，時刻 t までに部品 i の状態推移によってシステムの状態が $[s,\rightarrow)$ から $(\leftarrow,s-1]$ に推移した回数として定義する．

$$N_\varphi(i;s)(t)=\sum_{k\in\Omega_i}N_\varphi(i,k;s)(t).$$

さらに部品番号 i について和をとって時刻 t までにシステムの状態が $[s,\rightarrow)$ から $(\leftarrow,s-1]$ に推移した回数 $N_\varphi(s)(t)$ が得られる．

$$N_\varphi(s)(t)=\sum_{i=1}^{n}N_\varphi(i;s)(t).$$

期待値をとることで，時刻 t における部品 i の重要度を定義できる．また，その期待値を t で割り，平均の極限をとることでも重要度を定義できるが，2 状態の場合と同様に定常分布による Birnbaum 重要度と状態推移の頻度によって定まる．

式 (7.19) で期待値をとると，部品が確率的に独立であるとして，

$$\mathbf{E}[N_\varphi(i,k;s)(t)] = \int_0^t Pr\{C_\varphi(i,k;s)\} d_u \mathbf{E}[N_i(k,u)]$$

である．したがって，さらに極限と定常確率 $\boldsymbol{P}^s$ の存在を前提として，

$$\lim_{t\to\infty} \frac{\mathbf{E}[N_\varphi(i,k;s)(t)]}{t} = \boldsymbol{P}^s_{C\setminus\{i\}}\{C_\varphi(i,k;s)\} \cdot \lim_{t\to\infty} \frac{\mathbf{E}[N_i(k,t)]}{t}.$$

他のものは，これの和をとることで 2 状態の場合と同様の重要度と頻度の関係が得られる．

以上は一般論としての議論である．それぞれの確率過程 $\{X_i(t), t \geqq 0\}$ が既約マルコフ連鎖のとき，定常確率の存在が保証され，もう少し詳細な議論が可能になる．また，具体的に保全を考慮した場合の議論も残されている問題である．

時間予測を考慮した重要度として，Natvig[67] は，システムの時間的なダイナミクスの中で，部品の劣化がシステムの平均残存寿命に与える影響を考慮した重要度を定義している．**Natvig 重要度**と呼び，保全のある，なし，2 状態，多状態などのさまざまな状況で議論している．

7.6 二つの部品と修理人 —人の場合の重要度について—

本節では，修理人が一人の二つの部品からなる温予備システムの部品の重要度を定義する際に，なにが必要になるかを考える．このことにより，実際的な場面でのシステム信頼性のモデル構築には，状態空間にはより一般的な半順序の概念が，部品間の関係には独立性の仮定ではなく，依存関係のモデルが求められることを示唆する．

部品の状態は四状態としてつぎのように定義する．

0：修理待ち，1：修理中，2：温待機中，3：動作中.

システムの状態としてはつぎの (1), (2) の二つの考え方が可能である．

(1)　1：動作中，0：故障.

(2)　2：一方が動作中，他方が温待機中，

1：一方が動作中，他方が修理中，

0：一方が修理中，他方が修理待ち．

部品の状態の物理的に可能な組合せと，それぞれに対応するシステムの状態として，つぎの**表 7.1** のように 2 種類が考えられ，二つのシステムの構造関数 φ が定義できる．

表 7.1　部品の状態の組と構造関数

部品 1	部品 2	システムの状態 (1)	システムの状態 (2)
3	2	1	2
3	1	1	1
2	3	1	2
1	0	0	0
1	3	1	1
0	1	0	0

それぞれの部品の状態空間は，$\Omega_1 = \Omega_2 = \{0, 1, 2, 3\}$ であるが，構造関数 φ は $\Omega_1 \times \Omega_2$ 上で定義されておらず，定義域は直積集合の部分集合である．さらに，部品の状態と順序の定義が問われる．システム自体の状態を物理的な状況から定め，システムの利用者の価値観から順序を定義することは可能である．この温予備システムのモデルでは，$0 < 1 < 2$ と定義するのが自然である．この S 上の順序を利用して φ–擬順序を用いて部品の状態間に順序を定義できるが，一般的には半順序になる．また，$C_\varphi(i, k; s)$ の半順序状態空間における定式化が求められる．

この問題での $\{X_i(t), t \geqq 0\}$ $(i = 1, 2)$ は修理人が一人であることから明らかに独立ではないが，部品の寿命分布が指数分布であれば定常確率は存在する．これまでの議論をそのまま適用することはできず，独立性などを仮定しない議論が求められる．

8 多状態システムの拡張 —あとがきにかえて—

8.1 状態空間の順序構造

本書では状態空間として全順序の場合を考えたが，半順序についてふれておく．

天然ガスやオイルなどのパイプラインシステムは，つなぎ合わされたパイプとともに他の多くの機器から構成される．一つのパイプの状態を輸送可能な流量にとると，その状態空間は全順序集合とすることができる．しかし，7.6 節で述べた例のように，単純に見える場合でも状態空間として半順序集合が求められる場合がある．

部品の状態が圧力（P）と温度（T）の組合せで定められるとすると，状態は (P,T) であり，状態空間は 2 次元のユークリッド空間 $\mathbf{R}^2$ の部分集合となる．この場合，状態間の順序を全順序とするわけにいかない．最適な圧力と温度の組合せを (P_0,T_0) とすると，この組合せによる状態が最もよい状態であり，状態空間の最大元とすることには異論がないであろう．つまり，状態間の順序を $\leqq_s$ と書くと，任意の (P,T) に対して，$(P,T) \leqq_s (P_0,T_0)$ としてよい．しかし，通常の実数値間の大小関係として $P_1 < P_0 < P_2$, $T_1 > T_0 > T_2$ であった場合，状態 (P_1,T_1) と (P_2,T_2) の間の大小関係はどのように考えればよいのだろうか？ $(P_1,T_1) \leqq_s (P_2,T_2)$ なのか？ $(P_1,T_1) \geqq_s (P_2,T_2)$ なのか？ もしくは順序はつかないのだろうか？ さらに，同等なのだろうか？ 一般的に，複数の物理量の組として状態が定められるような場合，$\mathbf{R}^n$ の部分集合を状態空間とすることになるが，順序構造は，状況に応じて定義しなければならない．

システム自体の定義は，状態空間が全順序の場合の定義 4.1 を修正して，一応つぎのように与えることができるが，前章の 7.6 節で見た定義域の問題は解消されていない．用語はこれまでと同様に用いる．

定義 8.1 多状態システムとは，以下の条件を満たす組 (Ω_C, S, φ) である．

(1) $C = \{1, \cdots, n\}$ で，部品の集合を意味する．

(2) Ω_i $(i \in C)$，S は有限な順序集合である．

(3) Ω_C は Ω_i $(i \in C)$ の直積順序集合である．

(4) φ は Ω_C から S への写像で構造関数と呼ばれる．

定義 8.1 の半順序の場合についても，順序集合論的な議論やモジュール分解を介した確率論的な議論はなされ，全順序集合の場合の議論を一般化したものが示されている．Ohi[84),85),88)~90),93)] を参照してほしい．

多状態システムにおける実際上の問題は，システムの状態に影響を与える要素とその状態，状態間の順序および構造関数の定め方にある．2 状態システムでも同様の問題は存在しているが，状態が 2 状態に限定されることに助けられて，FTA などの手法によって問題は解決されている．多状態においては，決定的な方法は未(いま)だ示されていない．

8.2 ネットワークとしての状態空間

一つの部品の状態空間が有限な半順序集合であるとき，ハッセ図で書き表すことができ，したがって一つのネットワークと見なせる．n 個の部品の存在は，n 個の多層的なネットワークが構造関数によってシステムの状態空間であるネットワークに統合されることを意味する．定義 8.1 の多状態システムは，多層的なネットワークにおける故障モデルの一つであり，部品間（ネットワーク間）の相互関係は，構造関数に反映されると考えられる．**図 8.1** を参照してほしい．しかし，実際のネットワークはつねに，順序構造をもつわけではなく，定義 8.1 で定式化できるわけではないだろう．ネットワークをイメージしたとき，定義 8.1 で示される多状態システムの概念では不十分であり，そのために，より一般

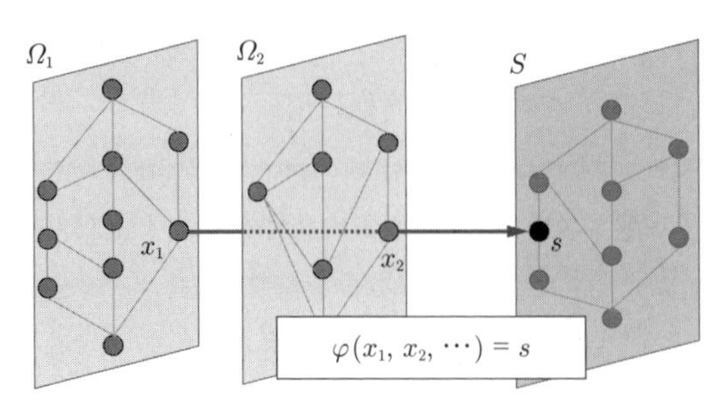

図 8.1　状態空間が半順序であるときの多状態システムの多層的ネットワークのイメージ

的な二項関係が付与された状態空間をもつような，多状態システムの定義と議論が求められる．

多層・多重的なネットワークの概念が必要なのは，例えば，Buldyrev, Parshani, Paul, Stanley and Havlin[22) が紹介しているイタリアでの電力ネットワークからも理解できる．電力ネットワークは，送電網としての物理的なネットワークとそこから電力供給を受けながらその送電網をコントロールするための情報ネットワークから構成され，相互に関係する 2 層のネットワークである．

ニューヨーク大停電の例を見るまでもなく，ネットワーク上の故障はネットワークを構成する要素の故障や不具合が近傍へと伝搬するカスケード故障であり，ネットワーク内やネットワーク間の相互関係が問題になる．最終的な故障の広がり具合の解析，故障の広がりに強いネットワークの構築などを，ネットワークのもつモジュール性などの特性を用いながら議論することになる．モジュールには物理的なものと論理的なものが存在し，それらをどのようにしてネットワーク全体の中から取り出してくるのかがおそらく大きな問題であると考えられる．

従来の信頼性理論の主な議論は，部品間の確率的な独立性を前提とし，寿命や年齢の概念に基づいたシステムの信頼性の解析手法の開発であったが，今後は複雑なシステムを対象に相互依存関係，ネットワーク構造，多状態をキーワードとし，状態推移に反映される故障の流れや予兆を問題にするようなものに移行していくものと考えられる．実際，故障現象の多くはカスケード故障であり，また工場などでの保全問題では，対象の内部的なさまざまな状態観測に基づいた保全方策が実施されている．

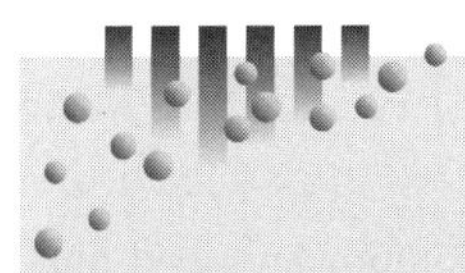

引用・参考文献

1) M.S. A–Hameed and F. Proschan : “Nonstationary shock models”, Stochastic Processes and their Applications, **1**, pp.383–404 (1973)

2) M.S. A–Hameed and F. Proschan : “Shock models with underling birth process”, Journal of Applied Probability, **12**, pp.18–28 (1975)

3) R.E. Barlow and A.W. Marshall : “Bounds for distributions with monotone hazard rate”, The Annals of Mathematical Statistics, **35**, pp.1234–1274 (1964)

4) R.E. Barlow and F. Proschan : Mathematical Theory of Reliability, John Wiley & Sons (1965)

5) R.E. Barlow and A.W. Marshall : “Bounds on interval probabilities for the restricted families of distributions”, Proceedings of the Fifth Berkeley Symposium on Mathematical Statistics and Probability III, pp.229–257 (1967)

6) R.E. Barlow and F. Proschan : “Importance of system components and fault tree events”, Stochastic Processes and their Applications, **3**, pp.153–173 (1974)

7) R.E. Barlow and F. Proschan : Statistical Theory of Reliability and Life Testing *Probability Models*, Holt, Rinehart and Winston (1975)

8) R.E. Barlow and A.S. Wu : “Coherent systems with multistate components”, Mathematics of Operations Research, **3**, pp.275–281 (1978)

9) P. Billingsley : Convergence of Probability Measures, pp.7–8, John Wiley & Sons (1968)

10) Z.W. Birnbaum, J.D. Esary and S.C. Saunder : “Multi–component systems and structures and their reliability”, Technometrics, **3**, pp.55–77 (1961)

11) Z.W. Birnbaum and J.D. Esary : “Modules of coherent binary systems”, SIAM Journal on Applied Mathematics, **13**, pp.444–462 (1965)

12) Z.W. Birnbaum, J.D. Esary and A.W. Marshall : “A stochastic characterization of wear–out for components and systems”, The Annals of Mathematical Statistics, **37**, pp.816–825 (1966)

13) Z.B. Birnbaum : "On the importance of different components in a multicomponent system", Technical Report of University of Washington, No.54 (1968)

14) Z.W. Birnbaum : "On the Importance of different components in a multicomponent system", Multivariate Analysis–II (P.R. Krishnaiah, ed.), pp.581–592, Academic Press (1969)

15) S. Bisanovic, M. Hajro and M. Samardzic : "Component criticality importance measures in thermal power plants design", International Journal of Electric, Energetic, Electronic and Communication Engineering, **7**, 3 (2013)†

16) H.W. Block and T.H. Savits : "The IFRA closure problem", Annals of Probability, **4**, pp.1030–1032 (1976)

17) H.W. Block and T.H. Savits : "Systems with exponential life and IFRA component lives", The Annals of Statistics, **2**, pp.911–916 (1979)

18) H.W. Block and T.H. Savits : "Multivariate increasing failure rate average distributions", The Annals of Probability, **8**, pp.793–801 (1980)

19) L.D. Bodin : "Approximations to system reliability using a modular decomposition", Technometorics, **12**, pp.335–344 (1970)

20) T.K. Boehme, A. Kossow and W. Preuss : "A generalization of consecutive–k–out–of–n : F systems", IEEE Transactions on Reliability, **41**, pp.451–457 (1992)

21) C. Bracquemond, O. Gaudoin, D. Roy and M. Xie : "On some discrete notions of aging", System and Bayesian Reliability (Y. Hayakawa, T. Irony and M. Xie eds.), pp.185–197, World Scientific (2001)

22) S.V. Buldyrev, R. Parshani, G. Paul, H.E. Stanley and S. Havlin : "Catastrophic cascade of failures in interdependent networks", Nature, **464**, pp.1025–1028 (2010)

23) R.W. Butterworth : "A set theoretic treatment of coherent system", SIAM Journal on Applied Mathematics, **22**, pp.590–598 (1972)

24) M. Brown and N.R. Chaganty : "On the first passage time distribution for a class of Markov chains", The Annals of Probability, **11**, pp.1000–1008 (1983)

† 論文誌の巻（Vol.）番号は太字数字で表記し，もしさらに号（No.）番号がある場合は，その後に細字数字で表記する．

25) M.C. Cheok, G.W. Parry and R.R. Sherry : "Use of importance measures in risk–informed regulatory applications", Reliability Engineering and System Safety, **60**, pp.213–226 (1998)

26) E. Çinlar : Introduction to stochastic processes, Prentice–Hall, Inc. (1975)

27) E. El–Neweihi, F. Proschan and J. Sethuraman : "Multistate coherent systems", Journal of Applied Probability, **15**, pp.675–688 (1978)

28) J.D. Esary and F. Proschan : "Coherent structures of non–identical components", Technometrics, **5**, pp.191–209 (1963)

29) J.D. Esary, F. Proschan and D.W. Walkup : "Association of random variables, with applications", The Annals of Mathematical Statistics, **38**, 5, pp.1466–1474 (1967)

30) J.D. Esary, A.W. Marshall, and F. Proschan : "Some reliability application of hazard transform", SIAM Journal on Applied Mathematics, **18**, pp.331–359 (1970)

31) J.D. Esary, A.W. Marshall and F. Proschan : "Shock models and wear processes", The Annals of Probability, **1**, 4, pp.627–649 (1973)

32) J.D. Esary and A.W. Marshall : "Multivariate distribution with increasing hazard rate average", The Annals of Probability, **7**, 2, pp.359–370 (1979)

33) J. Espiritu, D. Coit and U. Prakash : "Component criticality importance measures for the power industry", Electric Power Systems Research, **77**, pp.407–420 (2007)

34) J.B. Fussell : "How to hand–calculate system reliability and safety characteristics", IEEE Transactions on Reliability, **R–24(3)**, pp.69–174 (1975)

35) G. Gottlieb : "Asymptotic failure distributions", Stochastic Processes and their Applications **11**, pp.47–56 (1981)

36) E.S. Griffith : "Multistate reliability models", Journal of Applied Probability, **17**, pp.735–744 (1980)

37) B.V. グネジェンコ, Yu.K. ベリヤエフ, A.D. ソロヴィエフ（塩谷 実・林 順雄 共訳）：信頼性理論 I —信頼性の特性量と推定—, 共立出版 (1971)

38) B.V. グネジェンコ, Yu.K. ベリヤエフ, A.D. ソロヴィエフ（塩谷 実・林 順雄 共訳）：信頼性理論 II —信頼性の特性量と推定—, 共立出版 (1971)

39) E.J. Gumbel : "Bivariate exponential distributions", Journal of the American Statistical Association, **55**, pp.698–707 (1960)

40) H. Hagihara, F. Ohi and T. Nishida : "An optimal structure of safety

monitoring systems", Mathematica Japonica, **31**, pp.389–397 (1986)

41) H. Hagihara, M. Sakurai, F. Ohi and T. Nishida : "Application of Barlow–Wu systems to safety monitoring systems", Technology Reports of The Osaka University, **36**, pp.245–248 (1986)

42) W.M. Hirsch, M. Meisner and C. Boll : "Cannibalization in multicomponent systems and the theory of reliability", Naval Research Logistics Quarterly, **15**, pp.331–359 (1968)

43) M. Hochberg : "Generalized multistate systems under cannibalization", Naval Research Logistics Quarterly, **20**, pp.585–605 (1973)

44) J. Huang, M.J. Zuo and Z. Fang : "Multi–state consecutive–k–out–of–n systems", IIE Transactions, **35**, pp.527–534 (2003)

45) 井上威恭 監修，総合安全工学研究所 編：FTA 安全工学，日刊工業新聞社 (1979)

46) S. Karlin : Total Positivity, Stanford University Press (1968)

47) B. Klefsjo : "Survival under the pure birth shock model", Journal of Applied Probability, **18**, pp.554–560 (1981)

48) J.M. Kontolen : "Reliability determination of a r–successive–out–of–n:F system", IEEE Transactions on Reliability, **R–29**, pp.437–437 (1980)

49) 小和田正：確率過程とその応用，実教出版 (1983)

50) W. Kuo, and X. Zhu : Importance Measures in Reliability, Risk, and Optimisation, Principles and Applications, John Wiley and Sons (2012)

51) M.V. Koutras, G.K. Papadopoulos and S.G. Papastavridis : "Reliability of 2–dimensional consecutive–k–out–of–n:F systems", IEEE Transactions on Reliability, **42**, pp.658–661 (1993)

52) E.L. Lehmann : "Ordered families of distributions", The Annals of Mathematical Statistics, **26**, pp.399–416 (1955)

53) G. Levitin, and A. Lisnianski : "Importance and sensitivity analysis of multi–state systems using the universal generating function method", Reliability Engineering and System Safety, **65**, pp.271–282 (1999)

54) G. Levitin, L. Podofilini and E. Zio : "Generalised importance measures for multi–state elements based on performance level restrictions", Reliability Engineering and System Safety, **82**, pp.287–298 (2003)

55) G. Levitin : "A universal generating function approach for the analysis of multi–state systems with dependent elements", Reliability Engineering and System Safety, **84**, pp.285–292 (2004)

56) G. Levitin : The Universal Generating Function in Reliability Analysis and Optimization, Springer–Verlag (2005)

57) G. Levitin : "A universal generating function in the analysis of multi–state systems", Handbook of Performability Engineering (K.B. Misra, ed.), Chapter 29, pp.447–463, Springer–Verlag (2008)

58) G. Levitin : "Multi–state vector–k–out–of–n systems", IEEE Transactions on Reliability, **62**, pp.648–657 (2013)

59) H. Li and M. Shaked : "On the first passage times for Markov processes with monotone convex transition kernels", Stochastic Processes and their Applications, **58**, pp.205–216 (1995)

60) A. Lisnianski and G. Levitin : Multi–State Systems Reliability Assessment, Optimization and Applications, World Scientific (2003)

61) A. Lisnianski, I. Frenkel and Y. Ding : Multi–state System Reliability Analysis and Optimization for Engineers and Industrial Managers, Springer–Verlag (2010)

62) A.W. Marshall and I. Olkin : "A multivariate exponential distribution", Journal of the American Statistical Association, **62**, pp.30–44 (1967)

63) A.W. Marshall and F. Proschan : "Classes of distributions applicable in replacement with renewal theory implications", Proceedings of the 6th Berkeley Symposium on Mathematical Statistics and Probability, Vol.1, L. LeCam, J. Neyman and E.L. Scott eds., pp.395–415, University of California Press (1972)

64) A.W. Marshall and M. Shaked, "New better than used processes", Advances in Applied Probability, **15**, pp.601–615 (1983)

65) H. Mine : "Reliability of physical system", IRE Special Supplement, **CT–6**, pp.138–151 (1959)

66) E.F. Mooer and C.E. Shannon : "Reliable circuite using less reliable relays", Journal of the Franklin Institute, **263**, pp.191–208 (1956)

67) B. Natvig : Multistate Systems Reliability Theory with Applications, John Wiley & Sons (2011)

68) B. Natvig : "Two suggestions of how to define a multistate coherent system", Advances in Applied Probability, **14**, pp.434–455 (1982)

69) J. Navarro, F. Samaniego and B. Balakrishnan : "Signature–based representations for the reliability of systems with heterogeneous components",

Journal of Applied Probability, **48**, pp.856–867 (2011)

70) J. Neveu : Mathematical Foundations of Calculus of Probability, Holden–Day (1965)

71) 西尾真喜子：確率論，実教出版 (1978)

72) F. Ohi and T. Nishida : "Bivariate Erlang distribution functions", Journal of the Japan Statistical Society, **9**, pp.103–108 (1979)

73) F. Ohi and T. Nishida : "Bivariate shock models: NBU and NBUE properties, and positively quadrant dependency", Journal of the Operations Research Society of Japan, **22**, pp.266–274 (1979)

74) F. Ohi and T. Nishida : "A definition of NBU probability measures", Journal of the Japan Statistical Society, **12**, pp.141–151 (1982)

75) F. Ohi and T. Nishida : "Generalized multistate coherent systems", Journal of the Japan Statistical Society, **13**, pp.165–181 (1983)

76) F. Ohi and T. Nishida : "A note on exponential system life and NBU components", Mathematica Japonica, **28**, pp.561–568 (1983)

77) F. Ohi and T. Nishida : "On multistate coherent systems", IEEE Transactions on Reliability, **R–33**, pp.284–288 (1984)

78) F. Ohi and T. Nishida : "Multistate systems in reliability theory", Stochastic Models in Reliability Theory, Lecture Notes in Economics and Mathematical Systems 235 (S.Osaki and Y. Hatoyama, eds.), pp.12–22, Springer–Verlag (1984)

79) F. Ohi, S. Shinmori and T. Nishida : "A definition of associated probability measures on partially ordered sets", Mathematica Japonica, **34**, pp.403–408 (1989)

80) F. Ohi and F. Proschan : Crossing properties of reliability functions, Operations Research Letters, **12**, pp.79–81 (1992)

81) F. Ohi and S. Shinmori : "A definition of generalized k–out–of–n multistate systems and their structural and probabilistic properties", Japan Journal of Industrial and Applied Mathematics, **15**, pp.263–277 (1998)

82) F. Ohi : "Multistate coherent systems", Stochastic Reliability Modeling, Optimization and Applications (S. Nakamura and T. Nakagawa, eds.), pp.3–34, World Science (2010)

83) F. Ohi : "Multi–state coherent systems and modules —basic properties—", Advanced Reliability and Maintenance Modeling V (Proceedings of 5th

Asia–Pacific International Symposium on Advanced Reliability and Maintenance Modeling) (H. Yamamoto, C. Qian, L. Cui and T. Dohi, eds.), pp.374–381, McGrow–Hill (2012)

84) F. Ohi : "Lattice set theoretic treatment of multi–state coherent systems", Reliability Engineering and System Safety, **116**, pp.86–90 (2013)

85) F. Ohi : "Stochastic Bounds for Multi–state Coherent Systems via Modular Decompositions —Case of Partially Ordered State Spaces—", Advamced Reliability and Maintenance Modeling VI (Proceedings of 6th Asia–Pacific International Symposium on Advanced Reliability and Maintenance Modeling) (S.J. Bae, Y. Tsujimura, L. Cui, eds.) pp.357–364, McGrow–Hill Education (2014)

86) F. Ohi : "Steady–state bounds for multi–state systems' reliability via modular decompositions", Applied Stochastic Models in Business and Industry, Wiley Online Library, **31**, pp.307–324 (2015)

87) F. Ohi : "Converting a multi–state system into a family of binary state systems", International Journal of Performability Engineering, **11**, pp.329–338 (2015)

88) F. Ohi : "Stochastic evaluation methods of multi–state systems via modular decompositions —a case of partially ordered states—", Proceedings of The Ninth International Conference on Mathematical Methods in Reliability: Theory, Methods and Applications (MMR2015), pp.545–552 (2015)

89) F. Ohi : "Decomposition of a multi–state system by series systems", Journal of the Operations Research Society of Japan, **59**, pp.291–311 (2016)

90) F. Ohi : "Stochastic evaluation methods of a multi–state system via a modular decomposition", Journal of Computational Science, **17**, pp.156–169 (2016)

91) F. Ohi : "Stochastic formulations of importance measures and their extensions to multi–state systems", Proceeding of APIEMS2016, Paper ID 0072 (2016)

92) F. Ohi : "Importance measures for a binary state system", Reliability Modeling with Computer and Maintenance Applications (S. Nakamura, C.H. Qian and T. Nakagawa, eds.), pp.103–138, World Scientific (2017)

93) F. Ohi : "Stochastic dynamical importance measures of a multi–state system", Proceedings of MMR2017, Paper ID sybm69 (2017)

94) F. Ohi : "A calculation method of Birnbaum importance measure for binary state coherent systems", 日本信頼性学会第 31 回秋季信頼性シンポジウム発表報文集, pp.131–134 (2018)

95) R. Pérez–Ocón and M.L. Gámiz–Pérez : "On first–passage times in increasing Markov processes", Statistics & Probability Letters, **26**, pp.199–203 (1996)

96) H. Pham (ed.) : Handbook of Reliability Engineering, Springer–Verlag (2003)

97) M.J. Phillips : "k–out–of–n:G systems are preferable", IEEE Transactions of Reliability, R–29, pp.166–169 (1980)

98) S.M. Ross : "Multivalued state component systems", Annals of Probability, **7**, pp.379–383 (1979)

99) S.M. Ross : Stochastic Processes, John Wiley & Sons (1980)

100) S.M. Ross : "Generalized Poisson Shock Models", The Annals of Probability, **9**, 5, pp.896–898 (1981)

101) S.M. Ross : Introduction to Probability Models Fourth Edition, Academic Press (1989)

102) A.A. Salvia and W.C. Lasher : "2–dimensional consecutive–k–out–of–n : F models", IEEE Transactions on Reliability, **39**, pp.382–385 (1990)

103) T.H. Savits and M. Shaked : "Shock models and the MIFRA property", Stochastic Processes and their Applications, **11**, pp.273–283 (1981)

104) M. Shaked and J.G. Shanthikumar : "IFRA properties of some Markov jump processes with general state spaces", Mathematics of Operations Research, **12**, pp.562–568 (1987)

105) J.G. Shanthikumar and U. Sumita : "Distribution properties of the system failure time in a general shock model", Journal of Applied Probability, **16**, pp.363–377 (1984)

106) J.G. Shanthikumar and U. Sumita : "General shock models associated with correlated renewal sequences", Journal of Applied Probability, **20**, pp.600–614 (1983)

107) Y. Shimada : "A probabilistic safety assessment approach toward Identification of Information on safety significant adverse events at overseas nuclear power plants", INSS Journal, **11**, pp.87–94 (2004)

108) S. Shinmori, F. Ohi, H. Hagihara and T. Nishida : "Modules for two classes

of multi–state systems", The Transactions of the IEICE, **E72**, pp.600–608 (1989)

109) S. Shinmori, H. Hagihara, F. Ohi and T. Nishida : "On an extention of Barlow–Wu systems – basic properties", Journal of the Operations Research Society of Japan, **32**, pp.159–172 (1989)

110) S. Shinmori, F. Ohi and T. Nishida : "Stochastic bounds for generalized systems in reliability theory", Journal of the Operations Research Society of Japan, **33**, pp.103–118 (1990)

111) U. Sumita and J.G. Shanthikumar : "A class of correlated cumulative shock models", Journal of Applied Probability, **17**, pp.347–366 (1985)

112) T. Suzuki, F. Ohi and M. Kowada : "Entropy and safety monitoring systems", Japan Journal of Industrial and Applied Mathematics, **17**, pp.59–71 (2000)

113) K. Yu, I. Koren and Y. Guo : "Generalized multistate monotone coherent systems", IEEE Transactions on Reliability, **43**, pp.242–250 (1994)

114) 依田　浩：信頼性理論入門，朝倉書店 (1972)

115) M.J. Zuo, J. Huang and W. Kuo : "Multi–state k–out–of–n systems", Handbook of Reliability Engineering (H. Pham, ed.), pp.3–17, Springer–Verlag (2003)

索　　引

—— 著 者 略 歴 ——

1974年　名古屋工業大学工学部計測工業科卒業
1976年　名古屋工業大学大学院修士課程修了（計測工学専攻）
1978年　大阪大学大学院博士後期課程退学（応用物理学専攻）
1978年　大阪大学助手
1981年　工学博士（大阪大学）
1989年　愛知工業大学助教授
1995年　名古屋工業大学助教授
2000年　名古屋工業大学教授
2016年　名古屋工業大学名誉教授

システム信頼性の数理

Mathematics of System Reliability

2019 年12月 5 日　初版第 1 刷発行

検印省略

著　者　大鑄（おおい）史男（ふみお）
発行者　株式会社　コロナ社
　　　　代表者　牛来真也
印刷所　三美印刷株式会社
製本所　有限会社　愛千製本所

112-0011　東京都文京区千石 4-46-10
発行所　株式会社　コロナ社
CORONA PUBLISHING CO., LTD.
Tokyo Japan
振替 00140-8-14844・電話(03)3941-3131(代)
ホームページ　https://www.coronasha.co.jp

ISBN 978-4-339-02837-9　C3355　Printed in Japan　(金)